献给我的孩子布雷德和赞恩，
以及地球上其他的孩子们。

BEING the change

Live Well and Spark a Climate Revolution

改变进行时

开展气候革命

［美］彼得·卡尔穆斯（Peter Kalmus） 著
谷峻战 等 译

科学技术文献出版社
SCIENTIFIC AND TECHNICAL DOCUMENTATION PRESS
·北京·

图书在版编目（CIP）数据

改变进行时：开展气候革命 / （美）彼得·卡尔穆斯（Peter Kalmus）著；谷峻战等译．—北京：科学技术文献出版社，2018.11（2019. 1重印）
书名原文：Being the Change: Live Well and Spark a Climate Revolution
ISBN 978-7-5189-4932-8

Ⅰ．①改…　Ⅱ．①彼…　②谷…　Ⅲ．①环境保护—普及读物　Ⅳ．① X-49

中国版本图书馆 CIP 数据核字（2018）第 258625 号

著作权合同登记号 图字：01-2018-7454

改变进行时：开展气候革命

策划编辑：张　丹　　责任编辑：张　丹　　责任校对：文　浩　　责任出版：张志平

出 版 者　科学技术文献出版社
地　　址　北京市复兴路15号　　邮编　100038
编 务 部　（010）58882938，58882087（传真）
发 行 部　（010）58882868，58882870（传真）
邮 购 部　（010）58882873
官方网址　www.stdp.com.cn
发 行 者　科学技术文献出版社发行　全国各地新华书店经销
印 刷 者　北京虎彩文化传播有限公司
版　　次　2018 年 11 月第 1 版　2019 年 1 月第 2 次印刷
开　　本　710×1000　1/16
字　　数　304千
印　　张　21.5
书　　号　ISBN 978-7-5189-4932-8
定　　价　50.00元

编委会

前　言

本书探讨了许多领域，如气候科学、气候政策及含水层的干枯，以及神话、冥想和养蜂。这些及其他内容在本书中都有详细的描述。还有一部分专门叙述家庭后院养鸡，那么在一本书名中带有“气候”的著作里为什么要提到这些呢？

答案是这与我们所面临的困境有关：全球变暖触及我们生活的方方面面。它使得原本看上去风马牛不相及的事情，如园艺与人口增长、骑自行车与乘飞机都变得息息相关。最重要的是，全球变暖逼迫我们重新思考人类在这个美丽的星球上的生命网络中所处的位置——重新想象作为人意味着什么？全球变暖或许首先就是人类整体想象的失败。因此，其本身就不是单个领域或单一学科的问题。

那么，作为个体我们该如何应对或者说能够应对吗？为了寻找答案，我阅读了有关科学、政策、实际行动及宗教精神方面的书籍，但没有一本书是把人类作为一个整体来讲述的。而且，这些书太过礼貌，太过小心谨慎，涉及面太窄，也没有提出足够多的问题。提出的建议与我们面临的困境相比根本不在一个层级上。这些书大多索然无味。

随着我对气候变化了解得越多，我就越强烈地感觉到有必要做点什么。至于如何做在我头脑中还远没有成形，但我会尽自己的努力，逐渐地和有步骤地改变自己的日常生活。我的应对方式包含了科学、实际行动及精神层面的，并且这些线索和因素在所有层面都不是孤立的，而是相互交织。因此，你手里拿着的是一本独一无二的书：一本从经历了冥想打坐的气候科学家的角度写成的书，这位科学家几乎消除了自己的温室气体排放——而且他发现这种做法非常意外地使人感到满足，具有感染力，对于社会集体的变革也有重大影响。化石燃料的燃烧被替代后，人类可以变得更加聪明，更具有创造性，更加友善。

自从走上这条路之后，我涉及了很多领域，改变了我生活的许多方面，也获得了很多乐趣。与此同时，我也已经开始直面气候危机的严重性了。如果任由当前的这种商业模式继续发展下去，等同于盲目信仰技术，将赌注放在等待某些技术修复的出现上；这简直是异想天开。全球变暖正在以让我无言以对的速度发生，我们改变生活方式花费的时间越长，经历的苦难就会越多，苦难持续的时间也会越长。为什么呢？因为消费主义的生活方式不会让我们感到快乐，我们必须尽一切可能地改变生活方式。而这种改变的一大主要部分是想象、生活及讲述“下一步会发生什么”。

为了解决这一几乎包罗万象的问题，你需要最终忘记你个人的应对方式，我希望当你这么做的时候，这本书能够给你些支持和鼓舞。

无论是在文字上还是在修辞方面，写这本书都花费了我很长的时间和心血，对于那些一路陪伴我，给我庇护、给我灵感的人我深表感激。这其中包括奥黛丽、凯蒂、克里斯蒂娜、我的父母、特蕾丝·布鲁梅尔、亚伯·德拉·霍萨伊、詹纽瑞·诺德曼、林·格里菲斯、玛雅·萨兰、巴尔迪普·辛格、保罗·利文斯通、马克·赖斯、约翰·霍普金斯、戴维·斯奈德、苏珊·鲁迪尼、保罗·泰勒、丹尼尔·苏洛、维多利亚与亚历克·洛尔茨、鲁塞尔·格林、艾伦·温斯坦、乔奥·泰谢拉、马克·理查森、瑞安·帕夫里克、马特·莱布索克、布莱恩·卡恩、A. B.、安吉·彭德格拉斯，布莱恩·艾伦、吉姆·沃特豪斯、罗伯·豪斯与其他优秀的PF-CCL团队成员，马库斯·洛夫勒、克莱·福克、P. J. 帕马、詹姆斯·巴克尔、特拉·利特尔、莎拉·贝尔德、萨拉·雷伯、本·登克拉、布伦特·拉那利、伊丽莎白·马修斯、萨姆·保尔、埃里克·克努森、凯利·科恩和潘乔·拉莫斯－施蒂尔勒——上述的许多人都对改进手稿提供了许多详细和中肯的意见。此外，与艺术家萨姆·保尔，编辑罗宾·劳兹、贝特西·努斯在一起合作感到很愉快。我还要感谢“新社会出版社”的好伙计，特别是罗伯·韦斯特，以及 YES！杂志社的其他好哥们，特别是特蕾西·洛菲尔霍兹·邓恩。因为他们信任我，从而可以让一种新的声音加入这场事关重要的谈话中。

但是最需要感谢的是我的妻子莎伦·昆德，感谢她给予我一生的富有挑战性的讨论、深刻的见解、毫不动摇的支持、朴实无华的长久陪伴，以及容忍我的许多毛病和疯狂的想法。而且从佛学上来说，不可能找到比她更好的伴侣了。

彼得·卡尔穆斯

于加利福尼亚州阿尔塔迪纳

目 录

第一部分　困境

你的父亲卧于五英寻深处；
他的骸骨已然化为珊瑚；
双眼化作珍珠；
他的任何部分都不曾毁损，
只是承受着一场巨变，
化为某种生物，奇异而丰沛。

——威廉·莎士比亚，《暴风雨》

第1章 觉醒

树木和人曾经是最好的朋友。我看到了那棵树，决定买下那栋房子。

——宫崎骏，《龙猫》

我过去就知晓燃烧化石燃料正在对我们居住的这个星球的生命保障系统造成不可逆转的伤害。但是我却依然继续使用它们。

上6年级时我第一次听到了“全球变暖”[1]这一概念（而且那也是我上学期间唯一被提到的一次），它当时对我来说就像是科幻小说中的情节，算不上是有一天会让我感到担心的事情。所以之后有将近20年的时间我从未再想起过它。

2006年我开始了解和学习有关全球变暖的基础知识，我的第一个孩子布雷德（Braird）也恰好在那一年出生。当了父亲之后，我跳出了那种简单的自私自利的追逐事业和名利的思维模式。因为突然间我的生活不再是只有我自己，我的视角变得更长远了。当时我正在纽约哥伦比亚大学攻读物理学博士学位。当我的眼界打开之后，我在情感上就已经无法接受这样一个事实：化石燃料的燃烧会破坏我们子孙后代赖以生存的生物圈，我们怎么还能进一步加快这一进程？这简直就是不可理喻。但同时，我也尽情享受着现代工业文明，这种文明认为燃烧化石燃料是唯一理性的事情，而拒绝燃烧它们的人则是荒唐的，是“勒德分子”[1]。

而我为了找到能纠正这种根深蒂固错误认识的方法而烦恼不已，甚至已

[1] 指19世纪初英国手工业工人中参加捣毁机器的人，他们强烈地反对机械化或自动化。——译者注

经有些走火入魔。我很想知道我身边的所有人（包括家人、同事、街上的陌生人）是如何毫无困难地对待这一棘手问题的，他们知道全球变暖吗？他们能心安理得吗？他们难道就一点都不担心吗？我对未来就感到些许恐惧和迷茫。我在情感上如此冷静与理性以至于我必须努力让自己不要太离群。

就像心灵上的碎片一样，这种离群和由此带来的不安需要我做些什么。但是到底怎么做呢？

首先，我试着用事实去改变大家的看法，因为我周围的人似乎不认为气候变暖是一个问题——或许他们根本不知道这回事。如果我能更清晰明了地与他们沟通，或许人们就会“明了”。我觉得自己掌握着事实和真理，而我的工作就是唤醒每一个人。

与大多数企图改变别人的尝试一样，我也要假装若无其事，假装不要那么刻意。因为就像我不可能听其他人说教一样，让其他人听我喋喋不休也是不可能的。[但是我的太太莎伦（Sharon），必须忍受我很多；其实嫁给一个想改变你的人真的不容易。]因为那会导致更多的隔阂，所以我只好自己在那儿担心，并且不知道下一步该怎么做，为此我感到很恐慌。

我现在意识到很少有人会敢于直面事实，我还意识到仅靠我自己的智慧不可能有效地应对困境。我甚至怀疑即使依靠我们社会的集体智慧（包括我们各个领域最优秀的科学家及最聪明的决策者的智慧），是否有效都很难说。虽然理智肯定能起到一定的作用，但这种作用相当有限，我们面临的可怕的生态危机需要我们做得更多。

走得更远

几年过去了，我才开始采取更明确的应对方式。2008 年，我们的第二个孩子赞恩（Zane）出生了。此时我也谋到了一份在加州理工学院教授天体物理学的差事，因而我们全家要离开纽约。不过在我离开纽约之前，美国国家航空航天局（NASA）的戈达德空间研究所（Goddard Institute for Space Studies，GISS) 也给我提供了一份大气科学方面的工作，该研究所当时由詹姆斯·汉森（James Hansen）领导。如果我接受了这份工作，我就有机会增加我在该研究所的全球气候模型中的发言权了。但当时我感觉自己还没有为职业生涯的这一重大转变做好准备，而且当时我正在从事的寻找引力波（时空结构中的涟漪）的工作让人难以抑制兴奋。所以，在经过深入思考之后，我接受了加州理工学院的工作，继续从事通过筛选激光干涉引力波天文台（LIGO）数据来挖掘科学金矿的工作。于是我和妻子莎伦搬到了阿尔塔迪纳（Altadena），一座位于圣·加布里尔（San Gabriel）山脚下、坐落于洛杉矶东北郊的小镇。那里长满了橘子树，鹦鹉在天空漫步飞翔，我感觉自己就像来到了天堂。

我们选择了一栋后院长着漂亮的鳄梨树的房子。我很快就跟这棵树结缘了，开始把它当成朋友，即使现在依然如此。与树的关系改变了我，我开始理解树也是一种生命。[2]

在租住了一年以后，我们买下了这幢房子。于是我生命中第一次拥有了属于自己的一小块土地。我决定不采用园林景观式的“割草和吹吸”式（mow-and-blow）服务，而是自己照顾后院。这块地看上去有些奇怪，我不清楚其中任何一种植物的名字，也不知道如何照料它们。但是我知道我爱吃西红柿，于是我就种了一些。我很喜欢有它们在身边，嗅着它们的气息，天天能感受得到的成长及它们的生命力，甚至我还能感到自己有种植其他小生物的冲动。于是我从后院的篱笆中拆下了一块我从未用过的小平板，拿着一把大锤把木板锤进下面的水泥地里（结果发现这相当有趣），将废木料做成了6张凸起的小床。我还在花园里捉了些虫子。不久以后，我将自家前院草坪中的草拔除，以便给其他更有趣的、更有用的植物留出空间。

这就是我开始自己动手干活的起因：是这块土地吸引我这么做的。这块土地就像是一张画家的帆布，充满了各种机会和可能，我可以在上面种上各种东西。但选择种什么及怎么种则需要一点新的智慧，一种本质上很人性的智慧。但仅有智慧还不够，它还需要陪伴、照料和谦逊，这样它就能给予你简单的回报。我简直爱上了这块土地。

我仿佛看到了一条伸向远方的小路，而且我逐渐明白，学会如何照料土地需要花上一生的时间。

大约在2000年，我开始认真地对待冥想。莎伦和我回到纽约后开始了这一活动。但因为同时要照顾孩子，我们无法一直坚持练习。但是，在换了4年尿布和经历了同样长时间的睡眠不足之后，某天早上，我忽然想起冥想是多么重要。于是我去参加了一个为期10天的冥想课程，又开始了练习。就这样，我开始更深刻地认识了自己，我开始睁大眼睛留意眼前发生的一切。几个月后，莎伦也恢复了她的冥想打坐，于是我们一起开始了每天的静坐。

我开始观察、思考自己的日常生活，并适当地做出改变，以便使之更符合自己的认知。当每天面对例行公事的时候——无论是通勤上班、计划一趟旅行、吃东西、洗澡，还是做其他任何事情，我开始思索它与我们的工业体系所崇尚的行事方式之间有何关联，它怎样影响到其他的生命甚至经常伤害到它们。我开始寻找这种行事方式的替代方法。而这种探索通常都变成一种冒险：无法预测，有趣且令人感到满足。

随着我在科学上对全球变暖的兴趣与日俱增，我最终觉得如果能全职从事这一领域的研究自己会感到更开心。所以我最终选择离开了美丽的、令人眼花缭乱的天体物理学领域，这甚至可以说是一种牺牲，因为这意味着当人类首次发现引力波的时候，我只能坐在旁边充当看客——而这一领域我已经几乎倾注了10年的心血。但是我确实无法再专注于天体物理学了；因为如果再这样下去就有点像罗马城在燃烧，而我却在那里拉小提琴。现在我成了一名地球科学家，研究在一个变暖的世界中云的作用。我也减少了我个人的二氧化碳排放量，从每年的大约20吨（差不多是美国人的平均水平）降到不足2吨。所以总的来说，这也不算是一种牺牲，因为这种改变让我更加快乐了。

思考、行动和用心

我正在走的路分为三部分。一是大脑层面的理解：即用头脑思考。头脑让我厘清主次。它帮助我弄对目标方向，尽管我发现选择目标并不总是一件轻松的事 。我从中得到的一个教训，就是我个人无论在时间、精力还是能力上都是有限的；如果我要取得一些进步，我需要聪明地选择方式方法。这意味着要问正确的问题，收集客观的信息（这与表面上看到的和我希望它呈现的信息经常有所不同），并且下客观的结论。用头脑思考的就是科学家。

二是实际行动：即动手。正如我们将要看到的，按目前这个社会的常规轨迹走，我们会被引向灾难。如果我们希望避免灾难，我们必须采取行动。虽然我们不能凭一己之力改变整个星球的轨迹，但我可以采取切实可行的和适合当地的行动：改变我自己，从我做起，从现在做起。直接的实际行动是有感染力的，它能带来可度量的、看得见的变化。它还很有趣，因此我可以比较容易地坚持下去。这种直接行动还有自己的行动指南，我不止一次地发现只要采取一小步行动——做出一些实际的改变——那下一步怎么做就显而易见了。我发现世界上所有的规划和推理都不能代替实际行动，行动中包含着大智慧。

三是用心。这一部分才是将我与我自己、我与其他人及我和自然界联系在一起的关键所在。如果没有它，行动就会变成是强迫和义务的而变得索然无味。心与其他事物的关联可以给思想和行动带去目标和意义。

对于第三部分，我有一个具体和明确的练习方法。我通过以特殊方式观察我的身体和意念来进行冥想。冥想大多数时候让我感到快乐，即使是每天在工作中都要研究全球变暖的时候亦如此。冥想帮助我联想起自己身边每天发生的无数个奇迹——植物的生长、太阳的照耀，以及我的大儿子总是充满爱意地用他的双臂搂住弟弟的肩膀。一想到这些我就充满力量。

以上三部分相互支持又相互平衡。为了对我们人类面临的困境做出恰当的回应，每一部分都很重要。

与生物圈协调一致

迄今为止，我在自己生活中做出的改变并不算复杂，但即使如此，也远不只是转向循环利用和绿色消费这么简单。我逐渐认识到工业社会按照目前正常的运作方式进行下去迟早是要崩溃的。所以我主动改变日常生活中自己感到不那么满意的部分，而代之以自己感到满意的新生活方式。

这些改变并不需要做出多大的牺牲，它不是一种完全替代，顶多是把日常生活中不那么满意的行为替换为满意的。这样我的日常生活就渐渐与我的生活信念相一致了。凭我的经验，只有内在和外在做到和谐一致才是幸福的关键。这一点我并不想欺骗自己。

我还开始认识到，在不知不觉中我受到了周围文化潜移默化的影响，而我不仅甚少对自己的日常行为提出质疑，还彻底接受了一种错觉，即事物当前存在的方式就是它们唯一可能存在的方式。我过去的思维方式是割裂的，好在我的新思维方式已经露头，认为（事物）是相互关联的。我还认识到接受自己的思维并且从一个局外人的角度去观察它是同理心的基础。我还在学会从内心里就变得可持续。

我们可以为这种内在和外在改变的方式造一个新词："自然循环"（becycling），它不仅仅指"回收循环再利用"（recycling），becycling一词还蕴含着在地方层面就要恢复自然循环过程的意思。它要求我们立即开始行动而不是被动地希望"其他人会想到这些"。它意味着要对你自己每天的行为方式负责，且改正那些会对我们这个星球的生物圈的其他生命造成危害的行为。它是一种真正意义上的改变。

直截了当

我的办法很直接：如果由于化石燃料的燃烧导致了全球变暖，而我不想让全球变暖发生，那么我就应该减少化石燃料的使用。

同样道理，如果我不喜欢冲突、杀戮和战争，那我就应该尽力少让自己陷入愤怒和负面情绪。这些道理现在看起来对我来说显而易见，但过去并不总是如此。我过去总是想证明自己正确，这种愿望之强甚至有些盲目，而恐惧和自卫本能又让我以更大的愤怒来应对愤怒，以更负面的情绪来应对负面情绪。如果我们真想要一个没有战争的世界，那我们自己就不应该再往世界里增加敌意了。然而无论我走到哪里，我都能看到人们争吵、打架，负面情绪到处蔓延。

在我们的社会中，这样直截了当的方式经常被斥责为过于理想化、不切实际及难以实现。然而我个人的直观经验告诉我，这样做是有可能显著减少化石燃料的使用的，也是有可能走出冲突和负面情绪的。而且，这样做对个人的好处也相当可观：可以让人过上更轻松些、更满意的生活。

减少化石燃料的使用和提高爱的能力——这两个表面看上去完全不相干的事情，实际上却是紧密相关的。当我学会如何更多地去爱时，也越来越明白我与任何事情都是有关联的。既然这样，我怎么能够主动去伤害地球上的其他生命呢？我怎么能够去伤害距现在 100 年后才出生的孩子呢？当其他人受苦的时候，我自己也会痛苦，我和这个星球上的其他生命无法割裂开来。

必须声明：我并不是说无私的爱就是应对全球变暖简洁、便捷的答案。不幸的是，有太多的人——不管是出于何种原因——从未努力要去尝试无私的爱，但已经没有时间等他们了。因为即使对那些努力这样去践行[1]的人，也有很长的路要走。这就是为什么我们还需要明智合理的政策和技术，从而可以用更经济的方法来取代化石能源。

但是对那些已经准备好要以直截了当的方式，或者以爱的方式来减缓全球变暖的人，这么做当然是很值得的。它甚至可以帮助我们人类加快采取合理的集体行动，而这些行动是我们急切需要的。

为什么要走这条路

我很清楚自己对日常生活所做的改变不足以解决全球变暖问题，也无法避免全球经济的崩溃。的确，就这点改变怎么可能产生多大的影响呢？这个星球上的人口正在迅速向 80 亿的门槛迈进，[3] 而我仅是其中的一小分子。

然而，我的行动的确让我感到更快乐，这理由就足够充分了。我甚至怀疑，对我们大多数人来说，个人行为或一个地区的行为是影响全球范围变化最巧妙、最有效的方式。这是一个规模上的悖论，我们个人的行为不会马上对全球的应对措施造成多大影响，但它们是这块巨大的谜题上的一块块拼图。当有越来越多的拼图加上去的时候，就会有更多的人为看到这一效果感

[1]　指无私地去爱大自然和其他人。——译者注

到欢欣鼓舞，从而将自己手里的一块也加上去。

而在当前的工业社会中最流行的心态和思维模式是寻求用“银弹”[1]或某些令人眼花缭乱的技术来解决问题，从而可以避免改变自己（改变自己通常被认为不那么容易和愉快）。然而，在经过世界上最聪明的人数十年地寻找后，似乎并没有发现这样的银弹。因此，改变个人似乎就很有必要了。这也是为什么我成为“从我做起，改变自身”这一观点的早期接受者之一。

这样的改变令人愉快

以我的经验来说，削减化石燃料的燃烧是可能的——甚至很简单——因为我开始意识到当我更加用心地生活，燃烧更少的化石燃料后我比以前更加热爱和享受生活了。我还意识到我根本不想燃烧这么多（化石燃料），我也压根不需要烧掉这么多。我是发自内心地喜欢自己做出的改变，比如骑自行车和自己种花养草。

这种改变还令人鼓舞

回想到起初我担忧全球变暖但同时又消耗掉大量化石燃料的时候，我为自己认知和生活上的矛盾及不一致而感到痛苦，这甚至让我感到沮丧和困惑。现在我生活得更加表里如一、内外一致了，这令人感到鼓舞，让我生活得更有劲头，它还是与其他人交往的一把钥匙：因为我的生活就是我的名片。

我想要帮助其他人，而不是伤害他们

燃烧化石燃料会让这个星球变暖，这对其他人不利，就是这么个简单的道理。尽管这一过程和效应是在全球范围内发生的，且已经经过了数十年的累积，而且在本质上只具有统计意义——因此我们的大脑很难直接将其与我们曾经的个人行为联系起来——然而这种伤害却是实实在在存在的。

从整个社会来说，燃烧化石燃料应该是不可接受的，就像身体攻击和伤害不可接受一样。这种伤害不会马上显现，但却同样真实存在。[4]我们需要大声说出这一真相，即燃烧化石燃料会伤害到他人——这样整个社会才能够

[1] 即金钱。——译者注

开始认识到这一点。

它还可以促进联系和感恩

生活中减少化石燃料的使用还让我与土地、我所在的社区有了更多的接触和联系，让人们更加意识到食物、水、燃料和朋友是多么珍贵。这种联系和感恩让我感到快乐。

小行为可以引发大行动

我们需要运用我们独一无二的才能和兴趣去做一些改变，改变我们自己就可以向他人展示如何去做。本来一些看似微不足道的小的行为却渐渐引导我做出了两个很大的举动，而这两个举动——成为一名地球科学家和决定写这本书，其影响可能远远超出了我所在的社区。我的这些努力可能有很大的影响，但也可能没那么大。不管怎样我都会对生活继续做出些简单的改变，同时寻找机会去推进社会的改变。

我认识一些热心的环保人士，他们梦想着“拯救地球”，却不愿意从改变自己开始。但是如果我们连改变自己的日常生活这等小事都嫌麻烦，又怎么能够期待在更大的舞台上做出有意义的贡献呢。如果我想对上面所说的变革做出一点贡献的话，我就必须从我做起。

这本书讲述了一个新的故事

在美国很少有人意识到没有化石燃料也能生活。这是一个想象力的巨大失败。通过改变自己，我们可以展现什么是可能的，我们探讨了新的故事并且开始讲述它。

国家层面的玩世不恭和无所作为只不过是个人层面的玩世不恭和无所作为的集体表达而已。当我们中有足够多的人开始改变自己的时候，大规模的变革就一定会发生。谈到全球变暖，行动一定比语言更有说服力。

有意义

有意义的工作本身就是一种巨大的乐趣，那么还有什么能比为人类探索一种新的生活方式、与生物圈和谐共存更有意义的呢？

正如甘地曾经写到过的："我们就是世界的镜像。所有外部世界呈现出的趋势都可以在我们的身体里找到。"如果我们能改变我们自己，那世界的大趋势一定会改变。当一个人改变他自己的时候，这个世界对他的态度也会改变。这是一个神圣的、最高的秘密，它也是一件很奇妙的事情，同时也是我们幸福快乐的源泉。我们不需要等着看其他人怎么做。[5]

局限性、耐心和悲痛

当我说我不可能拯救世界的时候，说明我意识到了自己的局限性，这一点气候活动家经常不理解。他们说我需要保持乐观，因为讨论自己的局限性不会激励任何人。当他们跟我说这些的时候，我意识到他们正在从一个层面讲述这些，而我正在从另一个层面讲述。

我知道我能改变这个世界。实际上，我正在改变这个世界。我做不到的是拯救它。

我有局限性是事实，对此我欣然接受。我也不期待我的改变会产生多大影响（实际上我从不期待任何事情）。如果我的所作所为能产生些许影响的话，我知道这一影响只能来自本就存在的共鸣，而这种共鸣反过来又通过与其他许多人的互动而得到加强。我们就像是波浪中的水分子，我们既传播波浪同时又被它推动。没有一个水分子可以单独引起波浪，但数量巨大的水分子聚在一起就能传播波浪。这就像如果我们所有人聚在一起，相互之间有了共鸣，将可以带来巨大的变革。

换句话说，我是从世界潮流和趋势的层面来操作，而非从个人英雄的角度。

有时候，当我说我们需要耐心的时候，激进分子却告诉我形势很紧迫、我们没有时间与耐心。当他们这么说的时候，我意识到是因为他们不知道该怎么做，他们感到恐慌。我之所以了解这些是因为我过去也是这么想的，因此感同身受。但是目前在我的日常生活中，耐心可以让自己更快地完成任务，而不是变得更慢。既然这样，应对全球变暖也不会有什么不同，耐心在很多情况下是达成某种目标（当然是值得做的）的最快捷的方式。

我知道我们面临的困境有多严重。我经历过痛苦和悲哀的过程，我的痛

我是从世界潮流和趋势的层面来操作，而非从个人英雄的角度。

当我在横跨高速公路的过街天桥上骑自行车的时候，下面的车辆就显得不那么永恒了。我们社会赖以生存的方式对我来说就像是过眼云烟。

苦深刻且强烈。这种痛苦让我觉得我是海洋的一部分，就好像我与任何事情都有关联。直到现在，这种痛苦都会时不时地跑回来提醒我思考为什么要从事现在的工作。但是，痛苦也可以让人净化心灵、厘清思绪。我怀疑任何理解全球变暖这一问题严重性的人都能够避免这种痛苦。

然而，这种痛苦还远谈不上绝望。痛苦源自爱，而绝望是因为害怕。我不绝望，相反我感到高兴。我们确实已经失去了很多——大量神奇的物种，众多美丽的地方，以及大把机会——并且未来我们可能还会失去更多。但是即使遭受了这么多的损失，我们依然可以感受到有很多东西可以去爱，还剩下很多东西可以去拯救。我们的痛苦和爱可以引领我们以更具创造性和带来更多快乐的方式前行，这种体验是我们过去难以想象的。

我不盲目希望“别人会考虑某些事情”，然而我仍然对自己的方式感到乐观，我的这种乐观来自我对任何事物都相互关联的直接感受。

破除幻觉

对我来说，换一种生活方式曾经是很困难的，想象一下我周围这片位于南加州的土地，如果没有高速公路、停车场或加油站会怎么样；再想象一下一个没有了可以持续产生噪声的汽车、直升机、飞机及吹叶清扫机（leaf blowers）的世界，会是什么样子，因为上面这些似乎都已经成为人类的永久性必备品了。过去我也曾心安理得地享受着现代工业文明带来的便利，认为它们是理所当然的——冷冻食品通道、乘坐廉价飞机、互联网，以及其他一些令人眼花缭乱的东西。过去我离不开这些，并且我还想要更多，我还希望能有更多的东西会让我感到快乐。更多的物质、更多的金钱、更多吸引眼球的东西、更多的便利。毕竟，这是我们的工业文明文化（即所谓的石油文化），不停地对我们的潜意识吹风的结果：获得更多的物质，最终你就会快乐。

而现在，当我在横跨高速公路的过街天桥上骑自行车的时候，下面的车辆就显得不那么永恒了。我们社会赖以生存的方式对我来说就像是过眼云烟。

我过去看待未来的方式是越来越多的物质，现在我看待它是减法。少对于我来说就是好，而远远谈不上害怕。我认识到贪婪是幸福的拦路虎，“得到更多（物质享受）从而最终会收获幸福”的观念是一种错觉。

现在我把即将发生在我身边的一切变革都视作开始而不是结束。这一思维方式上的转变不是一蹴而就的，它历经了时间的积累，但却出自于与大自然和其他人简单接触的众多时刻。即使在一个越来越热的星球上，即使在今天的全球工业文明不再是一个传奇之后，仍然有山峦与日落，仍然有可以在其中徒步的森林，仍然有可以扬帆的海洋，以及会欣赏所有这一切的人们。

但是为了准备应对即将来临的风暴仍有许多工作要做。好在这一工作很有趣。

第 2 章　超越绿色

如果我们感到无助或不知所措，如果我们带着愤怒、恐惧或绝望的情绪，那么无论我们如何拯救自己或地球，都不可能成功。

——一行禅师（THICH NHAT HANH）[1]，《写给地球的情书》

语言既能反映我们如何看待世界，也会影响我们对世界的看法。我们谈论我们的困境时所用的词汇，揭示了我们如何看待自然及关于自身与自然关系的基本假设。随随便便使用一些词汇会使人感到困惑，甚至更糟。

在本章中，我将讨论一些我们最好摈弃的词汇和概念，并提出一些可以取而代之的说法。我之所以这样做，是希望提供针对当前环境思维的局限性的一些认识，并且努力培养一种更适用于我们的新思维，以利于我们重新调整人类与生物圈的关系。

自然和环境保护主义

“环境”一词（如环保主义者通常所用的）是一个带有二元论含义的词汇，它暗示了人类的需求与非人类环境需求之间的竞争。如今它已经变成了可与“自然”这个词互换的词汇，它不再象征整个物质世界，而是代表了非人类的范畴。这种二元论导致了人类例外论，即人类在自然界之外，不受自然规律的束缚，在所有物种中是最特殊的。

但现实是，在生物圈各种纷繁复杂的关系网络中，我们是相互支持（同

[1] 即释一行，越南人，他是现代著名的佛教禅宗僧侣、诗人、学者及和平主义者。——译者注

时也相互竞争）的数百万物种之一。人类物种依赖于这个生物圈，就像地球上的其他物种一样。生物圈给了我们食物、水、氧气和我们赖以生存的气候。从这个意义上讲，不存在二元论。我们是自然，而自然就是我们。

“环境”一词中的二元论一方面表现为环境需要保护的观念，另一方面表现为环境是属于人类的、可供人类提取和利用的思想。这样的世界观实际上是同一枚硬币的两个面，它是由于错误的割裂观和人类例外论所导致的。

生物圈理论

当我们谈论环境时，我们通常会特指生物圈或生物圈的某个部分。为什么不简单地说“生物圈”？

环境保护论试图保护环境免受人类的侵害，而生物圈理论（Biospherism）则力图转化为一种能够尊重生物圈和所有生命的局限的生活方式。

环境保护论蕴含着二元论，而生物圈理论则意味着统一和联合。环境保护理论是被动响应的，强调应对最近发生的灾难；而生物圈理论是积极主动的，力图改变我们的思维和生活方式。环境保护理论强调治疗出现的症状，而生物圈理论则针对出现症状背后的潜在原因。

> 事实上，问题不在于环境，而在于生物界。
> ——大卫·夸曼（DAVID QUAMMEN）[1]

人类永远会对生物圈产生影响，生物圈理论也不会去消除我们的影响。生物圈理论承认生物圈正是构成它的个体（来自生命王国的人类和非人类）影响的总和。它力求通过改变我们的优先事项，将人类的影响降低到可持续的水平。

生物圈理论寻求平衡。我想用这个词来代替环境保护论。将来有一天，我希望我们可以完全放弃这些术语。简单地说，我们是人类，这意味着我们与生物圈共存，我们彼此相依，我们与自己生活在一起。

---

[1] 一位出生于 1948 年的美国科学、自然和旅游作家。——译者注

超越恐惧和内疚的环保主义

环保主义倾向于利用人们的羞耻、内疚和恐惧心理来激发其行动。但内疚和恐惧不会激励我——相反，它们会使我灰心丧气。

主流的环境保护主义演说家和作家常常会把气候变化带来的长期而可怕的后果置于前沿和核心位置。[1] 这些演说家假设他们的观众并不知道全球变暖是多么可怕（因为如果他们知道的话，他们必然会采取行动）。因此，他们以地狱之火与硫黄的幻象来传达恐惧。最后，他们会提出一些肤浅的建议——"你可以做的10件事"。例如，更换灯泡或者在农贸市场购物等。最后，他们还会给人们一缕希望："还有时间，但我们必须现在行动。"

地狱之火和硫黄不能激励我们改变，它们会让我们内疚。内疚是一种应对机制，它只会让我们因为焦虑而踯躅不前。当我们采取某些违背我们更深层原则的行动，但实际上并不打算改变时，我们就会有这种内疚感。内疚感是因经历了痛苦的内心割裂过程而产生的虚假的自我道歉。它会引导我们采取象征性的行动，使我们能够在这种内心割裂中正常发挥作用。那么我们为什么不治愈这种内心的割裂？

有趣的是，环保运动中一些最著名的领导人，他们的行为和他们的法令也往往显示出这种不一致。他们告诉我们停止燃烧化石燃料，但是他们自己的碳足迹却过大。这种虚伪可能有助于解释为什么环保主义运动本身陷入内疚的旋涡。这也可能有助于解释为什么环保主义运动徒劳无功。我猜想大多数人都会注意到环保主义运动存在某种程度的虚伪，并且其收效甚微。人们认为："如果连杰出的环境领导者都不能减少碳足迹，那么减碳就是不可能的。"

尽管我们需要改变自己，但我们也需要原谅自己。我们这些出生在工业社会的人，进入了一个影响我们信仰和日常行为的强大系统。社会化过程影响我们看待世界的方式，使得我们很难，甚至是不可能客观地看待这个世界。例如，直到最近我开汽车和乘坐飞机时，才意识到这些出行方式带来的有害后果。在一个乘坐飞机旅行被认为是理所当然的社会，我们是不是觉得很了不起？当初我们觉得能够乘坐飞机飞行是多么不可思议、多么神奇的事情！

当初我们觉得能够乘坐飞机飞行是多么不可思议、多么神奇的事情！而今我们才知道，这是多么有害的一件事情。

而今我们才知道，这是多么有害的一件事情。

现在是进行更成熟的宣传，强调针对我们面临的困境做出更深刻的反应的时候了，而不是回收和购买“绿色”汽车和进行碳补偿。让我们来学习如何与生物圈共生共存，无论是个体还是集体。这种做法要求我们改变我们的日常生活，改变我们看待自己和我们在这个星球上的位置的方式。

地球是一个极其美丽的地方，即使是我们经历这场生态危机并最终走向另一面的时候，地球的美仍然不会改变。当我们的地球母亲生病时，她让我们不要害怕。相反，让我们学会对她表示同情，并且提醒自己她赋予我们的礼物是多么珍贵。让我们培养强烈而无畏的爱。让我们停止那些导致她生病的日常行为！出于这种同情之爱，我们可以停止燃烧化石燃料。这是我们必须执行的行动！本章将具体介绍如何做到这一点。

让我们摈弃绿色行动

“绿色”这个词已经被企业营销彻底绑架了。也许它曾经有用过，也许根本没发挥过作用，但现在它在环境情境中就如同行尸走肉。

“绿色”一词在环境情境中没有确切的含义，但却强烈地表达了模糊的环境保护观。这使得它成为企业寻求从环境负罪感中谋利的完美用语——“绿色环保！购买我们的产品（会让你对自己感觉更好）。”企业甚至可以决定什么算“绿色的”。美国没有对绿色广告的规定。对生物圈造成重大损害的企业经常将自己标榜为绿色企业，汽车制造商、航空公司和化石燃料生产商都是如此。有时候看起来好像是一家公司的破坏性越强，它所宣称的绿色程度越高。

购买绿色产品促进了消费者目前的思维模式。绿色让我们觉得我们正在应对我们的困境，而不需要做出改变。绿色排除了有意义的行动，并以这种方式做出更多的伤害，而不是带来好处。我们的困境是很严峻的，它需要比购物更深层次的回应。

低能耗

我建议用“低能耗”代替“绿色”。

在全球范围内使用更少的能源将减少温室气体排放，并成为通向不使用化石燃料的未来的桥梁。在我们个人的生活中使用更少的能量，将使我们拥有在这个后化石燃料世界中每个人都需要的思维方式、技能和系统。

如果用“低能耗的”这个形容词来代替“绿色的”，其明确性将鼓励人们采取有意义的集体行动，比如使用较少的能源。此外，它不可能被绑架滥用。低能耗不可能被用于销售航空机票、空调或高能量生活方式的其他固定装置。

我对日常生活所做的许多改变，都是源于真正意识到能源是多么宝贵。我认为大多数人都害怕低能耗的生活方式，因为我们把生活质量和能量消耗量等同起来。而我的经历恰恰相反——低能耗生活更有趣，更令人满意。

可持续和再生

“可持续”这个词无处不在，但其实际意义是什么？其字面含义是“能够持久”。因此，可持续性既涉及时间尺度，又涉及目标：某种事物要既能够维持，又能够持续一段时间。那么，思考可持续性就意味着思考变革。这就清楚地表明，没有什么能永远持续下去。

当我们谈论可持续发展时，我们通常谈论的是一种生活方式，即人类与生物圈之间的关系。我们应该选择什么时间尺度？我们需要选择一个能够反映生物圈变化的时间尺度。100 年太短，只涉及几代人。5 万年又太长了：在这个时间尺度上已经发生了进化。事实上，我们在 5 万年前才进化成为具有认知的人类。我建议我们将目标确立为一种可以维持 1000 ～ 10000 年的生活方式。我们可以利用这个有效定义来评估特定的人类行为。

人口以 1.7% 的速度呈指数增长（长期的历史性增长速度，见第 4 章）已经不能再持续下去。按照这个速度，1000 年后，我们的地球将有 17.6 亿亿人—— 每平方米就有 1200 人。我们人类甚至将不再适应这个星球。所以我们的人口增长趋势必须得改变—— 事实上，已经在改变了。粗略地说，(每个家庭)拥有两个以上的孩子，现在对于我们这个星球来讲也是不可持续的。

我们通往长期可持续发展的道路就是要停止人口增长并找到平衡点：回到生物圈能够承受的全球消费和人口水平。这将需要深刻的文化转变，对于富裕社会和富人来讲尤其需要转变文化观念。如果我们不做这个改变，生物圈就会为之改变，其具体表现为通过全球变暖引发疾病或饥荒，等等。

我们可以更进一步，考虑再生再造而不是可持续发展。这样做可以完全回避时间尺度的需要，而且它包含了变化的理念。再生意味着使地球的某一部分或人类生活方式的一部分重新回到与生物圈保持一致的状态。再生不仅仅是要求我们维持，而是要求我们去拯救和恢复，使我们的生活能够表达对所有生命的爱。

再生社会在实践中会是什么样子？从一开始，再生社会就尊重每种资源的再生率。再生社会的食物系统也不会依赖于化石燃料，而且利用地下水的地区，其消耗水的速度将低于含水层的再生速度。能源利用将基本上仅限于我们可以利用太阳和风收集到的能量。金属将全部被回收再利用。人口规模将保持在生态圈适宜的水平，经济将不会依靠人口增长。幅员辽阔的土地和海洋将重新恢复原生态。科学技术将继续蓬勃发展，但其重点将转移：科学可能更加关注对真菌与植物之间关系的认识，可能不再集中大量资金研究更大型的原子加速器；技术可能会把重点放在如何少花钱多办事。再生社会必然将更加公正公平。积累财富将不再是人生的主要目标。

人类是否有能力进行这种转变仍然是一个悬而未决的问题。但改变自己是支持这种转变的一种方式。

回收

在我们的工业思维里，有一个地方叫作“别处”(Away)。当有东西坏了，或者让我们感到厌烦时，我们就把它扔进垃圾桶，垃圾收集车会把它清理到“别处”。我们冲洗厕所，看不见的管道会把污物全部带到“别处”。但是，我们正在慢慢地认识到，“别处”真的总是在其他地方，因为一切事物都是相互连接的。但是，尽管我们越来越认识到这个问题，但我们大多数人仍然习惯性地把我们的垃圾桶搬到路边等待垃圾车清理，而且仍然不假思索地冲洗厕所。似乎我们没有别的选择。（事实上是有其他选择的，见第 12 章和第 13 章。）

这就解释了为什么工业社会高度依赖回收利用。回收从表面上看似乎是一件好事，但它却造成了目前这种支离破碎的局面。难道回收不是有助于保持“别处”这个概念鲜活吗？我知道对我而言的确是这样。我把一个塑料瓶扔进回收站，我乐意知道它到“别处”了——去了某个更好的“别处”。回收帮助我找到关于“别处”的良好感觉，并且使我可以像以前那样继续消费。

我不是说我们不应该回收。我只是说，我们不应该让回收妨碍我们对于自己的消费所产生的影响的认识。回收是“垃圾 2.0”。让我们减少向回收箱扔东西，也减少向垃圾桶里扔东西。

独立、自力更生、对社区的依赖

独立是一种痴心妄想。如果你真的不依赖于任何东西，那就意味着你可以自己漂浮在太空中，活着并快乐着。我们当然依赖于我们的生物圈。我们也相互依赖。如果你依靠一些生存工具，或许是一把大提琴或是一把小刀，这是不是说你要依赖制造这个工具的人们，还有使那些人得以制造这个工具的人们呢？如果不依赖任何其他人，完全孤立地生活，那么生活会有意义吗？

自力更生与独立不同。当我首先要依靠自己的时候，我是自力更生的。或许带点讽刺意味的是，自力更生可以使个人成为社会群体中更有价值的成员。一个自力更生的人可以解决问题，找到新的做事方式；具有各种各样的技能；自信乐观；坚强有力，而且能够帮助别人。

根据我的经验，对社区的信赖源于自力更生。社区信赖意味着要为社区做出贡献，这样社区才能变得强大，在你需要时可以给你提供支持。

我拒绝自私的生存主义，那仿佛是带着枪和食物供给到山上去生活。虽然我确实认为我们首先要靠自己来保障自身的安全（自力更生），但我们这么做要把自己放在社会大背景下。自私的生存主义最终是一个失败的策略。[2]

问题、困境、挑战

> 一个试图把所有困境转化为问题的文明社会，其面临的情况往往是，问题被忽视的时间过长，因而陷入困境。
>
> ——约翰·迈克尔·格里尔（JOHN MICHAEL GREER）[1]

我曾经认为气候变化、人口过剩和生物圈退化是“问题”。认为它们是问题，我觉得是可以有解决办法的，因此我就不会认为我的生活方式必须改变。我真的相信，未来看起来像“星际迷航”，这是一个令人欣慰的信念。也许几十年前就有解决方案了。例如，如果我们从 1986 年就开始认真对待气候变化这个问题的话，那么我们或许是可以避免气候变化的。而那一年美国总统罗纳德·里根却反其道而行之，下令将白宫屋顶的太阳能电池板拆除。[3]

不过，如今我们已经无法避免气候变化，因为它已经发生了。全球地表温度已经上升了 1℃以上，无论我们如何迅速减少化石燃料的使用，气温的进一步上升都在所难免。1986 年的一个原本有解决方案的问题，如今已经演变成一个困境。我们可能无法解决这个问题，但我们可以选择我们如何应对，以及我们会让它发展到什么程度。

困境是指人类生存所面临的挑战。我们无法让它消失。死亡——这个人类面临的典型困境，挑战我们要通过在短暂的生命中寻找意义来做出回应。同样，我认为我们面临的共同的社会生态困境对我们提出了挑战，要求我们要去发现我们究竟是谁，作为地球母亲的孩子意味着什么，以及我们与自己、我们彼此之间及我们与生物圈的其他部分如何和谐共存。

[1] 生于 1962 年，美国新潮作家，其作品内容涉及环境、各种宗教和玄妙主题。——译者注

思想转变

我怀疑，如果没有深刻的思想转变，我们就无法摆脱困境。而思想的深刻转变是我们共同的与人类生存有关的世界观的一种重生。也许这种转变会来自我们内部，也许这种转变将来自外部。随着我们的困境加深，我们必然会遇到灾难，这将成为催生我们思想转变的外部力量。无论是源于哪种方式，都会提示我们哪些是重要的事情。

从内部改变思维的能量是“觉察力”。觉察力决定着每一刻的意识——意识到现实的真实情况，每时每刻都在思想和身体上表现出来。当我注意留心观察时，我为这一时刻的现实而存在，而不是沉溺于对过去或未来的想法，或者希望得到不切实际的东西。我意识到我所采取的行动及其后果，而不是放任自己不顾后果；而这种对此时此刻及其后果的认识就是推动自我改变的力量源泉。

然而，根据我的经验，培养觉察力不可能简单地决定“要多留意了”。正如我将在第 11 章中讨论的那样，培养觉察力需要专心的练习。

幸福

当我获得一些成功的时候，我的心情很振奋，充满了愉快的感觉。我感觉自己了不起，就像“我”有了更多的存在。我知道这种感觉不是幸福。相反，这是自我膨胀。

我认为我们经常把这种自我激励误解为幸福。这是一个错误：它促使我们去追逐事物，最终反而增加我们的痛苦。真正的快乐并不取决于外部情况。相反，它是一种平和与健康的感觉，一种满足感与整体感，一种活着的美好感，一种因别人的幸福而快乐的感觉。真正的幸福没有焦虑或渴望。它伴随着感激，并且转化为要去帮助别人、传播快乐的强烈愿望。自我激励以自我为主导（“我赢了！”），真正的幸福不是这样，它是面向他人和所有的生命（“来到这个地球上真是太神奇了！”）。

当我变得更快乐时，代表我的“自我”的过山车就变得不那么狂野。人生的低谷变得没有那么严重了——当我失败的时候，我发现自己面带着平和的笑容，就像一个正在学习走路的孩子。人生的高峰将变成为他人服务的机会。我会问自己："怎样利用这次成功来帮助别人呢？"

拯救地球，拯救世界

"拯救地球"是对社会的共同自我的幻想。它使我们能够继续错误地认为我们与生物圈是分离的，认为发生在"这个星球"上的事情尽管对北极熊非常不利，但却不会影响到我们。

如果你感到灰心，也许你正试图拯救世界。有一个不可能实现的目标是令人沮丧的。我想有很多人下意识地想要拯救这个世界。但是，拯救世界还是不拯救世界，是一个错误的二元对立，而且与最初使我们陷入困境源于同样的即时满足的思维方式。拯救世界是我们自我的幻想。

与想要拯救世界相反的是要有真诚的耐心。有了耐心，就有了谦逊、开放和更有技巧的积极变革的能力。

我们每个人都有能力让世界变得更美好，或者更糟糕。我们每个人都可以选择把世界推向变暖的气候，或者使气候变暖逆转。我曾经想拯救世界，最终我承认自己做不到，这给我带来了内心的平静。摈弃想拯救世界的想法之后，我尝试去过美好的生活，以便通过自己的行为去改变世界。

> 你怎么敢谈论救助这个世界？只有上帝才能做到这一点。首先你必须从所有自我的意识中解脱出来；然后"神圣的母亲"才会交给你一个任务去做。
>
> ——罗摩克里希纳（RAMAKRISHNA）[1]

[1]　近代印度教育改革家。——译者注

第 3 章　全球变暖：科学

这些都是科学领域的学科。你必须学习知道什么时候你知道，什么时候你不知道；你知道什么，你不知道什么。你必须非常小心，不要混淆自己。

——理查德·费曼（RICHARD FEYNMAN）

目前，人类已经十分清楚人类活动会对气候产生一定的影响，但人们还没有意识到人类活动导致的气候变暖的速度有多快，并且对这种变化的不可逆转性还不是很清楚。

研究得到的全球变暖快速进展的结果让我震惊不已，导致全球变暖的因素——CO_2 的排放量，正在呈指数增长。地球系统的许多变化正在加速进行，科学家们对这个速度也感到十分惊讶。

在本章和第 4 章中，我希望描述清楚我们所面临的困境的两个基本时间尺度：发病速度和持续时间。我也希望这个简短的地球科学之旅能让大家更深入地了解自己与这个美丽星球的关系。

我没有写成教科书式的体裁（长达 4852 页的“政府间气候变化专门委员会第 5 次评估报告”[1]进行了初步尝试），也没有去描述过去的气候变化。我尽力描述清楚如今产生全球变暖的背景，但不想让大家感到不知所措。[2]

从对我们物种和生物圈其他部分的健康层面上讲，气候科学教导我们：“要遏制全球变暖，就要停止燃烧化石燃料。”当然，还不能保证人类及时停止化石燃料的燃烧就可以避免气候变暖。科学工作的一部分就是要去认识在不同的排放水平下，地球是如何变化的。由于我们大胆地将指数曲线延续到这个史无前例的地球变化的时代，所以我们需要保持冷静谨慎的态度来关注证据。[3]

知识的重要性

在深入讨论之前，值得一提的是，了解全球变暖的过程可能会有压力。曾经有一位朋友告诉我，她不想了解全球变暖情况，因为她害怕太焦虑或沮丧而无法进行下去。但这只是短暂的想法，全球气候变暖的证据将陆续出现在我们的日常生活中，因此面对现实的心理压力也将越来越大。我认为，只有勇敢面对并适当应对这个事实，压力才会有所减轻。

正如我在第 1 章描述的那样，在调查中我会经历悲伤的过程，《地球科学》杂志中 90% 的同事也认为如此——除非你像我一样也进行匿名调查，否则你永远都不会了解真相。[4] 我认为科学界对全球变暖的客观反映是不准确的，我们是科学家，但我们也是人类。人类要想继续生存的话，将会有助于我们传递信息。

气候偏离的年份

面对全球变暖需要了解的第一件事是全球变暖已经发生了，1880—2012 年，全球平均地表温度上升 1.0 ℃，[5] 变暖产生的许多影响已经很明显了。需要了解的第二件事是全球变暖的速度有多快。

问一个简单的问题：对于一个特定的地点，年平均气温何时会超过历史最热的一年，是永远不会吗？若今年该地气温没有下降，那么该地的气候会一直偏离吗？图 3.1 说明了这一点。

美国夏威夷大学的卡米洛·莫拉（Camilo Mora）和他的同事探索了这个问题，[6] 他们利用 17 个独立的全球气候模型，模拟 1860—2100 年的地球表面温度估计值，建立 500 多万个 100 km × 100 km 网格点数据。[7] 他们分析了模拟两个全球排放情景的模型：一种情景下，人类在减排方面只做出一点点努力，在 2100 年甚至更长时间之后，人类排放量将持续增长（一如往常，即现状没有改变）；另一种情境下，人类做出更强有力的减排努力，2040 年排放量接近峰值，之后开始下降。[8]

对于给定的情境，地球上的每个地区都有自己的年度气候偏差值预测。

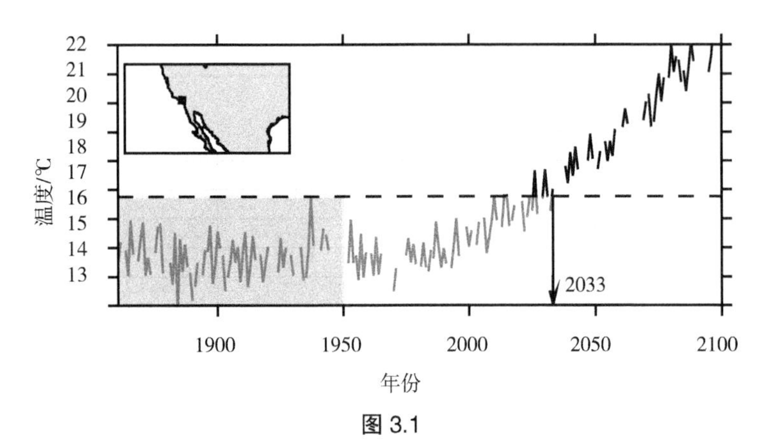

图 3.1

注：对于单一的气候模式（称为 HadGEM2-ES），在正常情况下（典型浓度路径 RCP 8.5），包括加利福尼亚州阿尔塔迪纳（地图上面积很小）在内的网格点上的预测气候偏离状况。灰色阴影表示以历史为基准气温变化情况，箭头表示气候偏离的年份。不同的模型给出的气候偏离估计值不同。

正常情况下，气温出现偏差后，与历史气温相比，该地区有时会出现气温下降的日子，甚至会出现气温凉爽的月份；但在全球变暖的时代到来之后，这里将再也不会出现这种情况了。在“一切照常”的情况下，莫拉等人估计全球平均温度偏差（偏差地区的平均值）将在 2036 年出现，距离现在还不到 20 年的时间。根据缓解方案，全球气候出现异常的时间将推迟 15 年，在 2051 年出现。[9]

热带地区首先出现气候异常情况，因为那里每年的气候变化不大。对于给全球变暖带来很小影响的发展中国家的人们，以及像亚马孙雨林等生物多样性复杂地区的物种（亚马孙雨林中的植物和动物只能在温度变化范围小的环境下生存）而言，遇到这种情况是非常不幸的。

全球气候变化已经不可避免，而且很快就会到来。[10] 当我的孩子还在 20 多岁的时候，全球变暖可能就已经发生了。全球变暖如此之迅速是好是坏是一个单独的问题，它取决于每个人的价值观。

一般而言，植物、动物或人类文明在进化中不断适应特定的温度、降水和其他气候条件。如果气候超出适应范围，它们就必须迁移、适应或死亡。事实上，已经对人类和非人类造成了迁移、适应和死亡。我认为这种干扰显然超过了气候变暖带来的任何好处。我们将在第 4 章中对其影响做简要介绍。

峰值温度：为什么缓解至关重要

气候异常变化令人不安，但在我看来，无论时间多晚，都需要采取缓解措施。

这是因为峰值温度仍然取决于我们。不论气候偏差何时出现，全球变暖都可能遵循这样的轨迹——气候变暖，之后达到最高温度，然后会在几千年后逐渐降温。但是温度变暖的多少其影响是不同的，它将决定对农作物损失、海平面上升、降水变化、冰川消融、物种消失等的长期（如 2100 年之后）影响的程度有多深。[11]

图 3.2 给出了从现在到 2300 年各种代表性浓度路径（RCPs）的温度轨迹（有很大的不确定性）。[12] RCPs 在假设的排放情境下定义了未来温室气体浓度，然后科学家在这些便于比较的预定浓度中运行全球气候模式。RCP 8.5 是人类放任污染，“一切照常”的情境，而图 3.2 中另外两个 RCPs 代表温室气体减排程度的不同。RCP 数字越低，假定的减排越多。[13]

RCP 2.6 情境下，温室气体排放量在 2020 年前达到峰值后迅速下降，气温上升将不会超过 2 ℃。但如果我们不采取措施，这将无法实现[14]。

RCP 4.5 是一个不太乐观的路径，但对我们来说依然可以生存。模型预测，到 2100 年全球平均地表温度将比工业化前的水平高出（2.4 ± 0.5）℃ [而到 2300 年该数值将达到（3.1 ± 0.6）℃]。[15]

目前的温度轨迹与 RCP 8.5 路径最接近，该路径下模型预测到 2100 年平均地表变暖将达到（4.3 ± 0.7）℃ [2300 年为（8.4 ± 2.9）℃]。还要注意的是，在 RCP 8.5 情境中，21 世纪气候变暖的速度迅速加快：21 世纪下半叶全球气温上升的温度要高于上半叶。

把这些数据放在一种情形下，末次冰盛期（大约 2 万年前，当时的冰川不仅包括格陵兰岛，也包括北美洲、北欧及亚洲的大部分地区的冰盖）的温度比现代工业化前时代的温度低（4.0 ± 0.8）℃。[16] 在另一种情形中，上一次地球温度升高 2 ℃的时间是 12.5 万年前［埃姆间（Eemian）冰期温

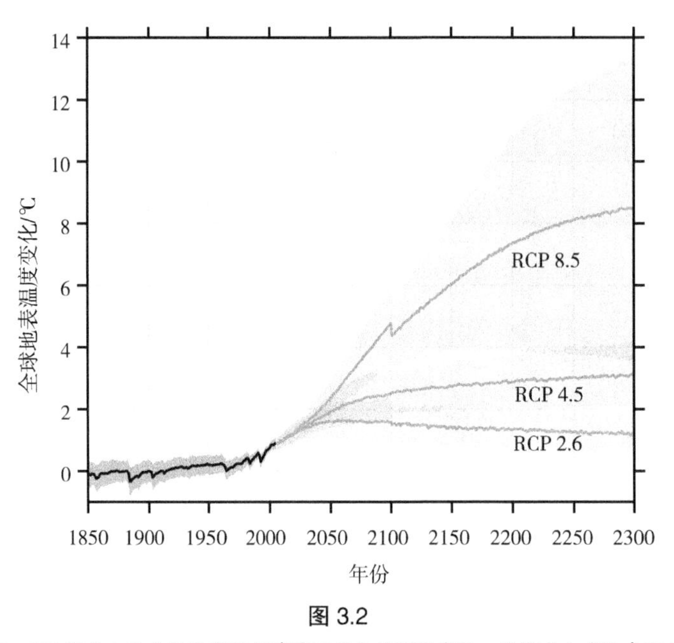

图 3.2

注：基于 CMIP5 模式 3 种典型浓度路径情境下的气候预估实验，绘制成全球地表温度变化曲线（相对于 1850—1900 年的平均值）。实线表示全球平均地表气温的多模式均值；阴影表示整个模型集合中 5%～95%的不确定性范围（也就是说，90%的模型预测位于阴影中）；黑线表示了历史实验的多模型均值（1850—2005 年的结果）；2100 年曲线不连续并没有实际意义，这是因为并不是用所有的模型对 2300 年进行模拟分析。

度峰值，早在人类进化之前］；[17] 而自从地球升温 4 ～ 8℃以来，已有数千万年之久。[18]

社会和科学不确定性之间的区别在图 3.2 中呈现出来。一方面，各个不同 RCPs 跨度之大表明了社会的不确定性；物理科学无法预测人类会做什么。另一方面，不同模型之间各个 RCP 的阴影宽度的差距体现了对科学不确定性的估计。[19] 然而这个估计并没有反映出因未模拟的物理过程（“未知的未知”）而导致的不确定性。这些将涉及可能加剧全球变暖的各种碳循环反馈，下面将会对此做具体讨论。

在所有的 RCP 情境中，气候变暖持续了多个世纪（远远不止 2300 年），但各情境下的峰值温度却大不相同。目前还不清楚这些峰值温度是多少，以及究竟会在什么时候出现峰值温度，因为对遥远未来的模型预测的不确定性越来越大。不过我认为，为了我们的目标，为了政策制定者的目的，图 3.2 描绘了非常清晰的图景——要避免人类从未经历过的大幅度的气候变暖，我们需要立即、迅速地采取减缓措施。

气候变暖的物理基础

现在让我们来探究气候变暖的原因及气候变暖是如何与地球系统相互作用的。我们还将继续加深对我们所知道的及我们不知道的事物的理解。

地球系统

地球系统非常复杂。从气候的角度看，它由大气圈、水圈、陆圈和生物圈组成。地球系统的各个组成部分通过物理、化学和生物过程相互作用，其跨越的空间范围从微观到行星层次，时间尺度从眼前到数亿年。

在我转入大气科学之前，我研究了中子星和黑洞。所有关于稳定孤立的黑洞知识（我们认为）可以用 3 个数字来描述：质量、电荷和自旋。然而地球状态取决于云、树木、水分、山峰、海洋、雪、细菌和内燃机等。地球系统的状态不是只用 3 个数字就能够表达的，而是需要由无数个数字来描述。为了认识这个系统，我们需要了解其各个组成部分是如何相互作用的。

尽管地球系统内部复杂，但地球的气候系统只能通过吸收阳光、反射阳光和发射红外光 3 种重要方式与宇宙相互作用。红外线对人类来说是不可见的，但当我们坐在火炉旁时，我们能通过感觉到热辐射而感受到红外线的存在。关于红外线发射的重要事实是“热物体的红外线辐射比冷物体强”。这个事实使得地球系统能够平衡接收的太阳能及向冷处发出的红外能量。例如，如果太阳亮度变暗，地球就会变冷。较冷的地球发出的红外线变少，最终在较冷的温度下达到新的平衡。

温室效应

像二氧化碳这样的温室气体犹如“地毯”一样温暖着地球。我们需要这条“地毯”。如果没有它，地球的平均表面温度将是 0 ℉（−18 ℃），那么地球上将没有生命。[20] 所以温室效应本身并不是一件坏事。问题是，通过将化石燃料燃烧后的气体排放到大气中，我们使得“毯子”变暖了。到2014年，大气中的二氧化碳浓度已经比工业化前的水平提高了43%，并且二氧化碳浓度的增长正以指数形式加速发生。[21]

你有没有想过“地毯”是如何起作用的？想象一下，在清冷无风的夜晚，没有毯子包裹的裸体是什么感觉。就像任何温暖的物体一样，你的身体发出的红外辐射会带走能量，使你变冷。现在想象你有一条毯子。毯子底面可以吸收你发出的红外能量，加热，然后再重新发射红外辐射给你。然而，有些热量通过毯子传导，导致相对较冷的毯子外侧向空气中释放更多的红外能量。“不过毯子的顶面比你的身体更冷”，所以它散发的能量更少。当毯子的外侧损失红外能量的速度与从其里侧传导的热量相同时，该系统达到平衡。毯子越厚，传导的热量就越少，毯子里面就越热，直至最后达到平衡。[22]

地球绝大部分能量来自接收的太阳能。太阳能大约有70%被地球吸收，其余的被云、冰、雪及其他发光的表面反射回太空。就像在寒冷的夜晚你的身体一样，地球通过向太空发射红外线而失去热量。大气中的温室气体就像毯子一样，暖的底面朝向地球（低空大气层），冷的顶面朝向太空（高空大气层）。大气中的温室气体吸收了地球表面发射的一些红外能量，[23]较暖的低层大气将这些红外能量辐射到地球表面。同时，红外能量也向上辐射，被高层大气层所吸收。向上发射的红外辐射是从温度低的上层大气进入太空，但由于最高层温度较低，所以它发射出的能量比地球表面要少。

如果我们突然增加能够吸收红外线的温室气体呢？这使得大气层像一条更好的“毯子”，上升的地表红外线只有很小一部分流失到太空中。因为吸收的太阳能没有减少，[24]现在出现了能量不平衡，导致地球变暖。温度高的物体会散发出更多的红外线，尽管“毯子”温度变高了，但流失的红外能量将再次平衡射入的太阳能。最终地球将恢复能量平衡，只是在一个较高的温度达到平衡。

温室气体

人类排放的主要温室气体是二氧化碳（CO_2）和甲烷（CH_4），还有少量的卤代烃和一氧化二氮（N_2O）。每种气体都是由原子通过电磁力连接成特定的几何构型。这些几何构型有特定的共振频率，这就决定了这些气体与红外线相互作用的形式。

地球系统主要通过吸收短波太阳辐射和发射长波红外辐射来交换能量。改变这两种量的任何一种因素，我们称为辐射强迫。当净辐射强迫为 0 时，地球处于能量平衡状态。温室气体在大气中的浓度增加，会减少发射的长波辐射，这种变化（单位面积功率，W/m^2）就是辐射强迫的一个例子。

水蒸气（H_2O）是导致温室效应的最主要因素，但我们人类无法直接控制它。水蒸气可以保持动态平衡，先蒸发到大气中，然后凝结成雨。但温度高的大气层比温度冷的大气层含有的水分要多。当我们用其他温室气体加热大气层时，水蒸气起到放大器的作用。臭氧（O_3）是人类间接影响（通过大气化学）释放的另一种温室气体。

如今，人类活动排放的温室气体直接影响到其他温室气体在大气中的含量。排放 1 吨温室气体对全球变暖的影响取决于气体吸收红外光的效率及温室气体停留在大气中的时间——即“停留时间”。[25]

为了对不同的温室气体进行一一比较，我们可以结合气体在大气中停留期间的大气吸收量来计算其全球变暖潜势值（GWP）。全球变暖潜势值以 CO_2 为基准物，以“二氧化碳当量”（CO_2e）为度量单位。例如，100 年后，1 吨甲烷产生的总热量比 1 吨 CO_2 产生的总热量多 34 倍，则称甲烷在 100 年时间内的全球变暖潜势值（GWP）为 34，或 GWP_{100} 为 34。但甲烷是易反应的气体，在大气中停留时间大约只有 12 年，因此在 20 年的时间内，其总增温潜能相对于 CO_2 要高——甲烷的 GWP_{20} 约为 105。[26]

时间范围选择是主观的，但对甲烷而言这十分重要。在天然气开采、加工和配送过程中，部分甲烷会流失，分析家大多选择 GWP_{100}，而不是 GWP_{20}，因此会低估该气体流失对全球变暖的影响，使得天然气作为“过渡燃料”具有较大吸引力。

一氧化二氮（N_2O）

人类活动带来的大气中的 N_2O，主要是由农用氮肥制造产生的，内燃机、家畜粪便和尿液分解也会产生 N_2O。N_2O 在大气中停留时间为 120 年，GWP_{20} 为 260（由于其在大气中的停留时间超过 100 年，GWP_{100} 基本与 GWP_{20} 相同）。[27] 人类活动排放的 N_2O 约占当前温室气体辐射强迫的 5%（2011 年测量数据；见图 3.7，我们将在后文讨论）。[28]

卤代烃

卤代烃是至少含有一个碳原子和卤族元素原子（通常为氯或氟）的化学物，可用作制冷剂、溶剂、杀虫剂和电绝缘体等。卤代烃的使用在 20 世纪 90 年代是受管制的，因为它们会消耗保护地球的平流层臭氧（并且还在极地形成了巨大的“臭氧层空洞”）。在这类化合物中，CFC-12（CCl_3F，商品名氟利昂 -12、气溶胶、空气扬声器、气体除尘器和其他需要易压缩气体的应用）仍然会对气候产生很大影响，其在大气停留时间约 100 年，GWP_{20} 约为 10800。[29] 虽然 CFC-12 的排放已经被制止，但其对全球变暖的影响仍然会持续数十年，而且其他卤代烃的排放量也在增加。人类活动排放的卤代烃（与 N_2O 一样）也占温室气体辐射强迫的 5%（见图 3.7）。[30]

甲烷（CH_4）

甲烷是一种强大的温室气体（其 GWP_{20} 约为 105，[31] 有 30% 的不确定性），其在大气停留时间较短，约为 12 年。这就意味着减少甲烷排放量对气候变暖轨迹有重大影响。

人类活动排放的甲烷约占当前（即时）温室气体辐射强迫的 30%（见图 3.7）。[32] 就全球变暖潜势值 GWP（按时间累计）而言，分别以 GWP_{100} 或 GWP_{20} 为基准，2010 年甲烷占人类活动温室气体排放量的占比为 16% [33] 或 37% [34]。

在过去的 200 年里，大气中甲烷浓度几乎增加了两倍，从 0.000065% 增加到 0.000180%。[35]2000—2009 年，50% ～ 65% 的甲烷来自人类活动排放，35% ～ 50% 来自自然排放，主要由自然界的生物厌氧腐解产生。由于北方地区冻土融化，甲烷的排放在近期可能会增加，但增加的规模还不确定。[36]

表 3.1 给出了人类活动产生的甲烷估计值（2000—2009 年的年平均

值）。甲烷最主要的来源是化石燃料生产[37]（泄漏）及牲畜活动（其中 75%是牛消化道中发酵产生的甲烷通过打嗝放出的），根据全球变暖潜势值（GWP）的时间范围，这两种来源分别占人类活动温室气体总排放的 4%和 10%。

表 3.1　人类活动产生的甲烷估计值

来源	每年排放 CH_4 吨数 /10^6	CH_4 占人为排放总量的比例
化石燃料生产	96（85 ～ 105）	29%
牲畜活动	89（87 ～ 94）	27%
垃圾填埋和垃圾	75（67 ～ 90）	23%
水稻种植	36（33 ～ 40）	11%
生物质燃烧	35（32 ～ 39）	11%

注：1. 全球人为甲烷排放来源，以每年排放 CH_4 百万吨数（Mt）为单位（2000—2009 年度政府间气候变化专门委员会第 1 工作组第 5 次评估报告（IPCC WG1 AR5）第 6 章第 507 页中的平均值。
2. 括号里是由 IPCC 给出的估计值范围。

二氧化碳（CO_2）

二氧化碳是全球变暖的主要驱动因素。人类活动排放的二氧化碳约占 2011 年温室气体辐射强迫的一半（见图 3.7），但如果以 GWP_{100} 为基准（而不是以瞬时辐射强迫为基准），全球变暖约 3/4 是由二氧化碳排放所致，因为它在大气中停留的时间较长。

人类活动排放的二氧化碳大约 90% 来自化石燃料的燃烧[38]，10%来自森林砍伐[39]。但森林砍伐释放的二氧化碳量还不确定，目前森林砍伐造成的二氧化碳净排放量可能在 1%～ 20%（剩下的由化石燃料燃烧排放）。从 1750 年至今，1/3 的二氧化碳净累积排放量由于土地利用变化（主要是乱砍滥伐）造成，土地利用变化将木材和土壤中含有的碳通过燃烧或分解的方式释放到大气中。[40]

二氧化碳在大气中的存在方式很复杂，它以不同的时间间隔通过各种过程与大气、海洋、生物圈和岩石之间进行二氧化碳的转移和交换（这个过程也称为“碳循环”，我们将在后文更详细地讨论）。因此，二氧化碳在大气中存在的时间是无法衡量的。如果今天人类停止排放二氧化碳，几百年后约1/4 的二氧化碳将会留在大气中，而几万年后仅有 1/10 左右留在大气中。

自 1958 年以来，科学家在夏威夷的莫纳罗亚（Mauna Loa）山顶对大气中二氧化碳含量进行测量，结果按体积计算还不到百万分之一（0.0001%）。[41] 如今，在其他不同地方对二氧化碳含量进行了测量，结果显示人口密度越大，二氧化碳的含量往往越高。由于莫纳罗亚位于占世界人口 90% 的北半球，该地每年记录的二氧化碳浓度最大值约是全球平均值的两倍。

图 3.3 按年变化给出了莫纳罗亚地区及全球大气中 CO_2 含量的平均值。[42] 北半球冬季（10 月至来年 5 月）CO_2 含量增加，夏季（5—10 月）CO_2 含量减少。世界上大部分的植物生长在北半球，夏季植物生长旺盛，吸收二氧化碳到其体内；冬季植物生长缓慢，但依然可以通过生物呼吸产生的微小的氧化“火苗”释放出二氧化碳。很多人曾经指出过，这种周期性的差

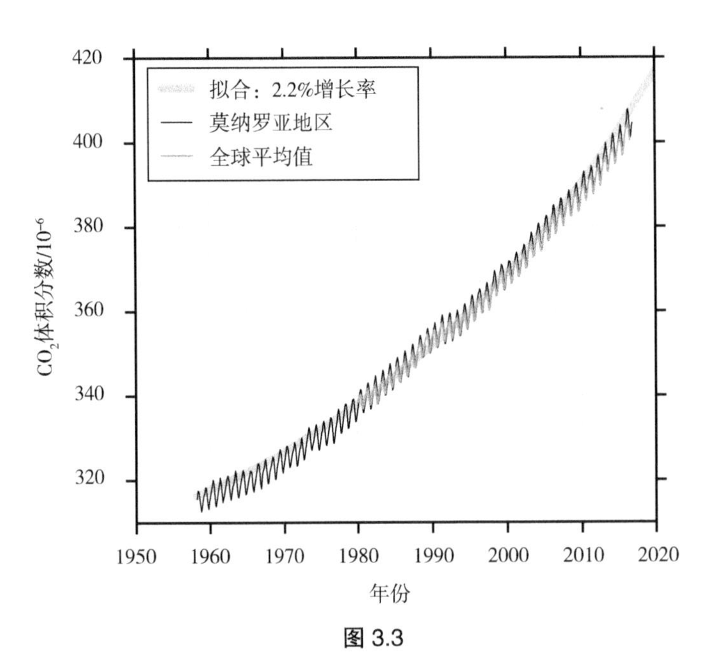

图 3.3

注：以每月平均值计算结果，黑线条表示夏威夷的莫纳罗亚（Mauna Loa）的大气中二氧化碳浓度值，灰色线条表示全球 CO_2 浓度值的平均值（与黑色曲线相匹配）。增长率和起始年允许变化的条件下，粗灰色曲线是莫纳罗亚地区数据的最佳指数拟合结果：年增长率为 2.2%，起始时间为 1790 年。

异就像是生物圈的呼吸。

大气中二氧化碳的浓度呈指数增长，最佳指数拟合曲线（图 3.3 中的粗灰色曲线）显示二氧化碳含量自 1790 年开始（1790 年瓦特成功实现了蒸汽机的商业应用）每年增长率为 2.2%。[43] 很明显，1958 年开始统计大气中二氧化碳浓度，恰恰反映出了人类的化石燃料革命。

更早之前的情况是什么样的呢？图 3.4 显示了 80 万年前南极 3 个冰芯的二氧化碳含量，也包括过去 12000 年的放大视图。对冰芯中锁住的古老的气泡进行二氧化碳浓度分析，并根据冰芯深度推断出时间。[44]

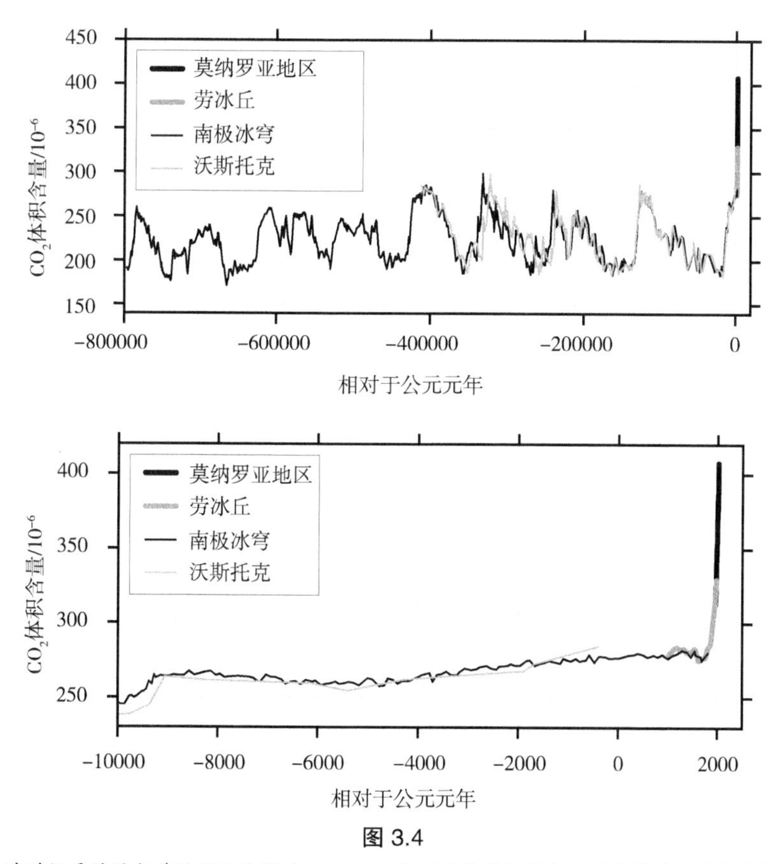

图 3.4

注：冰芯记录结果与莫纳罗亚地区（Mauna Loa）测量结果相结合；下方图显示的是上方图右侧边缘的缩放内容。只在图的最右方出现的黑色粗线显示的是莫纳罗亚地区的测量结果；另外 3 个冰芯记录分别以黑色、灰色线条和灰色粗线显示［分别代表劳冰丘（Law Dome）、南极冰穹 C（Dome C）和沃斯托克（Vostok）3 个冰芯］。黑色和灰色曲线间的差异给人一种不确定感。

通过对近100万年的二氧化碳浓度分析，发现了几个很有趣的现象：第一，如今二氧化碳排放量显然比过去80万年的任何时期都要高得多；第二，在过去的11000年间，二氧化碳的浓度变化不大，稳定的气候支撑了农业文明的兴起；第三，这段时间二氧化碳含量有几个增速较快的时间段，但还远远低于当今的增速，二氧化碳的体积含量始终低于0.03%（如今为大于0.04%）。例如，从14万年前开始，经过1万年的时间，二氧化碳含量最高达到体积分数0.029%，[45] 二氧化碳含量的上升反映了气候从冰期到间冰期的过渡。第四，曲线呈现锯齿状反映了二氧化碳的增长速度要比二氧化碳减少速度快得多。虽然二氧化碳的吸收很复杂，而且受多个过程控制，但这表明目前全球变暖的趋势可能会持续数万年。经过后文的讨论，我们将会看到这种判断可能是对的。

人类做了什么：全球变暖的来源

从世界范围看，人类的哪些活动产生的温室气体排放最多呢？表3.2列出了2010年人类活动排放的温室气体含量占其总排放量的比例。[46] 令人震惊的是，人类活动排放的来源是如此之多，没有任何一项是占主导的。这反映了化石燃料已经深深地渗透到当今工业化社会主导的生活方式中。

表3.2　2010年按来源划分的全球人类活动排放的温室气体量占总排放量的比例

来源	占总量的比例
工业	**33%**
电力和热力	11%
金属	5%
化学品	3%
工业废弃物	3%
水泥生产	3%
其他行业	8%
农业、林业和其他土地利用	**25%**
土地利用变化和林业	10%
肠道发酵	5%
排水泥炭地和泥炭地火灾	3%

续表

来源	占总量的比例
建筑	**18%**
电力和热力	12%
交通运输	**14%**
道路	10%
航空	2%
船舶	1%
其他	**10%**
燃料生产	6%
石油提炼	3%

注：2010 年人类活动共排放了 49 亿吨（Gt）的二氧化碳当量（CO_2e）。

对农业、林业和其他土地利用（AFOLU）行业的估算结果不确定性较大，因为难以区分这些行业温室气体的排放是自然形成还是人类活动造成的。畜牧业（包括土地清理、粪便分解、饲料生产和肠道发酵）造成的排放量占人类排放总量的 10% ～ 20%；[47] 交通运输业的排放增长速度最快，1970—2010 年增加了 1 倍多。[48]

全球气温升高

图 3.5 显示了与 1850—1990 年全球地表温度平均值相比，1850 年以来地球的地表平均温度，[49] 这些数据将陆地气象站和来自船舶和浮标的海面温度估计值统计结合，形成全球地表平均估计值。[50] 在数据统计过程中，尽量注意避免数据偏差，如取样不完善问题（因为不能在地球表面的每一处放置温度计）。如果我们把数据结果解释为地表气温的估计值，但由于在海洋中使用的是海面水温，就算再仔细也导致数据偏差了约 10% [51]。因此，尽管数据显示 2015 年比历史平均温度高 1.1 ～ 1.2 ℃，而事实可能在 1.2 ～ 1.3 ℃。同样，2016 年数据可能比历史平均温度高 1.4 ～ 1.5 ℃。

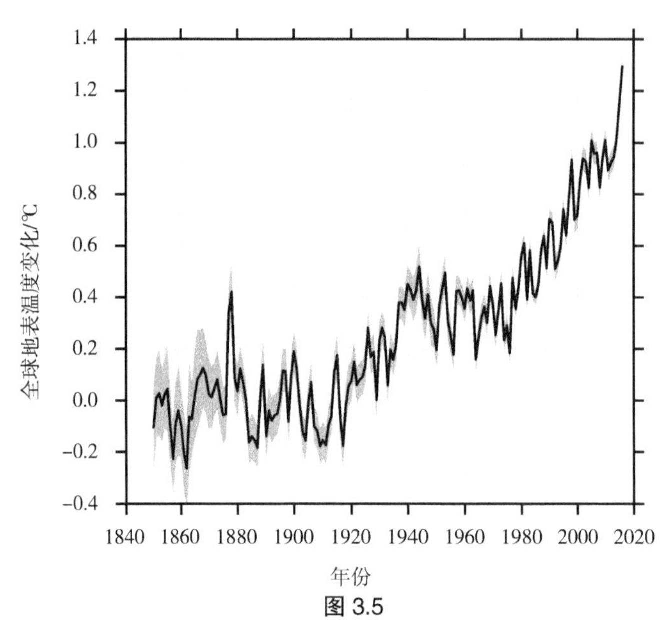

图 3.5

注：相对于1850—1900年地球地表温度的平均值，统计时间到2016年，阴影给出了90%的置信区间。

有记录以来的17个最热的年份发生在1998—2016年的19年中，[52]这是非常显著的，从数据的急剧变化就可看出。而且这种变暖的趋势至今还未结束。[53]如今，指出这一明显趋势往往被认为"危言耸听"。在我看来，对此无动于衷、不震惊是愚蠢的行为。因此，我要明确表态：我是一名科学家，而且我要发出警告。

海洋热含量变化是度量全球变暖的更好的指标，不过它是比人类活动更间接地反映全球变暖。由于温室效应导致地球系统能量不平衡，海洋吸收了变暖产生的93%的热量，但是海洋热含量要比地面气温变化小。[54]图3.6反映了自1955年以来，海洋从表层到2000米深度热含量在显著增加。[55]

如今，全球变暖的速度极快，至少10倍于地球地质史上任何已知的气候变暖期的速度。[56]所以，地球正在发生根本性的变化就不足为怪了。格陵兰冰盖平均冰量损失速率从1992—2001年每年340亿吨（34Gt）增加到2002—2011年每年2150亿吨，仅10年就增加到了上个10年的6倍；[57]冰盖沿其边缘每年下降1.5米。[58]全球海平面已经上升了20厘米左右，并以每年上升约1/3厘米的速度上升，[59]并且呈不断加速趋势。[60]北极海冰大概

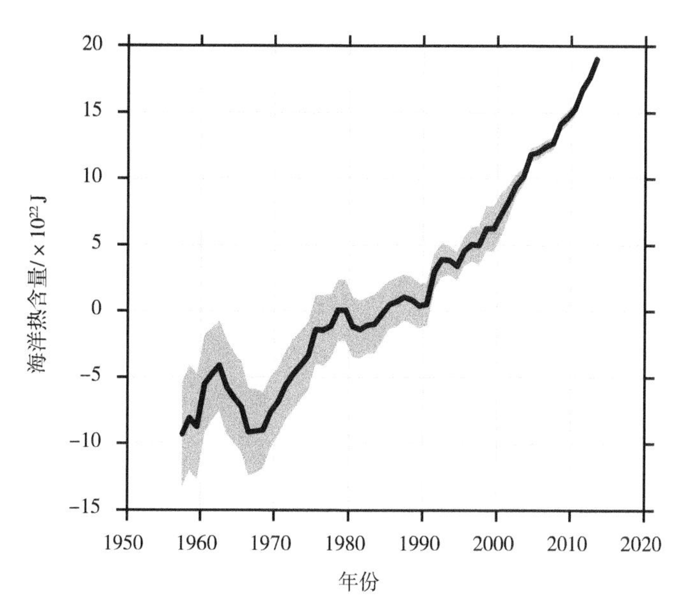

图 3.6　1955—2006 年全球海洋热含量的平均值

注：阴影给出了 90% 的置信区间。

衰退了一半（截至 2014 年以夏季海冰最小面积衡量），夏季北极海冰范围以每 10 年 9%～14% 的速度减少。[61] 而且夏季高温热浪的频次和强度总体也在增加。[62] 所有这些变化进一步证明全球气候正在加速变暖。[63]

但是气候系统与地球系统的其他组成部分相互作用过程复杂，而且气候系统变化很大。随着全球地表温度的升高，区域性和暂时性的变化也会造成某些地区短暂性的冷空气。事实上，由全球变暖引起的空气和海洋环流模式的变化，可能也会导致区域性冷空气异常现象。热量也很可能从气候系统的一部分传递到另一部分，如从表层传递到海底层。重要的是要注意我们监测气候系统的能力有限，一些系统变量（如地表气温）可能会使我们对该系统的看法带有一些主观性和限制性。

全球变暖的驱动因素

根据辐射强迫的估值，我们能够列出全球变暖的不同驱动因素，如大气中的二氧化碳、太阳辐射的变化等。相关的内容见图 3.7。[64]

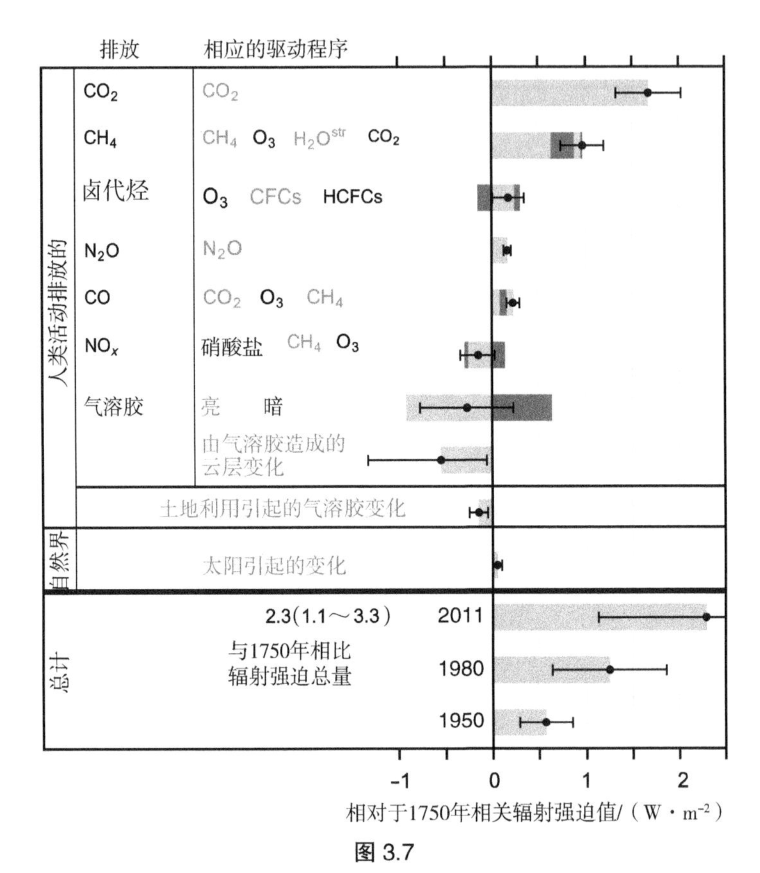

图 3.7

注：相对于 1750 年，2011 年全球变暖主要驱动因素中辐射强迫估计值。黑点表示最佳估计值，其发出的水平线表示不确定性置信度水平为 90%。

图 3.7 中所示的测量值是相对于 1750 年的数据给出的 2011 年的辐射强迫值。首先，辐射强迫值变化的 98%是由人类活动造成的，主要归因于人类排放的温室气体。自 1750 年以来，与人类活动相比，太阳辐射变化产生很小的辐射强迫；在过去的几十年里，天气变得越来越冷[65]。换句话说，相对于几十年前（而不是 1750 年），超过 100%的辐射强迫值变化由人类活动导致。

土地利用变化导致地表反照率变化（反照率即反射率）是由人类活动造成的，如砍伐森林并代之以更明亮的作物和城市，这会增加地表对太阳光的反射率。这些会带来净降温效果，因此这是负辐射强迫。而土地利用变化会造成二氧化碳排放量增加，这是正强迫。

数据还包括温室气体排放过程中产生的间接影响，如甲烷（CH_4）。甲烷除了直接产生温室气体外，还会产生对流层臭氧（O_3）及平流层（高海拔）水（结构水），最终被氧化成二氧化碳。[如图 3.7 所示我已经列出了从最强到最弱影响的情况，图 3.7 中的阴影对应于列出的“相应的驱动因素 ”（resulting drivers）一栏。] 一方面，臭氧、水和二氧化碳也是温室气体，如果我们在其他地方记录这些间接影响（在此不考虑的话），我们会低估人类活动排放的甲烷对气候的影响；另一方面，卤代烃会破坏臭氧，造成臭氧层空洞并产生负（冷却）辐射强迫。在其他地方记录的结果可能会使我们高估卤代烃的影响。[66]

值得注意的是，人类活动排放的一氧化碳（CO）和氮氧化物（NOx）本身并没有危害，但它们通过大气化学反应对气候产生了间接影响（如 CH_4，O_3 和 CO_2 等气体的产生和破坏）。

另外，气溶胶（尤其是生物质燃烧产生的硫酸盐和有机碳）会抵消一部分由温室气体造成的变暖作用。大气中的这些气溶胶粒子像镜子一样反射太阳光。我在图 3.7 中将这种气溶胶称为“明亮气溶胶”。它们可以起到云凝结核的作用，通过形成更小、更多的水滴使云变亮，并且使云层加厚。这些效应称为“由气溶胶造成的云层变化”。

一方面，你可能已经注意到图 3.5 中 1940—1978 年高原气温上升，这可能是由于明亮的气溶胶污染增加所致。[67] 具有讽刺意味的是，如果我们以某种方式突然消除这些污染物，虽然结果不确定性很大，但对全球变暖的影响力可能会明显上升近 40%。

另一方面，黑碳对气候变暖做出了重大贡献。黑碳是由森林与热带稀树草原燃烧、住宅生物质燃烧和柴油发动机产生的一种气溶胶。与甲烷的直接温室气体效应相似，黑碳吸收阳光导致正辐射强迫。[68]

最后，图 3.7 中给出了从 1950—2011 年的人类活动产生的辐射强迫总趋势。自 1980 年以来，人类活动对全球变暖的影响程度几乎翻了一番。辐射强迫正在迅速增加，这主要由于二氧化碳排放量呈指数增长的缘故。

辐射强迫仅是故事内容的一半，接下来我们准备讨论另一半内容：在这些强迫作用下，地球系统是如何变化的。

地球系统反馈

大气中温室气体浓度的增加促使地球变暖。同时，地球系统也会对这种变化做出反馈。在温室气体浓度一定的情况下的变暖总量——气候敏感度，取决于地球对温室气体强迫的反应。

使地球变暖加剧的过程是一种正反馈（称为正反馈，是指它与地球变暖的态势是同方向的，而不是说它是好的），而令变暖过程减慢的过程称为负反馈。强迫和反馈一起决定着气候温度。

我已经介绍了一种基本的正反馈：变暖的大气中含有的水蒸气也更多，这是一种很强的温室效应；我还提到了一种基本的负反馈：较热的物体通过红外线辐射散发更多热量。另外，这里还要介绍两种重要的反馈：

- **地表反照率：**我已经在前面土地利用变化中提到了反照率。一方面，当森林被破坏，取而代之的是农业或人类开发，越来越多的阳光反射到太空（即反照率增加）。另一方面，冰雪对阳光的反射率要比海水对阳光的反射率高。这是一个正反馈现象——随着冰雪融化，地表就会吸收更多的阳光，导致进一步升温。海冰融化导致反照率反馈，是北极海冰衰退的一个重要驱动因素。北极地区要比全球其他地区变暖速度更快，而且这个增速超过了科学家们的预期。[69] 藻类的生长及烟尘微粒的存在也会导致冰和雪的反照率降低。

- **云层：**全球云层的微小变化可能对气候产生巨大影响。云可以阻挡射入的太阳光（在反照率中扮演重要角色）及放出红外光；不同种类的云有不同的效果。低空云层如积云和层积云温度高，且厚重。它们能反射太阳光，但因为它们与地表温度很接近，所以对上行的净红外辐射量没有很大的影响；其净效应是起冷却效应。寒冷、稀薄的高空云可以让入射的阳光透过，却吸收上行的红外辐射。由于高云层较冷，它们并不会发射很多红外线。因此，其净效应是导致变暖。整体来说云层反馈是一种正反馈，云层变化正在使全球变暖效应增强。[70]

地表反照率和云层都对地球的全球行星反照率有影响，地球的全球行星反照率为 0.29。地球反射回太空的太阳辐射总量不到 1/3。全球行星反照率是冰、云、水、森林、城市和沙漠反照率的平均值。在全球范围内，云层似乎是以我们尚未完全理解的方式作为行星反照系统的稳定缓冲器。[71]

还有一些气候反馈与碳循环有关。

地球的碳循环

碳元素在大气、海洋、地质层和所有生物体中循环。地球存在迄今已有四十多亿年的历史了，即使是在早年太阳光比较暗的时候，碳循环过程仍然像是地球的恒温器，使地球气候保持稳定，并维持着液态的海洋。碳循环带来的这种稳定性使地球上的生物多样性蓬勃发展。

> 人们问我他们是否应该特别担心甲烷。我告诉他们，人类活动释放的 CO_2 更需要担心。
> ——大卫·阿彻（DAVID ARCHER），气候学家

然而，在最近的一段时期，碳循环突然加剧了气候变化；而这些气候变化在生物圈先前的物种大灭绝中起了重要的作用。[72]通过过去碳循环速度加快的事例可以让我们了解目前的全球变暖事件。

地球上有几个主要的碳库，它们的储碳量相差很大，但彼此之间相互联系，并且在不同的时间维度上与气候系统相互作用，见表 3.3。[73]工业革命前，碳库间的碳流量大致维持着平衡状态——没有碳净流量。如今，由于人类活动的排放干扰了这一平衡，出现了失衡和碳净流量。我们排放的二氧化碳在大气层中积聚，但也在不同的时间上汇集到其他碳库中。目前人类排放的二氧化碳约 57% 没有流入大气层[74]，而是被海洋、生物质和土壤吸收，这个过程称为“碳汇”。一般来说，碳汇过程很难理解，但在接下来的几十年或者几个世纪里，由于海水中的二氧化碳逐渐达到饱和，以及土壤碳库对全球气候变暖做出反馈，碳汇的影响将会下降。[75]

表 3.3　碳库

碳库	碳规模 / 亿吨	注释
大气（1750 年）	589	

续表

碳库	碳规模 / 亿吨	注释
大气（2011 年）	830	2011 年时年均增加 40 亿吨碳
海洋水域	38000	
海洋沉积物	2000	碳酸钙
海洋甲烷	1500 ～ 7000	冻结在深层沉积物中
生物质	450 ～ 650	主要是树木
土壤	1500 ～ 2400	
化石燃料	≈ 13000	资源和储量
煤炭储量	450 ～ 540	
天然气储量	380 ～ 1100	
石油储量	170 ～ 260	
多年冻土	2000	除去解冻的泥炭地
石灰岩	>60000000	
干酪根岩	15000000	化石燃料前驱体

以下是不同碳库中碳循环的简要说明：

● **大气：**虽然大气中含碳量不大，但这个主要碳库与碳系统的许多部分相互联系，堪称碳循环的大中央站。大气中二氧化碳来自海洋、生物圈的释放、化石燃料的燃烧等，而其流向是海洋和发展中的生物圈（主要是树木）。21 世纪以来，由于人类排放增加，每年大气中碳累积的速率平均为（40 ± 2）亿吨碳。[76] 随着人类排放二氧化碳的速度加快，并且海洋碳库和陆地生态系统碳库吸收二氧化碳的速率变慢，碳累积率可能会增加。

● **海洋：**迄今为止，人类活动排放的二氧化碳有 28% 被海洋吸收，并转化为碳酸。[77] 随着海洋变暖，其对二氧化碳的吸收逐渐饱和，海洋碳库吸收效率将变低。这意味着更多的二氧化碳将会留在大气中，这会加速全球变暖。有证据表明海洋碳库已经趋于饱和[78]，但是我们对海洋碳汇原理及其将来会起到怎样的作用的认识还不明确。

事实上，（根据同位素分析）我们了解到海洋吸收二氧化碳对气候产生正反馈影响，这是导致冰川期的原因。冰川期海水温度较低，以某种形式从大气中吸收了更多的二氧化碳，二氧化碳吸收量要比通过上述所讲的温度依赖所解释得要多。但是我们不知道是否还有其他过程（或多个过程）在影响着气候。我们无法排除这样一种可能性，那就是这种额外未知的反馈也可能会产生逆作用，从而导致气候变暖。[79]

● **陆地：**土壤和植物（二者密切联系）及冻土一起构成陆地碳库。大气 CO_2 的增加在一定程度上促进了植物的生长，从而促进了植物对碳的吸收。[80] 我们还不掌握直接测度陆地碳吸收的方法，但我们推断人类活动排放的二氧化碳中约有 29%（即总碳库 57%减去海洋碳库 28%）被陆地吸收。陆地碳储量年变化率较高。在厄尔尼诺年陆地吸收碳含量下降；而在其他年份，陆地吸收了 29%以上。目前我们还不清楚热带森林和北方森林间碳量分配格局情况。然而不幸的是，有强有力的经验证据表明，未来气候变暖将导致土壤碳向大气中的净流失，[81] 而且全球森林死亡率及森林火灾发生率会增加。截至目前，这些大气中的碳来源在预测中还未被充分考虑。[82] 如果碳排放量不加以控制，那么几十年后亚马孙雨林将会发生巨大的灾难性损失。向大气中释放碳，因为气候干旱使得森林越来越容易发生火灾，[83] 预计 21 世纪气候严重干旱将会导致亚马孙热带雨林达到退化的临界点。[84]

北半球约有 1/4 的土地被永久冻土覆盖。如果永久冻土融化，微生物在有氧条件下会将生物质（主要是泥炭）分解为二氧化碳；在厌氧条件下分解会产生甲烷。据估计冻土中约含有 17000 亿吨碳的碳氢化合物，相当于人类活动燃烧的化石燃料排放量的 4 倍多。然而我们还不知道随着全球气候变暖，二氧化碳和甲烷的释放率是多少。

全球陆地碳库系统可能将从净碳汇逐渐转化为净碳源，从而加速气候变化。不过，就像对未来海洋碳汇的认识一样，我们对上述过程细节的了解具有很大的不确定性。[85]

● **海洋冰冻甲烷：**冰冻甲烷分布在大陆架的深海沉积物中。储存在其中的碳量达上亿吨，是至今人类活动排放碳量的许多倍。如果地球变暖到达一定程度，将导致这种冰冻甲烷释放出来，形成正反馈。关于海洋冰冻甲烷释放的机制、规模和时间等都是不确定的，但明智的话我们最好做好准备，如果全球温度上升 3 ℃，冰冻甲烷的释放将会使全球气温进一步上升 0.5 ℃左右，而且冰冻甲烷导致的进一步升温可能会持续数千年时间。[86]

大多数气候模型还不包括碳融解反馈（融解永久冻土和冰冻甲烷），这使得人们对未来变暖的预测往往偏向保守。这些碳库缓慢释放到大气中的二氧化碳未来可能与人类活动的排放量相当，使得排放量翻倍。但是这部分碳究竟会怎样释放，目前还仅仅是我们的猜测而已。[87]

● **石灰岩：**碳酸盐岩（石灰岩）是最大的碳库，在不同时间尺度上与气候系统相互作用，我们将在后文讨论。

● **化石燃料：**截至 2011 年，人类活动共燃烧了含（3750 ± 300）亿吨碳的化石燃料，仅 2011 年燃烧量就达 92 亿吨。[88] 2000—2010 年，由于人类活动燃烧率的增加，使得全球温室气体排放量以每年 2.2%的速度呈指数增长。[89]（可以回忆一下前述的大气中 CO_2 含量在一段时期内具有相同的增长率，见前文的图 3.3）。

● **油母质：**陆地或海洋中生物残体中的碳储存在油母质（化石燃料生成的前驱体）中，最终油母质转化为煤、石油和天然气。与岩石碳库形成过程一样，油母质转化过程也需要很长时间。在人类生活的较短时间尺度上，岩石和油母质碳库并不重要，但在数百万年之后，二者的重要性将显现出来。或许在一千万年或一亿年后，地球上的“电池”将再次被充电，多数依靠的是将化石碳挖掘出来并再次燃烧，这些都是人类活动产生的以煤、石油和天然气形式埋藏在地下的。

碳的流动

碳在这些碳库间是如何流动的？表 3.4 列出了大气碳库中碳的流入和流出情况，[90] 表格中对碳流动的估计分为人为和自然（即工业前）两部分。人为原因造成的碳流动要大得多，这表明现代人类活动排放相对于碳循环的主导地位。

表 3.4　每年大气中碳的流入和流出情况

来源	碳流量 /（亿吨碳 / 年）
人为原因	
大气净含量增加	43 ± 2
化石燃料燃烧（2011 年）	83 ± 7
海洋—大气相互作用（总数）	–24 ± 7
陆地—大气相互作用（总数）	–16 ± 10
净土地使用变化	9 ± 8
地面沉降	–25 ± 13
其他自然原因	
火山活动	1
风化作用	–3
海洋—大气相互作用	7
陆地—大气相互作用	–17
淡水脱气	10

注：人为原因造成的碳流量是 2002—2011 年的年平均值。

大气中碳含量是气候变化的直接驱动因素。在未来数千年甚至更长的时间尺度上，随着碳循环恢复动态平衡状态，各个碳库与大气间的碳交换决定着碳含量。

陆地上的岩石风化导致的碳流动过程十分缓慢。雨呈弱酸性（二氧化碳溶解在其中），能缓慢溶解暴露的碳酸盐和硅酸盐岩石，产生钙离子和碳酸氢根离子，并最终被冲刷到海洋中。海洋生物利用上述原料生成自己的壳，然后这些材料会在海底沉积，形成石灰岩。经过漫长的地质年代，石灰岩沉积到地壳。在受到热量和压力作用后，它们又转变成硅酸盐，最后通过火山活动把二氧化碳重新释放到大气中。

这种岩石风化作用是地球自动调温系统的重要组成部分。大约在 10 亿年前，可能有一个时期地球处于一种冰冻的“雪球地球”状态。人们认为，火山喷发排放的二氧化碳及岩石风化率的降低，把地球从雪球时期拯救出来。这种碳的流动方式从数十万年的时间尺度上看是非常显著的。

涉及碳酸钙外壳的海底沉积物的碳流动过程并不是很缓慢。二氧化碳通过与碳酸根离子结合形成碳酸，碳酸解离成碳酸氢盐溶解在海洋中。[91] 这个过程使得海水酸化，然后海水与海底沉积物反应释放出更多的碳酸根离子，[92] 进而与 CO_2 进行反应。因此，海底沉积物的缓冲作用使海水能够溶解更多的二氧化碳。但是有个问题，由于酸性的海洋表面的水到达海底沉积物的时间是由与深层海水混合的时间决定的，所以上述交换过程可能需要等待数千年的时间才能起作用。我们将在第 4 章讨论二氧化碳排放时探讨缓慢作用这方面的问题。

总结：全球变暖的原因

多重证据表明，观测到的大气二氧化碳含量呈指数增长是人类活动导致的。例如，因为长期对化石燃料行业进行跟踪，我们大概了解了每年因燃烧化石燃料排放的二氧化碳量；[93] 我们也了解到二氧化碳总排放量的 1/3 来源于森林砍伐。因此，我们可以直接将累计的二氧化碳排放量的估值与大气二氧化碳的数据进行比较。[94] 为了解释森林砍伐问题，如图 3.8 所示，我将化石燃料数据乘以 1.3 作为估计值（黑色虚线），与莫纳罗亚地区（Mauna Loa）的实际观测值（灰线，前文我们讨论过这些观测）进行了一起绘制。[95]

黑色虚线表明，自 1965 年以来人类活动产生的二氧化碳排放量大约是大气中留存的二氧化碳含量的 2 倍。在之前的讨论中，我们知道排放出的二氧化碳有 28% 被海洋吸收，其余的（29%）必然是被陆地所吸收，因为这些二氧化碳没有其他合理的地方可去了；黑色实线代表了陆地和海洋碳汇，数据与观测结果非常吻合。这提供了无可争辩的证据——人类是导致观测到的二氧化碳增加的原因。

如果这一证据还不足以说明的话，以下还有 4 个证据：①大气中氧气浓度的减少，与我们推测由于使用化石燃料导致二氧化碳增加的想法一致；②大气中 $^{13}C/^{12}C$ 同位素比值随时间呈下降趋势，与我们推测的二氧化碳来源于化石燃料的想法一致；③大气中 $^{14}C/^{12}C$ 放射性碳同位素比值随时间呈下降趋势，与二氧化碳来源于化石燃料和核试验的预期一致；④北半球和南半球大气中二氧化碳浓度的差异，以及这种差异随时间推移呈上升趋势。

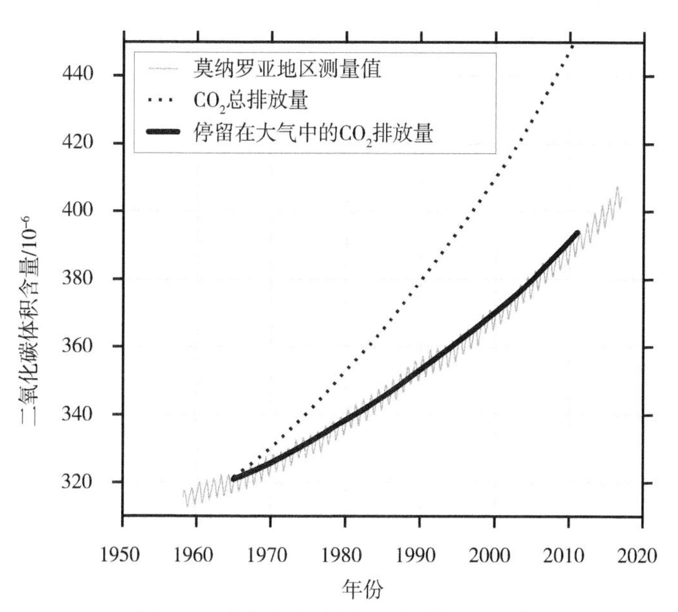

图 3.8　大气中人类活动排放的 CO_2 情况

注：灰线表示莫纳罗亚地区（Mauna Loa）测得的大气 CO_2 浓度；黑色虚线表示假设自 1965 年以来人类活动排放的二氧化碳如果 100%停留在大气中，计算出的大气中二氧化碳浓度；黑色实线表示计算出的大气浓度占净吸收碳汇的 43%。该图表明人类二氧化碳排放与我们在大气中测量的二氧化碳数值具有一致性。

这些证据都与我们推测增加的二氧化碳来源于化石燃料的观点一致。[96]

我们怎么能确定人类活动排放的二氧化碳是全球变暖的主要原因呢？由于地球系统的复杂性及其他辐射强迫，根据二氧化碳增加量来推测全球气温增加值并不是件容易的事，所以这是个更难的问题。

我个人确信二氧化碳正在导致全球气候变暖，我的同事也百分之百确信这一点。原因如下：首先，温室效应的基础物理学原理提供了清晰且强有力的因果关系。我们理解了二氧化碳与红外辐射是如何相互作用的，并且观测到的全球变暖与基础物理学一致。从另一方面讲，气候没有变暖的话，反而是令人惊讶且需要解释原因的 。另外，有趣的是，人们对全球变暖的基础科学的了解已有 120 多年的历史了。[97]

其次，第二条证据来自冰芯样本，我们已经通过分析古代大气中封存的气泡，测量出了 80 万年前地球大气中的二氧化碳含量；而且根据海水中同位素可以推测南极冰盖的温度。[98] 图 3.9[99] 显示，温度与大气中 CO_2 浓度之间具有显著的相关性。相关并不意味着因果关系。事实上，冰芯中 CO_2 变化要滞后于温度变化，在气候变化中起到放大器而不是初始驱动器的作用[100]；但是这种相关性的确意味着，鉴于已经观测到人类活动所导致的二氧化碳量猛增，目前对全球变暖的认识还不足，还缺乏充分的解释。二氧化碳导致的变暖对于如今不断演进的气候变化而言是非常独特的。[101]

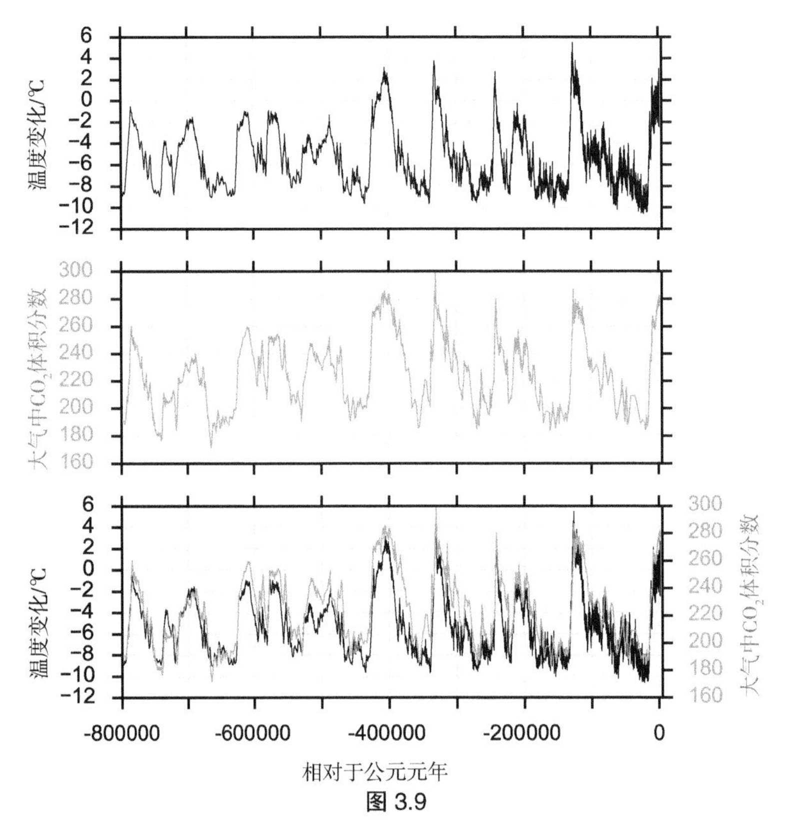

图 3.9

注：南极冰穹 C（Dome C）区域冰芯的表面温度变化和大气中 CO_2 浓度。温度变化是相对于过去 1000 年的平均值；记录中最近的样本可追溯到 1911 年；因此这些图不涉及现代气温和 CO_2 浓度激增的情况。

再次，第三条证据来自模型。正如我们所看到的，除二氧化碳浓度外，还有许多控制全球温度的因素。例如，人类活动排放的其他温室气体会加剧气候变暖；人类活动排放的气溶胶污染物可以反射阳光，在一定程度上阻止气候变暖。其余的还有云层和其他地球系统的反馈过程，众多碳汇和天然碳源，太阳强度的微小变化，甚至还有偶尔喷出致冷气溶胶的火山。地球系统模型试图尽可能多地把这些复杂的相互作用过程都考虑进去。当然，每个地球系统模型的预测结果会有差异（如前文的图 3.2 中讨论的那样），但是每个地球系统模型都证实了二氧化碳浓度的增加会导致气候变暖。

事实上，如果二氧化碳浓度没有增加，任何一个地球系统模型都无法再现观测的变暖过程，而且对于变暖没有其他的解释能够与观测结果一致。因此，我认为，任何有理性的人都必须承认，人类活动排放的二氧化碳是造成已观测到的全球变暖的重要原因——除非有同样强有力的证据证实这种观点错误。迄今为止，我还不知道有这种证据。

第 4 章　全球变暖的前景

已经有足够的科学证据告诉我们应该做什么，而我们并没有那样做。

——肯·卡代拉（KEN CALDEIRA），气候学家

在第 3 章中，我介绍了我们如何知道人类活动排放的二氧化碳是观测到的全球变暖趋势的主要驱动因素。在本章中，我将简要介绍一下全球变暖对人类和非人类的影响。与以前一样，我不会去追求面面俱到。[1] 这里我的目标是进一步描述我们所知道的和我们不知道的东西，并进一步弄清全球变暖可能持续的时间。

影响

全球变暖带来了一定的好处。由于全球变暖，寒冷地区的农民和园丁将拥有更长的生长季节和更高的土壤温度；企业不久将能够在无冰的北冰洋上运送他们的产品；因天气寒冷导致的死亡率可能会由于变暖而下降。

但在我看来，全球变暖的有害影响远远超过了这些好处，而且对于所有的人类而言，这种有害影响都是永久性的（后文将叙述）。到时候，如果我们断定我们不喜欢变暖的世界，也没有回头路可走。在这里，毫无疑问适用预防原则。

大部分的影响并不是“要么全有，要么全无”的两个极端。对于大多数影响来说，成本将随温度上升而提高。全球温度每升高 1℃，都会使地球上的人类生活变得更加困难。

热浪

一年中炎热的白天和夜晚数量有所增加，热浪更加频繁，持续时间也更长了。[2] 2003 年欧洲的热浪造成了 7 万人死亡，[3] 这是第一次在统计上归因于全球变暖的个别事件。[4] 2014 年，热浪发生的频率已经是 10 年前的 10 倍，而且这个频率还在增加。[5]

第 6 次大规模灭绝

全球变暖，再加上如此众多的人口占据了大量空间，正在引发大规模灭绝事件。植物和动物正在向较凉爽的栖息地迁徙；而那些不能移动或者移动得不够快的物种正在消失。有许多科学研究详细说明了动植物以平均每年超过 1 英里[1] 的速度向极地方向快速迁徙，并且在可能的情况下还向更高海拔处迁移。[6] 海洋物种也在向极地方向转移，而且其速度比陆地物种更为迅速。[7]

据估计，到 2050 年，仅仅因为全球变暖，就将使全部物种的 15%～37% 濒临灭绝，物种灭绝的比例取决于我们是否采取积极措施去阻止全球变暖。[8] 有趣的是，化石记录显示，古新世—始新世交替时期的极热事件（Paleocene-Eocene Thermal Maximum ，PETM）全球变暖发生时并未相应出现物种大规模灭绝事件。[9] 这可能是因为当时气候变暖的速度比现在慢 100 倍，使物种有时间去适应。

生物学家威尔逊（E. O. Wilson）在其著作《半个地球》中写道：“生物多样性作为一个整体形成了一个屏障，保护共同构成它的每一个物种，包括我们自己……随着越来越多的物种消失或接近灭绝，幸存者的灭绝速度加快。”[10] 如今物种的灭绝速率已经是历史背景速率的 1000 倍左右，由于全球变暖物种灭绝的压力正在加剧。[11]

海洋酸化

由于我们的二氧化碳排放量的 1/4 溶解到海洋并形成碳酸，海洋的酸性变得更强。实际上，2008 年全球海洋的平均 pH 偏离了其历史低限，海洋居民已经生活在一个新的世界中。[12] 海水酸化和水温上升破坏了世界上的珊瑚

[1] 为读者阅读方便，本书中的单位沿用原书的英制单位。

礁，对全球生物多样性造成了打击。其他海洋生态系统也在发生变化。

破坏性天气

全球变暖正在改变水文循环。变暖的大气蕴藏着更多的水，北半球陆地上的降水量也有所增加。[13] 在包括美国在内的一些地区，降水量增加已经导致了破坏性降雨的概率增加。[14] 美国一些地区极端风暴的可能性增加了5倍，而且这种风暴也将变得更加猛烈。[15] 区域分析发现，冬季降雪和降雨的比例呈下降趋势。[16]

全球变暖也正在改变大规模的大气环流模式，[17] 导致部分地区的降雪和降雨增多，而其他地区的干旱风险增加，[18] 季风类型发生变化，而且季风有减弱趋势。[19] 湿地似乎正在变得更加潮湿而且更容易发生暴风雨泛滥，而干旱地区正变得越来越干燥。

干旱、火灾和食物

较高的温度可以更快速地使土壤变得干燥，再加上缺乏降水，就会导致干旱。在世界许多地区干旱引发了史无前例的野火。特别是未来几十年，预计美国西南部和中原地区的干旱会进一步恶化。[20] 由于多年的干旱，2015年成为美国有史以来火灾最严重的年份。到2016年，由于加州遭受1200年来最严重的干旱而造成超过1亿棵树死亡，这是由气温创历史新高所造成的。[21] 这种前所未有的严重的森林退化可能意味着气候导致的持续的生态变化。[22]

气候变化现在是美国西部地区森林干燥和火灾时间较长的主要原因，而且自1984年以来森林火灾烧毁的面积比预期增加了一倍。[23] 随着全球变暖，野火面积呈指数增长，气温每增加1 ℃都会导致比之前更严重的森林火灾，只要还有树可以燃烧，森林火灾就会一次比一次严重。[24]

干旱也影响作物产量，热浪也是如此。虽然气候变暖给高纬度作物带来了一些好处，但从全球范围看，其对作物产量的负面影响大于其积极影响，气候变暖已经导致全球小麦和玉米产量在减少。[25]

当温度和降水量变化的时候，农业不受影响几乎是不可能的。这个例子可以使你警醒——到2050年，适合咖啡种植的土地面积可能将只有2016年的一半。[26]

海平面

随着冰川消失和热膨胀，海平面持续上升，沿海地区和低洼地区发生洪水和被淹没的风险增加。[27] 全球海平面的上升将不会是均一的，一些地区的海平面上升速度会比其他地区快。[28] 就损害造成的总成本而言，风险最高的地区包括美国迈阿密、纽约、新奥尔良、波士顿，印度孟买和中国广州。[29] 这些城市和其他城市最终将被迫建设昂贵的保护性建筑，或采取风险防范措施。这可能会使房地产市场不堪重负。[30] 而如果不做适当的调整，到 2100 年将有数亿人流离失所。[31]

随着海平面上升速度继续加快，由于冰盖瓦解，我们也面临着海平面不可预测的进一步上升。例如，由于过去和持续的不稳定，南极西部冰盖的瓦解现在可能已是不可避免了，这将使海平面上升至少 3 米。[32] 但我们还不理解，这个冰盖和其他冰盖可能会怎样瓦解。有些模型预测，南极西部地区的冰盖瓦解将持续数个世纪。[33] 另有模型预测这只需要数十年。这个预测结果显示快速瓦解的模型，巧妙地再现了地质历史上的海平面上升。[34] 在未来的几年里，我相信，我们将会通过模型和观测两方面了解到关于冰盖瓦解问题的大量知识。

人类迁徙和内乱

全球变暖加剧了叙利亚的严重干旱，导致其内战加剧。[35] 虽然我们知道有一点很重要，那就是战争总是由多种因素造成的，但很显然气候变化与战争风险增加之间确实存在联系。[36] “五角大楼”[1] 对这种风险高度重视。[37]

由于全球变暖引起的海平面上升及干旱与饥荒造成的压力增加了大规模移民的风险。未来与气候有关的人口迁移（如人口从低洼的孟加拉国迁出），可能使先前的难民危机变得微不足道。

[1] 美国国防部总部大楼，这里意指美国国防部。——译者注

影响的社会经济分布

这些影响如何影响人类不仅取决于气候变暖，而且取决于社会结构。经济贫困和边缘化的人群更容易受到伤害，财政困难的国家也很难适应和应对气候危机。[38]这一事实，再加上富裕国家人均排放温室气体更多这一事实，对于我们选择如何应对全球变暖提出了一个很深刻的伦理问题。并不是说富人可以不受影响。在全球变暖达到一定程度以后，每个人都会变得很脆弱。

全球变暖将持续多久？

全球变暖的持续时间取决于我们选择排放多少二氧化碳，以及随着时间的推移，我们的碳排放与碳循环之间的相互作用。想象一下，我们向大气发出一些二氧化碳（这是不难做到的）。几年之后，这些二氧化碳会充分与大气混合，在不同的时间段，碳循环过程中的若干过程会将其从大气中拉入其他碳库——二氧化碳会被植物和土壤吸收，被海洋吸收，被洋底沉积物溶解，导致岩石风化等。

正如我们在第 3 章中看到的那样，植物和海洋将在未来几十年的时间内吸收大约一半的二氧化碳排放量。经过更长的时间（如一个世纪），植物和土壤系统将会怎样变化是一个正在研究的课题——很有可能通过火灾和冻土融化将一部分吸收的二氧化碳释放回大气中。

海洋将在 21 世纪继续吸收二氧化碳。它吸收二氧化碳的精确数量取决于我们排放的多少。我们排放得越多，留在空气中的二氧化碳的比例越高（变暖的海洋含有的二氧化碳较少）。几个世纪以后，空气中的碳化合物馏分（大气中二氧化碳含量的增加与人类二氧化碳排放量的比例）的新平衡将有可能在 15%～40%，并持续几千年保持在这个水平上。如果我们下大力气缓解气候变化，这一比例将会接近 15%；否则的话，这一比例将接近 40%。[39]

在海洋快速吸收二氧化碳的初始阶段结束之后，将会转变成较慢速度的吸收过程。在接下来的几万年里，海底的方解石沉积物将逐渐溶解在酸化的海洋中，使其从大气中吸收更多的二氧化碳，直到所含的二氧化碳占到 10%左右。然后，在接下来的几十万年里，陆地上的岩石风化带来的海洋碳酸钙沉淀将使二氧化碳的吸收停止。[40]

我们如何预测二氧化碳回收的最终时间尺度是几十万年？除了我们的模型不断改进，我们还用一个特殊的历史事件来检验。古新世—始新世交替时期的极热事件（PETM）是一个突发的全球变暖事件，发生在大约 5600 万年前，其标志在海洋沉积物岩芯中清晰可见。

在 PETM 发生之后 8000 年的时间里，由于大气中的二氧化碳含量升高，地球温度上升了大约 5～8 ℃。（究竟是什么引发了最初二氧化碳的排放增加，至今还是一个谜。）在接下来的 20 万年里，二氧化碳的比例逐渐恢复。[41]

古新世—始新世交替时期的极大热值事件（PETM）是与今天人类造成的全球变暖最接近的历史事件。除了今天的气候变化外，这是我们所知道的最快的气候变化事件。如今的全球变暖速度要比当年快 10～100 倍，这增加了对物种和生态系统的压力。

1000 万年

然而，需要相当于二氧化碳浓度恢复到正常所需时间的 50～100 倍的时间才能使生物多样性得到恢复（相当于二氧化碳浓度恢复到正常的时间）。我们从化石记录中得知，生物圈需要 1000 万年的时间才能在大规模灭绝后恢复其生物多样性。[42] 从地球的角度来看，这两个时间跨度（二氧化碳重摄取 10 万年，生物多样性恢复 1000 万年）并不长。但是从人类生命乃至人类文明的角度来看，它们都可以说近似于“永远”。

我写这本书的主要目的之一，就是想提出建议，为了未来的千秋万代人，我们应将当今文明的一个好的总体目标确立为尽量减少全球变暖及随之而来的生物多样性损失。

起初，我们不知道自己的行为会带来怎样的后果。我们开始燃烧化石燃料是合理的。但是，现在我们知道了我们行为的严重后果。这使燃烧化石燃料的我感到困扰，同时也困扰着我身边从事地球科学领域的大多数同事。[43] 我个人认为，在我了解了有关情况后仍继续麻木地燃烧化石燃料，是不可接受的。

地球工程

鉴于全球变暖的现实，我们这些断定全球变暖有害的人，可能有理由希望人类能找到一个快速的技术解决方案。这种希望与我们现代工业思维的深层次理念产生共鸣，如对技术的崇拜、方便至上和控制自然的欲望等。然而，我目前并没有看到任何证据能够表明地球工程可以拯救我们。在我看来，指望靠地球工程来拯救人类就是一个错误。

> 我们不能用造成问题的同样的思维来解决问题。
>
> ——基于阿尔伯特·爱因斯坦（ALBERT EINSTEIN）

地球工程思想大致分为两大类——一类强调反射阳光；另一类强调从大气中减少二氧化碳（碳捕获）。

领先的碳捕集地球工程技术，[44]也是迄今为止我所见到的最好的创意，就是加快硅酸盐岩石的风化速度，通过这种岩石的采集、粉碎并在热带地区扩散，使之缓慢地吸收大气中的二氧化碳。[45]但是，这种操作的规模将是巨大的，比目前化石燃料开采的规模要大很多倍。[46]这将非常昂贵，需要大量的能源（要么会释放更多的二氧化碳，要么需要更多的可再生能源基础设施），并且这可能对土壤产生不利影响。此外，对于风化在碳循环中的作用机理，我们的认识还很不够。例如，目前还不清楚，碳酸盐岩石与硅酸盐岩石风化相比，对长期的气候控制来说程度有什么不同。[47]

一方面，花费大量的能源和精力从大气中捕获二氧化碳；另一方面，我们仍然通过燃烧化石燃料来加快二氧化碳排放。这是没有意义的。也许有一天，在我们的能源体系脱碳之后，我们会以可再生能源为动力实施大规模的硅酸盐风化。

阳光反射措施的实施可以更快、更便宜，但是它具有严重的缺陷。英国皇家学会的成员（及其他人）认为，飞机将硫酸盐气溶胶分散到平流层是地球工程的“最接近”的“理想方法”。[48]尽管这似乎有可能降低全球地表温度，但我们不能肯定，因为我们对反照率系统还没有深入的了解，而且我们天真地尝试设计反照系统的做法可能会受到补偿过程的影响，[49]而且这也会带来巨大的风险。没有人知道阳光反射措施会对地球系统造成的所有负面影响，但有全球模型表明，这将导致降水周期的变化，对一些地区的降雨产生负面影响。[50] 这会造成国际公平问题。当然，如今战争已经减少了。不过，考虑到印度次大陆对季风降雨的依赖和那里的核紧张局势，这类水战的风险可能会特别高。而且，我们根本不可能事先知道模型的所有副作用。选择气溶胶地球工程方案就相当于我们闭着眼睛跳高，具有很大的盲目性和危险性。

我个人的另一个担忧是，我们人类可能会集体以人为降低地表温度为借口，继续推迟有意义的减排努力。控制地表温度和减排措施缺位的共同结果，将使生物圈变得更加脆弱，一旦地球工程努力始料不及地出现不能持续工作的情况，气温突然升高将使生物圈不堪一击。例如，考虑到各种因素的综合作用（我们将在第 5 章中讨论），排除重大经济和政治的崩溃的可能性，可能是不明智的。如果发生此类崩溃的情况，地球工程飞机还能继续飞行吗？二氧化碳和硫酸盐气溶胶污染物在大气中逐渐加快聚集，而地球工程又突然停止了，到时会出现什么问题？

从这个角度而言，地球工程的前景暗淡。大多数其他的想法，如“太空遮阳板”，似乎一点儿也不现实，或者在技术上很难实现。例如，有一个方案提出要“在近地小行星附近的太空中制造一堆数万亿个直径约 50 厘米的薄金属反射盘”。[51]

在我看来，一个更好更简单易行的思路就是停止燃烧化石燃料。这是可能的，我们将在本书的第二部分重点谈论这一点。我们越早停止燃烧化石燃料，我们所处的环境就会越好。

农业土壤碳汇

在第 3 章中，我们讨论了早期的实验证据，即气候变暖可能会导致全球土壤产生二氧化碳净排放，主要是北极和亚北极地区，尽管这一排放量仍然非常不确定。鉴于这一点，采用免耕、覆盖种植、施肥、生物炭和改良放牧等农业方法，利用土壤从大气中吸收二氧化碳的前景会是怎样呢？

没有人真正知道。据一项研究估计，其吸收量将是很低的，可能抵消每年全球碳排放量的 5%～15%。[52] 最近的一项研究表明，吸收量估计仅能抵消排放量的 0 ~ 6%。[53] 且这种吸收量会逐渐减少，直到 20 ~ 100 年之后土壤达到新的平衡。那么，这些农业措施将需要无限期地继续进行下去，以防止二氧化碳重新回到大气中。

在这方面还需要进一步的研究。但把“碳农业”看成一个“灵丹妙药”是错误的。简单的现实情况依然是：我们必须停止燃烧化石燃料。

我们还可以燃烧多少化石燃料？

科学家可以想象出各种缓解途径——特别是技术、生态保护和人类决策的综合运用，然后模拟采取这些路径导致的碳排放和温度变化轨迹。

政府间气候变化专门委员会第 5 次评估报告第 3 工作组（TPCC AR5 WG3）探讨了大约 900 个这样的路径，并将其转化为可操作的阶段目标。例如，为了实现 RCP 4.5 情境——大约有 66% 的机会将温度上升峰值控制在 3 ℃以下，到 2050 年，人类至少 40% 的能源供应必须是无碳的。而要实现 RCP 2.6 情境——有 66% 的机会使温度上升峰值控制在 2 ℃以下，到 2050 年，人类消耗的总能量至少 60% 必须是无碳的。[54]

不幸的是，给我们机会为将温度上升峰值控制在 2 ℃以下而奋斗的情境，这是不现实的。在 400 个这类情境中，344 个假定会大规模部署负排放技术，如碳封存和利用岩石风化的地球工程。[55] 问题在于此类技术是推测性的，它们目前还不存在。另外，其余 56 个情境中的每一个都以 2010 年全球碳排放达峰值为基础，但实际上碳排放量在 2010 年并没有达到峰值，所以这些情境已然是无效的。这种错误的乐观主义对人类造成了伤害，因为它使政策制定者和公众陷入了虚假的安全感。

那么，我们还能燃烧多少化石燃料，并保持使升温幅度低于 2 ℃的较大的可能性？如果想要有 66% 的可能性使升温幅度低于 2 ℃，那么从 2011 年起，我们可以排放的碳总量为 2700 亿吨碳（1750 亿～ 3380 亿吨碳的范围）。[56] 这包括所有碳排放——化石燃料燃烧、森林燃烧和水泥生产造成的碳排放。

但是，2002—2012 年的排放量为平均每年 92 亿吨碳，而且以每年 2.2% 的速度呈指数增长。因此，仅在 2011—2016 年的 5 年里，我们至少又排放了 460 亿吨碳。让我们乐观地假设，在 2016—2100 年的某段时期，我们开始造林，而且我们做得很好，以致在那个时期没有森林退化；并且从现在起我们将水泥生产的碳排放量限制在 40 GtC，直到 2100 年我们逐步淘汰水泥为止。[57] 这为化石燃料的燃烧留下了 180 （89 ～ 252）GtC。这个数字是我们 2016 年以后的化石燃料（碳排放）预算。

2010 年，我们因燃烧化石燃料排放了 8.7 GtC。按照 2.2%的增长速度，到 2031 年（2024—2036 年）我们的碳预算将会消耗殆尽。我们需要以多快的速度降低碳排放量，才能使之保持在预算范围内？

假设我们从 2016 年就开始控制。我们需要每年减排 6%（在最坏的情况下，2016 年的碳预算只有 89 GtC，那就需要每年减排 12%）。而我们不作为的时间越长，就越需要加快减排速度。如果我们等到 2020 年才采取行动，那么每年至少要减排 10%（在最坏的情境下每年需减排 40%）。

无论如何划分时间段，要想将升温幅度控制在 2 ℃以下，都需要采取刻不容缓的、大规模的、全球性的减排行动。每耽误一天，成功的可能性就变小一些。事实上，超过 90%的地球科学家认为我们会超过 2 ℃这个临界点。[58]

显然，（加拿大）阿尔伯塔焦油砂或北极石油等非常规资源的生产与 2 ℃的目标是不一致的。如果我们需要把大部分的化石燃料矿藏留在地下，理性的反应就是应该立即放弃对这些不太经济的资源的勘探和开发。因为如果我们真的打算严格控制碳排放，我们将不需要这些资源。[59] 事实上，我们对这些资源孜孜以求，这使我们没有理由乐观。

我希望，这里的讨论已经给出了明确的有依据的紧迫感。

乐观的理由

尽管如此紧迫，但我还是对某些方面有意义的集体行动感到乐观。第一个是可再生电力，其增长非常迅速。百分之百的无碳电力在美国是可以达到的。我估计，我们可以使整个电网无碳化，这只需要花费人均几千美元，远远低于我们花在反恐战争上的钱。[60] 当然，美国的电力只是一个更大的图

我们需要把大部分的化石燃料矿藏留在地下。

景的一部分，除电力外，还有食品、林业、开发、制造、运输等，美国以外还有更广阔的世界。不过，到 2016 年，全球电力的 1/4 将来自可再生能源。[61]

第二个使我感到乐观的是美国的加利福尼亚州——我的家乡。加州可以说是世界第六大经济体，它已经走上了正确的轨道，力争到 2030 年使碳排放比 1990 年的排放水平降低 40%。[62] 加利福尼亚确实是在做很了不起的事情——设定有意义的目标并力争实现目标。其他的州和国家也应该这样做。

第三个让我乐观的是，美国有朝一日可能会实行全国性的收入中立的碳收费（参见第 14 章），这将大幅加速向无碳能源系统转变，并使这一转变蔓延到我们生活的方方面面。当美国实行收入中立的碳收费时，其他国家可能会效仿。

不确定性

在本章和第 3 章中，我试图指出哪些科学细节是确定的，哪些还是不确定的。然而，如果认为成功的共同行动取决于降低关于全球变暖的一些细节的科学不确定性，那是错误的。首先，整体的科学图景是毫不含糊的[63]——继续走我们目前的道路将给我们所生活的地球系统带来灾难性变化。正是由于这个整体图景，需要我们去采取行动。

其他的科学不确定性现在远比不上文化、经济和政治的不确定性。事实上，最大的不确定性是人类选择燃烧多少化石燃料。

我们气候科学家做得很好。我们已经明确断定，全球变暖是由人类燃烧化石燃料造成的，尽管我们由于保守往往低估了气候威胁的紧迫性和严重性，因为理性、公正和自我克制的科学价值观促使气候科学家去寻找更多的证据，以支撑令人震惊的结论。[64] 学会如何更有效地与公众建立联系——成为讲故事的人，这样我们会做得更好，但无论如何我们已经传达了我们的信息。人类针对这个信息要采取怎样的行为将取决于决策者，实际上这意味着由像你这样的人来决定。

第5章　增长总是会结束

人类最大的缺点是我们无法理解指数函数。

——阿尔伯特·艾伦·巴特利特（ALBERT ALLEN BARTLETT）[1]

任何物质的增长迟早都会停止。植物、动物和细菌菌落也是如此。文明同样如此。而如果是呈指数增长的话，那么增长结束的时候就会惊人地戛然而止。

在本章中，我们将讨论对指数增长的错误认识，以及人类发展如何最终与我们生物圈的严格物理极限相抵触。无论如何，这些限制迟早会推动人类文明的根本转变。

许多人认为，人口可以永远呈指数增长，因为我们很快就会占据围绕其他恒星运行的星球，或者说我们的经济可以不受物质资源限制而永远呈指数增长。这些技术梦想不仅不现实，[1]而且是危险的歧路。与之相反，我有一个不同的梦想：人类生活在地球上，但不增长。

爆炸性指数增长

每一天，线性增长的东西都会增加一定的数量，但是某种东西如果呈指数增长，那么它就会增长一定的倍数。我注意到，我的大脑往往认为假定趋势随着时间的推移将沿着一条直线来发展，以此来推断增长趋势。对于大多数过程来说，这是一个很好的短期近似值推断方法。但是，如果大多数人的

[1] 美国物理学家。——译者注

大脑都是这样的话，（我想的确是这样的）这就解释了为什么呈指数增长让我们感到吃惊：它起初看起来像是线性的。后来却表现为爆炸性增长。

有一个故事讲的就是关于这种爆炸性增长的。[2] 恩斯特·斯塔夫罗·布洛费尔德（Ernst Stavro Blofeld）用手铐铐了詹姆斯·邦德（James Bond），将其带到了世界上最大的体育场—— 朝鲜“五一体育场”（May Day Stadium）[3] 的第一排座位上。布洛费尔德告诉邦德先生，来自幽灵党（SPECTER）的工人已经对体育场进行了防水处理，并将一台机器放置在非常低的体育场的中心，在第一分钟之后释放一滴水，[4] 第二分钟之后释放两滴水，第三分钟后释放四滴水，以后每分钟滴水的数量成倍增加。然后他说：“再见，邦德先生！”就离开了。邦德从手铐卡上时发出的声音中辨认出手铐的材质和型号。基于他以往接受的严格训练，他知道自己要花 52 分钟才能逃脱。

邦德在为逃脱而努力的过程中信心满满。毕竟，他在运动场上看不到任何水，每分钟只有几滴。他认为这太容易了。布洛费尔德还是失算了。25 分钟后，邦德几乎看不到在运动场上是不是有个水坑。邦德毫不在意，他专注于手头的任务。又过了 19 分钟后，当他再次抬头看时，他惊奇地发现，体育场已经被水淹没了 14 米深，而且水面还在快速上升。邦德几乎没有时间做最后的准备性的深呼吸，因为两分钟后，他已经处于水下了。[5]

这个故事可以用来比喻全球变暖，或者本章探讨的一系列相互关联的指数过程中的任何一个。人类温室气体排放（主要是二氧化碳）和大气中的二氧化碳浓度都在以每年 2.2% 的速度呈指数增长（见第 3 章）。若某物以每年 R% 的速度连续增长 ，那么每 69/ R 年其数量就会翻一番。[6] 当年增长率为 2.2% 时，我们排放到大气中的温室气体累计数量每 30 年就会翻一番。[7]

在瓦特的蒸汽机 1781 年获得专利之前，大气中的二氧化碳浓度是 0.028%。地球上的气候稳定，适合人类文明发展。到 2014 年，二氧化碳浓度已经上升到 0.04%。这个增长速度意味着，如果我们目前的做法继续不变，2014 年之后的 30 年，人类导致的二氧化碳浓度增长量——0.012% 将翻一番，到 2044 年大气中的二氧化碳浓度将达到 0.052%。如果我们每年的排放量增速超过 2.2%，我们必然会在较短的时间内达到翻番；如果我们每年的排放量增速降到低于2.2%，那么大气中的二氧化碳浓度增长量翻番将需要更长的时间。

表5.1　按年均增长2.2%的速度计算得出的大气中二氧化碳浓度

年份	二氧化碳浓度 / $\times 10^{-6}$	增长量相当于280 $\times 10^{-6}$的百分数
1793	280.9	0%
1825	281.9	1%
1856	283.8	1%
1888	287.5	3%
1919	295	5%
1951	310	11%
1982	340	21%
2014	400	43%
2046	520	86%
2077	760	170%
2109	1240	340%
2140	2200	690%

表5.1显示了以年均增长2.2%的速度来计算得出的二氧化碳浓度。注意开始时增长得有多慢：最初大气中二氧化碳浓度增长10%所需的时间，是从11%～21%所需时间的5倍之多。大多数人不关心这个早期的增长情况，包括我自己在内。2000年，我用线性大脑处理其他问题（赚钱和寻找伴侣），我默认人类有100年左右的时间来应对全球变暖。我没有感到震惊，我的朋友或同事也都没有紧迫感。

但是正如你们所看到的，21世纪初期标志着人类二氧化碳排放的迅猛增长，二氧化碳的排放量增长速度迅速翻番，突然占据了生物圈工业化前的稳定的0.028%的排放水平的很大比例。今天，我们正处于爆炸性增长的边缘。正是由于这个原因，我确信全球以化石燃料为驱动的工业文明即将以这种或那种方式结束。

我怀疑以化石燃料为驱动的工业文明还会持续很久。

人口

人口增长是造成我们各方面困境的主要因素。像我们的身体一样，生物圈是一个复杂的系统，需要各个组成部分之间的平衡才能正常工作。人类只是生物圈的一部分，而它与生态系统的其他部分失去了平衡。

下面分析一些数据。图 5.1 a 显示了公元前 1 万年（当时人口在 100 万人～ 1000 万人）至今的人口数量。[8] 图 5.1 b 显示了从文艺复兴到现在的人口数量，以及联合国预测的到 2100 年的人口数量。[9] 1500—2014 年的数据的最佳指数拟合的增长率为 1.7%。

1963 年，全球人口增长率达到每年 2.2% 的峰值，人口总数达到 32 亿人，相当于每天 19 万新人出生。[10] 到 2014 年，人口增长率下降到每年 1.1%，但是现在世界人口已经超过 70 亿，这也就是说每天增加 21.7 万人。（试想一下，每秒就有 4.3 人出生和 1.8 人死亡。）

出生率下降的主要原因包括妇女权利增加：女性受教育程度提高了，而且避孕手段增多了。低生育水平和女性教育之间的相关性非常明显，有很强的证据表明二者之间存在因果关系，这可以通过识字率或入学率来测度。[11] 当妇女能够更多地控制计划生育，并开始有职业选择的机会时，家庭往往倾向于推迟生育和少生孩子。另外，提升妇女能力可以改善她们及其孩子的健康和生命预期。

请注意，二氧化碳排放量的增长率（每年 2.2%）是目前人口增长率（每年 1.1%）的 2 倍。这表明目前全球排放量大体上受到人口增长和个人消费增长的共同推动。[12]

美国人口调查局和联合国都做出预测，到 2050 年，世界人口将达到 97 亿，[13] 并且仍然以每年 0.5% 的速度增长（每天增加 13 万人）。联合国预测，到 2100 年， 世界人口将达到 112 亿，[14] 每年增长速度 0.1%（每天增加 3 万人）。[15] 虽然人口增长速度在下降，但地球能够维持 112 亿人的生命吗？

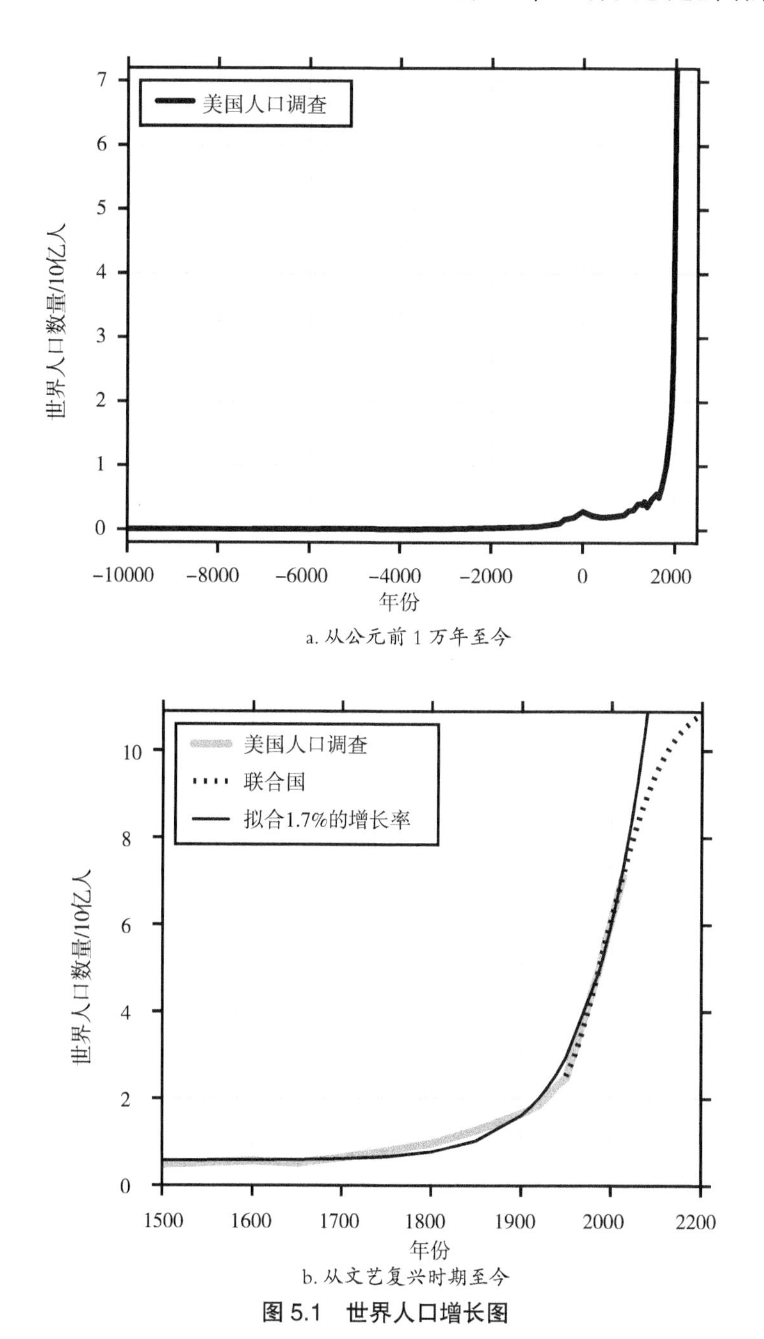

a. 从公元前 1 万年至今

b. 从文艺复兴时期至今

图 5.1　世界人口增长图

注：b 图包括联合国对 2100 年前的人口预测和指数拟合。

正如我们前面所看到的，在短期内，我们将减少化石燃料的使用。对于长期的生物圈来说，我们还必须将人口保持在一个稳定和可持续的数量。[16]这将是一个高难度的目标：生物学赋予每个物种生育的必要性，人类也不例外。

不论是在美国，还是在世界其他国家和地区，采取旨在教育或鼓励妇女使用避孕药具的政策将会有所帮助。在决定把一个新的生命带入未来世界之前，我个人也会经过长期认真的考虑，现在我觉得做出是否生孩子的决定，比起我和莎伦 2006 年准备要我们的第一个孩子，2008 年准备要第二个孩子时，需要思考的时间更长，也更难决定。我们想要第三个孩子，但我们决定不这样做。全球人口替代率是平均每个妇女 2.3 个孩子：如果平均每个妇女生育的孩子不超过两个，那么全球人口将稳步回落。[17]

正如我们下面将要讨论的，即使是现在的人口也可能是无法持续的。这表明，从全球平均水平来看，拥有两个以上的孩子实际上是不负责任的。当然，我并不是想将控制人口的全部责任放在个人身上，却让体制摆脱干系。我也不认为一个在玻利维亚农村没有教育和计划生育的可怜女人，拥有两个以上的孩子是不负责任的事。但是，我建议优势群体来承担责任，拥有优势的我们可以选择只要一两个孩子的小家庭，或者不生孩子而去收养别人的孩子。我们也可以支持那些决定不要孩子的人。不幸的是，选择不要孩子的妇女仍然面临着社会的羞辱。[18]但我认为，她们应该因自己的选择而受到尊重。

在集体层面，最终可能还是要靠世界各国以一种公正而又体面的方式着手去解决全球人口问题，但只有普通人都能认识到存在系统性问题之后，这种情况才会发生。尽管考虑这样的政策是令人不快的，但除此之外唯一的选择就是让生物圈为我们管理人口，那可能会更糟。生物圈可以做到这一点。例如，通过持续的病毒变种感染发育中的胎儿。或者它可以直接限制我们的食物供应。

粮食峰值

> 10 年之内，将不会再有孩子饿着肚子睡觉。
>
> ——亨利 · 基辛格（HENPY KISSINGER），1974 年的演讲

食物是人口增长的先决条件，因为人类简直可以说是由食物组成的。在工业化时代，大约 1950 年之后，每亩的作物产量开始大幅增长，到 2015 年达到了历史最高水平。然而，这种增长对我们的土壤、供水和大气来说是一个高昂的代价。如今全球作物产量增长已经开始放缓，而且在一些地区已经下降。[19] 我们不可能在一个有限的地球上，一年又一年，永远无限制地生产出越来越多的食物。相反，全球粮食产量将达到最高值——粮食峰值，然后开始下降。

绿色革命：吃化石燃料

到 20 世纪 50 年代后期，人类农业就已经基本耗尽了地球上温带肥沃的草场供应。大约一万年前开始的全球粮食运动已经耗尽了新的耕地，所以农业的重点从粗放型转变为集约型：以提高每亩的粮食数量为目标。美国开创的新型工业化农业方式引领了全球农业发展。1968 年，美国国际开发署（USAID）的主任将农业的转型命名为“绿色革命”。1970 年，被称为“绿色革命之父”的生物学家诺曼 · 博洛格（Norman Borlaug）因其高产小麦品种的研究而获得诺贝尔和平奖。但即使博洛格也认识到，提高粮食产量的同时也要降低人口数量。他在诺贝尔演讲中警告说：“绿色革命在人类反饥饿和反贫困战争中取得了暂时的成功，给了人类一个喘息的机会……但是，人类生殖的可怕力量也必须加以控制。否则绿色革命的成功将只是短暂的。”博洛格给出了 30 年的时间限度。[20]

绿色革命的四大关键技术：高产作物品种、[21] 灌溉、氮肥和化学农药。第 5 项技术——转基因作物（GMO）正在推动农作物产量进一步提高。[22]

高产农作物品种极其敏感，它们只有在施用农药、化肥和灌溉时才是高产的。高产农作物的培育降低了其适应性，它们把能量集中在种子生产上。

如果没有杀虫剂来保护它们免受昆虫的侵害，没有除草剂来保护它们免受杂草的干扰并使它们得以密集种植，没有化肥来保持碳水化合物的快速生产，那么它们的产量就比不上更具适应性的传统作物品种。[23] 1961—1999 年，灌溉面积增加了 97%，农药和氮肥的使用分别增加了 854% 和 638%。[24] 目前，氮肥中有不到 20% 的氮最终到达我们的食物中。[25] 其余的成为硝酸盐污染地下水，冲刷河流的下游，导致藻华和死亡地带，或被吹到空气中引发呼吸系统疾病，并最终导致森林生态系统失衡。[26]

氮肥和化学杀虫剂有效地使种植者把土壤当作支撑植物的基质，把农场变成化石燃料驱动的粮食工厂。植物需要氮原子来构建蛋白质、核酸和叶绿素，但空气中含量占 78% 的氮分子具有较强的叁键，使得它们在化学上不能被植物所利用。所以植物依赖于能够分裂这种键的细菌，使得氮可以被吸收到氨基酸、DNA 和生命所必需的其他组成成分中。这些细菌当中有一些在土壤中自由地生活，而另一些则与植物共生（主要是豆类植物）。这种使氮转化为有机体可用氮的过程称为“固氮”。

1908 年，德国化学家弗里茨·哈伯（Fritz Haber）发明了一种利用天然气分裂氮气的叁键并制造肥料的方法，开启了农业的工业化时代。直到 1980 年左右，化石燃料密集型的全球化肥生产几乎一直呈指数增长，而那时绿色革命已经扩大到世界大部分的粮食作物。[27] 今天，地球上大部分的氮都是工业固定的，如果你的饮食是工业文明社会的典型饮食，你的身体中至少有一半的氮原子是由哈伯过程固定的。[28] 这样说来，我们的身体间接是由化石燃料制成的。我们是由我们吃的东西构成的。

我们的工业食品系统在其他大多数方面要依靠化石燃料来运行，从加工到包装再到分销不一而足。例如，1997 年，1 磅农产品在平均转运了 1700 多英里之后，才到达美国马里兰州的一个市场终端。[29] 这个农业系统虽然擅长生产大量的食品（为垂直整合的跨国公司创造利润），但却完全依赖于化石燃料。早在 1991 年，美国生产 1 卡路里的食物平均需要 10 ～ 15 卡路里的化石能源。[30] 生产 1 卡路里肉所需的化石燃料的热量比 1 卡路里的水果或蔬菜多 10 ～ 40 倍。[31]

这就难怪食品价格现在跟随着燃料价格上涨（图 5.2）。[32] 如果燃料价

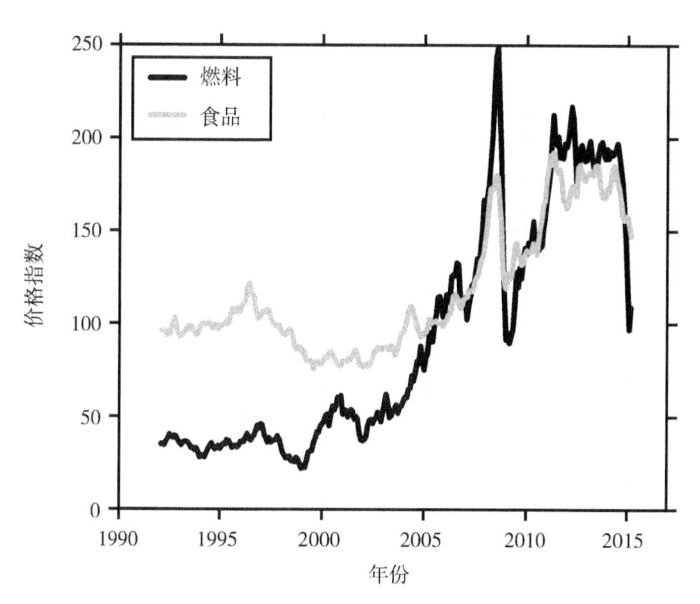

图 5.2　全球食品和燃料价格指数

注：2005 年食品和燃料的价格指数均为 100。

格上涨或变得更加不稳定，食品价格就会随之上涨。燃料的价格更高和不稳定性更强对世界上的穷人来说都是坏消息。

绿色革命、增长和饥饿

绿色革命的动机是希望能够在世界上消除饥饿。因此，强化施肥、灌溉、农药辅助单种栽培等的快速采用，以及为适应这些工业方法而优化的农作物品种占据了道德制高点。事实上，如果人类当初就能够公平分享食物，并且早就停止制造这么多需要喂养的新生儿，它可能已经在全世界消除了饥饿。但是，任何动物种群都会对现有的食物供应做出反应，人类也不例外。[33]

自 1960 年以来，在农业领域大量使用化石燃料使得世界粮食平均产量几乎增长了 2 倍。同期人口也在同步增长，几乎增长了 2 倍。预计到 2050 年全球粮食需求将再增加 2 ～ 3 倍。[34]

因为人类是由食物构成的，所以我们的人口的多少取决于我们可以得到的食物的数量。只有少数物种参与到农业中，并能够有意增加粮食产量。这个群体包括蚂蚁、白蚁、雀鲷、人类等。我们的农业能力也许给人一种错觉，认为我们有意识地控制粮食供应与我们人口之间的动态平衡。但到目前为止，工业社会总是选择增加粮食供应，或许是因为害怕饥荒及对财富的渴望。可以预见，人口总是会相应增加，其他物种的数量也是如此。

所以，绿色革命增加了人类的粮食供给，推动了人口的增长。说句题外话，我们应该质疑一下，它是否减少了全球饥饿。事实上饥饿变得更加复杂且难以界定，更不用说测度了。根据联合国粮农组织（FAO）的估计，自 20 世纪 70 年代以来世界上长期饥饿的人口数量一直在 10 亿左右波动，1993 年和 2009 年两次达到 10 亿多的峰值，2011 年降到 8 亿左右的低谷。[35] 由于全球人口增加了，虽然世界上饥饿人口的比例有所下降，但实际上饥饿人口的数量却保持不变。我们不能排除一种可能性，那就是如果没有绿色革命，饥饿人口的数量可能会更多。尽管如此，可以说从 20 世纪 50 年代开始，我们已经做了一场宏大的实验。而我们发现为应对世界饥饿问题，投入更多的粮食反而会出生更多的人，却并不能减少饥饿人口的数量。

无论如何，事实是我们一直在加快地运行全球农业发动机，产生了更多的人、更多的温室气体，以及对更多食物的需求。这个失控的循环现在正面临着水资源枯竭、土壤退化和全球变暖等多个方面的压力。我们还能坚持多久？

自 1798 年托马斯·马尔萨斯（Thomas Malthus）发表《人口论》以来，人们对农业的极限做出了可怕的预测，不过这场危机由于绿色革命等技术创新而推迟了。由于技术创新固有的不可预测性，粮食生产的极限尚不可知。虽然如此，我认为尽管有技术创新，但我们在地球上可以生产多少粮食客观上还是有一个上限的。而且将来有一天，我们在农业生产方面必然会遇到一个硬性的生物物理限制。

21 世纪初，有证据表明我们可能真的正在接近这个硬性上限。尽管我们采取了最好的技术措施，但全球 1/3 的粮食生产都显示出收益率停滞不前或突然下降的迹象。[36] 现在有些关于“绿色革命 2.0”的必要性的讨论。[37] 但是，我们可以将这个系统推动到什么程度？当我们达到那个极限时会发生什么？

另外，我们现在知道技术创新的成本都很高。以化石燃料为动力的工业食品体系不仅对自然系统和生物多样性造成了巨大的破坏，而且还取代了之前更具弹性的和综合性的地方粮食体系，而后者日益被视为农业可持续的经济发展之路。[38]

粮食系统的复原能力随着作物多样性的增加而增加[39]，地方粮食系统利用更加多样化的作物品种，每年更多地依靠本社区已适应当地情况的种子（而不是从跨国公司购买经过培育的单一品种的种子）。[40] 在工业化世界中的很多情况下，当地粮食系统的消失包括在个人层面（园艺、罐头制造、养鸡、种子储藏、修剪果树）及地区层面（当地农场、当地农业企业、当地市场）基础知识和基础设施的缺失。如果工业食品系统在某个时候真的崩溃了，那么你的生存可能就取决于你的社区是否及在多大程度上实现了粮食生产的再地方化（重新定位）。转为地方性的、不使用化石燃料的粮食种植是需要时间的。

水的枯竭

在许多地区，人类目前从含水层抽取地下水的速度远远超过含水层的补给速度。奥加拉拉地下含水层（The Ogallala Aquifer）涵盖了美国从内布拉斯加州到得克萨斯州的辽阔的高原地带，那里目前消耗水的速度相当于水补给速度的 9 倍（耗竭率为 9）。世界其他含水层也变得越来越糟。西墨西哥含水层的耗竭率为 27，北阿拉伯含水层的耗竭率为 48，上恒河含水层的耗竭率更是高达 54，而恒河为包括次大陆小麦带在内的印度北部和巴基斯坦提供了水源。[41]

耗竭率大家都熟悉，但含水层中的总水量有多少并不是尽人皆知。如果我们继续消耗这些含水层，它们总有一天会枯竭，但很难预测它们何时会枯竭。不过，可以通过测量基岩高程和开发前的地下水位来做出相应的估计。最近对奥加拉拉含水层的一项研究估计，2010 年有 30% 的水被消耗，堪萨斯州西部的农业将在 2040 年左右达到峰值，然后由于缺乏可用的灌溉水而走下坡路。[42] 这将改变美国北方农业的布局。[43]

对水的汲取不是对世界淡水供应的唯一威胁，还有全球变暖。例如，加利福尼亚州依靠内华达山脉的积雪为中央谷地农业及洛杉矶和旧金山市供水。预计 2070—2099 年，积雪将减少 70% ～ 80%。[44] 加利福尼亚州像世界上其他许多地区一样，人们靠借用地下水不可持续地生活着。

预计全球变暖将在未来造成更严重的干旱，其程度要比导致阿纳萨齐（Anasazi）文明崩溃的干旱更糟糕。[45] 含水层就像干旱的缓冲器，含水层的枯竭会放大干旱的影响。在主要农业地区（如美国高原地区、墨西哥、印度和中国北方），水的枯竭将产生深远的后果——没有水，没有粮食。

土壤退化

土壤是很神奇的，它是地球表面活的皮肤，没有它，地球将只有毫无生气的岩石。工业化农业削弱了土壤的营养物质、微生物的多样性、保水能力和抵御侵蚀的能力。退化的土壤无法提供健康土壤可以提供的标准生态系统服务。世界上大约 1/4 的农田被认为土壤退化严重。[46] 到 21 世纪中叶，土壤退化可能导致作物产量显著下降。[47]

良好的土壤不会是致密紧实的，具有健康的耕层（土壤结构，其中包括毛孔和土壤团聚体）、适当的排水性能、适当的有机物质和充足的营养素（包括氮、钾、磷等常量营养元素和锰等微量营养素）。良好的土壤几乎不含有致病菌或害虫，没有毒素。它是一个自组织系统，由植物根系、有益细菌、真菌和昆虫构成的复杂网络驱动[48]，具有细腻的保水三维结构。[49]

土壤退化的发生有多种原因，如土壤开采（种植和运输作物，而又不补充有机物）、肥料和农药的施用（这会杀死土壤中的微生物）、耕作（破坏耕层）、压实、灌溉引起的盐度增加、单一栽培（缺乏影响土壤微生物的植物多样性）和水土侵蚀等。所有这些都是工业化农业的标志。另外，城市扩张要在有生命的土壤上面铺路，这也会造成土壤退化。

退化的土壤只有健康土壤的一半水分。[50] 健康的土壤像一块海绵一样，在根区保持水分，而退化的土壤其水位迅速下降到根部区域之下，使得植物无法接触到水分。因此，水分枯竭的土壤需要更多的灌溉。

土壤可以缓慢复原。为了能使土壤开始复原，农业的思维方式应有重大转变。人类应不再将粮食视为一种全球性的商品，并开始认识到它的本质——粮食是人类和生物圈之间的关键接口，它是我们与生命的联系。我们需要建立相应的经济制度，以支持运用生物圈方法的农民生产高质量的粮食，因为转用免耕和绿色肥料方法可能需要经过几季才能在经济上得到回报。目前这种思想上的重大转变已经出现了——在美国，大约 35% 的耕地已经采用免耕法耕种，而且这种思路正在推广。[51]

我们这些不是农民的人们也可以发挥作用。例如，可以购买采用负责任耕种方法种植的粮食，减少粮食浪费，减少肉类的使用等。更进一步，我们可以开始种植粮食，从而培养土地意识。我们可以成为好土壤的种植者。根据我的经验，通过堆肥和回收人类粪便，可以从个人角度去培育良好的土壤（见第 12 章）。我怀疑自家种的食物比工业生产的食物味道好得多的主要原因是土壤。

土壤退化与森林砍伐和全球变暖有关。在热带地区的许多地方，农业使土壤退化，退化的土地被废弃，原始森林被清理成农场，如此循环往复。每天净流失 35000 英亩的森林，[52] 反过来会使得更多碳排放到大气中，加速全球变暖。

全球暖化

气候变化与农业之间的相互作用是非常复杂的。耕作范围在不断变化，一些北方地区在农业方面将受益，农民将适应。但是，总体来说，全球变暖给农业带来了麻烦。

首先，正如刚刚讨论的那样，全球变暖是对世界灌溉用淡水供应的威胁。

其次，气温上升和相应出现的干旱已经对谷物作物产量产生了不利影响，预计这一影响将会加深。[53] 据估计，全球单产已经下降了 6%～10%（温度每上升 0.5 ℃，单产可能会继续下降 3%～5%）。[54] 由热浪和干旱引起的作物歉收迫使俄罗斯 2010 年停止出口谷物。[55] 尽管企业研究人员正在对作物进行基因改造以提高耐热性，但迄今为止人们不得不接受这一情况——随着温度的升高，最终敏感的植物分子系统（如脂质膜）会分解。[56]

再次，预计病虫害的影响范围会随温度的升高而扩大。通常因寒冷天气得到控制的真菌、卵菌和害虫正在以与温度上升相同的速度向北迁移。[57]

然后，随着二氧化碳浓度的增加，我们的食物变得营养不足，因为维生素和蛋白质含量减少了。[58] 这种营养减少影响 C_3 光合植物——地球上 95% 的植物物种。（玉米、谷子、高粱、甘蔗等是农业上重要的例外作物，其他大多数作物都受到影响。）而且这种影响后果是很严重的——例如，工业革命以来，金菊黄花粉的蛋白质含量下降了 1/3。[59]

最后，我们可以预计，年复一年，作物收成会有较大的变化，部分原因是降水率的变化较大。[60]

这些不利影响会被二氧化碳肥料效应部分抵消——其他条件相同的情况下，大气中二氧化碳浓度越高，产量越高。[61] 二氧化碳肥料效应究竟有多大尚不确定，但是我们的确知道它不可能太大，不足以弥补上述不利影响带来的损失。[62]

什么时候会出现粮食峰值？

与此同时，到 2030 年，粮食需求预计将增加到 2010 年水平的 150%，到 2050 年将翻一番。[63] 粮食需求增长是由于人口和消费两方面的增长造成的，而粮食产量的增长预计远远不够。[64] 目前还不知道，我们有没有能力实现全球粮食产量翻番。即使我们能做到，我们是否能够在 2050 年之后继续这样的增产步伐？我们有能力使现有粮食产量翻两番吗？

鉴于全球粮食系统的复杂性及其与全球变暖、资源枯竭、经济、政治和全球人口趋势的相互关系，我们无法预测粮食峰值出现的时间。但是，如果人口继续增长，粮食峰值迟早会出现。当我们接近这个峰值时，粮食的实际价格将会随着一些地区需求超过供应而增长，从而导致政治不稳。[65] 当人们没有饭吃的时候，一个社会的结构都会“流泪”——2015 年委内瑞拉爆发的粮食危机已经充分证明了这一点。[66]

我们生活在富裕国家的很多人，现在都把食物当成是理所当然的。但是，粮食峰值似乎有可能成为全球化文明深度重组中日益重要的因素。

不过，我们并不是束手无策的。我们可以在我们住宅的前院、后院，社区的花园和空置的地方种植粮食。我们可以创造出不依赖化石燃料供给食物的社区。我们可以减少我们的肉类消费。通过这些方式，我们可以逐渐将我们的农业从工业单一栽培转向更小规模的有机的多元化种植。这种转变将要求我们花更多的时间来种植食物——这是我个人觉得有益的做法。

燃料峰值

21 世纪初，对人类不可持续的“一成不变”道路表示担忧的人们似乎陷入了两大阵营。有些人更加关心全球变暖的问题，而另一些人则更关心因出现“石油峰值”，即廉价化石燃料时代的终结而导致全球经济崩溃。

不过，很显然，在上述两大问题之中，全球变暖问题目前更为急迫，也更加危险。正如克里斯多夫·麦格莱德（Cristophe McGlade）和保罗·艾金斯（Paul Ekins）在《自然》杂志上撰文指出的那样，“尽管过去人们担心化石燃料的稀缺性，但在这个气候受到严峻挑战的世界里，这已不再是一个重要问题。”[67] 正如我们在第 4 章看到的，为了避免灾难性的全球变暖，我们至少应让 2/3 的化石燃料矿藏保持在地下不开采。

> 我所有的朋友，也包括我所有的敌人，
> 都生活在最肮脏的燃料的阴影之中，
> 将这片土地以及生活在其上的人们燃烧殆尽，
> 而风却依然以不变的音调吹拂。
> ——“肮脏计划”乐队（DIRTY PROJECTORS），“Just From Chevron”

尽管如此，当今的经济与化石燃料密切相关——所有的经济生产都需要能源，因此它容易受化石燃料价格波动的影响。事实上，自 20 世纪 40 年代以来，石油价格冲击是导致经济衰退的主要原因。[68] 可以想象，燃油价格上涨对 2008 年经济下滑造成了重大影响，因为交通运输部门受到压力，导致经济增长放缓，到一定程度后使得次级抵押贷款金字塔体系完全倒置过来。也可以想象，在燃料峰值之后的时期，经济增长必然会触发燃料价格高涨和衰退，继而在几年内会出现燃料价格走低，又会逐步恢复，呈现出反复的锯齿形波动态势。[69]

接下来会介绍我们的经济在燃料供应面前是多么脆弱，易受外界条件影响。我们摆脱化石燃料的转变越慢，这些情境就越有可能出现。

压裂技术的兴起和衰落

2016年年初，石油价格低于每桶30美元，而在2014年夏天，石油价格一度高达每桶100美元以上。石油价格下跌的主要原因是生产过剩，主要是源于美国水力压裂技术的兴起。在石油价格每桶超过70美元之后，水力压裂技术这项旨在获得“紧密层”的页岩油和页岩气的一项古老技术变得经济上可行了。即使是在价格不经济的情况下，压裂法仍然在采用，因为投资者不断把钱花到压裂机上。[70]

经过地质时代变迁，石油从不渗透的岩层（如页岩）向渗透层（如砂岩）流动。在美国，我们早就已经开始开采渗透性岩层中容易开采的石油，但要从不渗透（“紧密”）的岩层中提取燃料需要更多的能量、气力和金钱。水力压裂（压裂）是一种获得致密层石油和天然气的方法。然而，压裂井的采掘非常迅速，通常只有一年左右。这就是为什么压裂机通常会钻大量的井。[71]

美国或全球油气产量是许多单井产量的和，每个油井的产量都逐渐达到峰值，然后下降。图5.3是表示美国（图5.3 a）和全球（图5.3 b）每年原油产量的图表。[72] 1920—1960年，随着渗透性石油矿藏的开发和挖掘，美国的原油产量增加。但在这些容易开采的矿藏全部采掘出来后，其替代品较难获得。美国每桶石油的开采成本上涨，直到其已无力在国际市场上竞争。随后美国的产量增速下降，1970年产量达到峰值后开始下降。随后，在2010年开始采用压裂技术，这促使石油产量的大幅增长。

在20世纪50年代，金·哈伯特（M. King Hubbert）提出了一个数学理论，适用于开采有限的、不补给的资源——最初产量是增加趋势，之后达到一个峰值，然后产量随着资源越来越难获得而下降。这并非出于直觉想象，事实就是产量下降的速度与增长速度相同；前期产量增加越快，后期降低的速度就越快。[73]

鉴于我们的能源市场是全球互联的，全球经济必然会对全球燃料峰值的出现做出反应。尽管如此，我发现，将美国的数据与两个独立的哈伯特（Hubbert）曲线进行拟合就很能说明问题。[74] 一个哈伯特（Hubbert）曲线适合于1970年左右达到峰值的传统原油产量变化趋势，另一个符合最近压

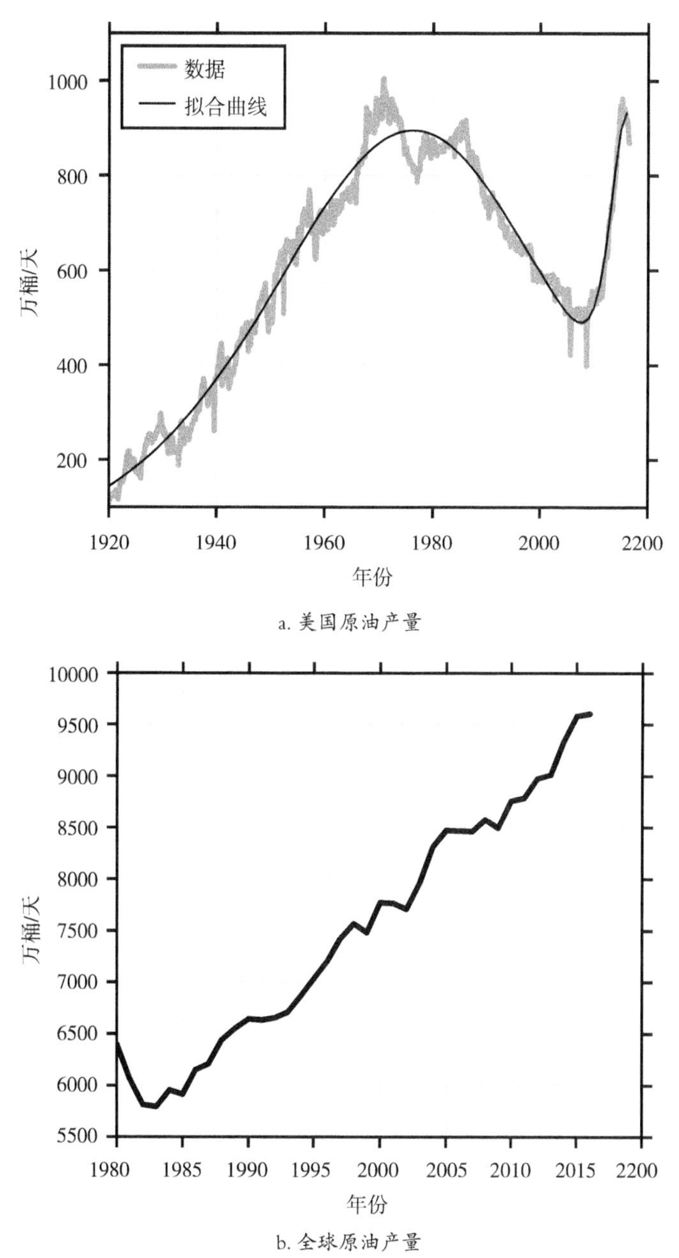

a. 美国原油产量

b. 全球原油产量

图 5.3　美国与全球原油产量

裂法开采量的变化情况。哈伯特曲线与数据的变化趋势非常一致。

没有人确切地知道压裂法开采的热潮会持续多久，但有一份报告预测，到 2020 年，美国会出现致密层石油和天然气生产的峰值。[75] 美国政府同意致密层石油产量将在 2020 年达到峰值的说法，因为“钻井将进入产量较低的地区”。[76] 在产量峰值出现后的最远端，哈伯特理论预测，产量的快速下降可能会导致油价上涨，破坏经济稳定。

就全球石油峰值而言，专家们的共识是，全球产量峰值可能出现在目前到 2030 年之间的某个时候。而事实上，这可能已经发生了。[77]

化石燃料的开采成本越来越高

获取能源需要消耗能量：制造设备、开掘钻井、裂解岩石层和精炼原油产品都需要燃料。能源回报率（energy returned on energy invested, EROEI）是能源在生产过程中消耗单位能量所获得的能源数值[1]。

化石燃料变得越来越难以获得，化石燃料的能源回报率迅速下降。美国煤炭的能源回报率从 20 世纪 50 年代的 80 ∶ 1 下降到 70 年代的 30 ∶ 1。[78] 在全球范围内，石油和天然气的能源回报率在短短 10 年内从 1995 年的 40 ∶ 1 下降至 2006 年的 20 ∶ 1。[79] 从焦油砂中提取石油的能耗更高——焦油砂的能源回报率仅为 4 ∶ 1。[80] 这表明了全球石油和天然气的能源回报率一个较长时期的下降趋势，这可能已经对全球经济产生了很大影响。[81]

能源回报率的持续下降增加了能源的实际成本，并累及经济发展。货币本质上是存储工作的社会契约，而化石燃料则是同等工作。化石燃料和金钱之间这种本质的等价性，就是为什么我们很难把它们保存在地下而不开采的部分原因。

表 5.2 列出了几种能源的能源回报率的估计值。[82] 太阳能和风能等可再生能源发电技术的能源回报率相对于化石燃料而言相对较低。这里的数字不包括能源储存系统，如果考虑能源存储的话将进一步降低可再生能源的总体能源回报率。不过这并不一定意味着未来我们依靠可再生能源的生活前景黯淡——即使可再生能源的能源回报率低至 3 ∶ 1，仍然可以为社会提供有用

[1] 即 n ∶ 1，n 值越大，回报率越高。——译者注

的能源。但是这确实表明我们目前的能源消耗和生产体系，以及我们的经济体系将会经历一个结构性转变。接近自由能的时代似乎已近尾声。

表 5.2　各种能源的能源回报率估计

能源	年份	能源回报率
石油和天然气（全球）	1995	40 ∶ 1
石油和天然气（全球）	2006	20 ∶ 1
煤（美国）	20 世纪 50 年代	80 ∶ 1
煤（中国）	2010	30 ∶ 1
焦油砂		4 ∶ 1
水电		100 ∶ 1
风能（不包括存储）		20 ∶ 1
核能（美国）		10 ∶ 1
太阳能光伏（不包括存储）		10 ∶ 1
玉米乙醇		1 ∶ 1

事实上，在过去的 60 年里，世界和美国的 GDP 增长率都大幅下降。[83] 没有人知道这种放缓的确切原因，但是有 3 个可能的原因，即人口增长减速，劳动生产率增长或技术增长减缓，化石燃料的能源回报率不断降低。我怀疑经济放缓意味着工业经济基础的严重崩塌：能源和金融体系越来越难以为继。

货币旋涡

显然资本主义有一个结构性缺陷：货币表现出引力，财富可以创造更多财富。债务型货币体系通过利用资本支付利息确保了这一点。其必然结果是出现财富的黑洞，这会扭曲权力结构，从而又加速了这个过程。

当个人决定进行资本密集型活动时（如从地球上开采石油并提炼成燃料），他（或她）会发现组建公司会带来很大的好处。首先，个人不再为债务或者不当行为承担责任；该责任转移给公司。其次，一家公司可以撬动潜在的大量投资者的财富。最后，企业不像人，它是可以永存的。

企业一旦建立起来，就会尽可能地获得更多的利润——事实上，从法律责任而言它们必然会这样做。[84] 当然，它们往往试图尽可能地少缴纳税款，并抵制任何可能影响利润的法规。它们唯一的目标是尽可能地快速发展壮大。

> 我的人生哲学就是赚钱。
> ——埃克森美孚公司前首席执行官雷克斯·蒂勒森（REX TILLERSON）

建立税收制度和法规的政治家们首先需要的是能够再度赢得选举。但有效的竞选活动是昂贵的。所以这些公司和他们富有的拥有者可以为政治家参加竞选提供资金。作为交换，企业会要求修订法律、法规和税法。不配合的政治家将失去资金来源，降低连任的可能性。

因此，企业不断重塑法律环境，发挥更大的影响力，从而榨取更多的财富。在现实世界有无数这样的例子，包括“公民联合会”，2010 年美国最高法院曾做出决定，允许公司无限制地为政治竞选活动提供资金；[85] 美国立法交流委员会（ALEC），一个企业和游说者群体，它们提出法律条文，然后想办法让州立法机关通过这些立法；[86] 国际贸易协议对工资施加下行压力，允许公司无视不利于其盈利的国家规定。作为选民，这种企业影响力的大部分都是我们无法控制的。例如，美国的两党制早已确保，几乎每一位候选人，不论是共和党人还是民主党人，只要有了企业的影响和支持，就极有可能在竞选中赢得高级职位。

政治体系的这种渗透使得资本带来了更多的财富、增长和对权力殿堂的控制，这是一个活跃的反馈循环。具有这种反馈的系统本质上是不稳定的。（另一个例子是农业人口系统）。在非常谨慎的控制下，我们可以通过制衡来防止这种反馈；但只要我们出现放松警惕的情况，反馈——财富的自我吸引就会再次发生蔓延。我们可以把这种财富自我吸引的蔓延称为公司王国或金权帝国（corporatocracy）。其基本构成是企业、富有的个人、政治家和法律。其实质是对金钱的系统化的爱。

气候困境

化石燃料公司是全球规模最大、盈利能力最强的一类公司。[87] 所有工业财富的获取都是以化石燃料为基础的，从农业到采矿业，乃至制造业都是如此。毫不奇怪，金权帝国（corporatocracy）认为气候行动是对其生存的威胁。为了维持现状，它通过控制政策制定者积极阻止有意义的气候行动，并通过虚假传播科学怀疑来混淆公众的视听。[88]

有效的气候行动在金权帝国必然是受到阻挠的，因为金权帝国优先考虑的是对生物圈的寻租。即使没有金权帝国带来的额外负担，现代资本主义民主国家仍然倾向于优先考虑依靠生物圈实现经济增长。例如，1992 年的联合国国际气候协议明确指出："为应对气候变化而采取的措施，包括单方面措施，不应构成对国际贸易的变相限制"[89]，而且从那时起这些优先举措就一直存在。全球攫取主义（extractivist）贸易及作为其生命线的增长和消费似乎与有意义的减缓气候变化是不相容的。这就是为什么我们看到，有把生态系统服务贴上价格标签的做法。我个人担心这种渐进式的努力还很不够，而且为时已晚。而我们真正需要的是一个范式转变——我们不应把生物圈视为人类经济的一部分，而应该把人类经济视为生物圈的一部分。

不依赖经济增长的生活

我们的工业社会沉迷于经济呈指数增长。当经济增长下滑时，痛苦会随之而来。人们失去工作，工资水平停滞不前，系统性的经济大萧条就像幽灵一样驱之不散。对经济增长的需求在我们的政治经济体系中是根深蒂固的——政治家需要承诺呈指数增长才能当选。有些经济学家甚至认为，在债务型货币体系层面，指数增长被锁定在我们经济的 DNA 上，这就需要通过经济增长来偿还债务上的利息支付。[90]

而这种经济增长需要更多的能源消耗、更大的栖息地及其他自然资源。历史上向来就是如此，这有可能表明经济增长永远无法与自然资源的使用脱钩。[91] 我们是具体的、有形的生物，而且我们将继续依靠具体的、有形的经

> 任何一个相信指数增长在有限的世界会永远持续下去的人，要么是疯子，要么就是经济学家。
> ——肯尼斯·鲍尔丁（KENNETH BOULDING），经济学家兼系统理论的先驱

济来满足我们的需求。

然而，任何物理定律都不需要呈指数增长。我们人类可以自由地组织我们的社会，并以其他方式满足我们的需求。事实上，在人类生存过程中，大多数人类社会并不是以指数增长为核心来组织的。

我相信人类面临的巨大挑战远不止全球变暖。但是应对全球变暖是第一紧迫的。但是为了避免经受不必要的增长和崩溃的反复循环，人类必须以某种方式与生物圈建立长期的稳定和谐的关系。

首先，我们要学会如何把自己看作一个庞大、复杂、美丽的生活画卷的一部分。对于非人类，我们要给予其与人类同等的尊重和重视。我们需要摆脱凌驾于自然之上的傲慢心态。正如我刚才所说的，我们要认识到，我们的经济体系是生物圈的一部分，而不是说生物圈是经济体系的一部分。不管一些公司或者个人喜欢怎样，只要是我们的共同行动对生物圈构成了伤害，我们就要停下来。

这就意味着我们需要一个公正和平等的社会，摆脱少数有钱人的统治。我们现行制度的存在，部分依据是要安抚穷人，防止起义：有了更多的经济增长，每个人都会富起来；人人都享有的经济平等即将到来，前提是我们要更快地运转我们攫取财富的机器。在一个不发展（稳态）的社会中，这个故事显然是没有意义的。

我们要学习以社会福祉，而不是金钱来衡量我们的生活质量。我们需要减少人口数量，并学会保持人口数量稳定。当然，我们需要将资源消耗限制在生物圈的再生能力范围内。

这些变化是巨大的，要求我们要彻底改革我们最深层次的社会结构和我们的共同理念，我们的价值观及其构建方式。要实现这种转变，我们中必须有足够多的人认识到这是我们必须走的路，我们必须愿意放弃方便和利益高于一切的现代愿望，并且我们必须逐步而刻意地去实施它。表 5.3 提出了一些必要的改变。

表 5.3　稳态经济所需的变化

指数经济增长	稳态经济
生物圈被视为经济体系的一部分	经济体系被视为生物圈的一部分
增长和崩溃	可持续和再生
金钱 = 生活质量	福祉 = 生活质量
基于债务的货币体系	地方互惠
把生物圈视为理所当然	重视生物圈服务
生物圈被认为是技术可替代的	生物圈被视为不可替代的
将生物圈破坏外部化	采取保护生物圈的政策
全球性开采	地方化生产
短视	长远考虑
人凌驾于自然之上	“我们是众多物种之一”
机器取代就业岗位	重视劳动力
使少数人非常富有	包含社会公正

我认为，在可以无限持续的社会制度下，稳态经济有望为所有人提供更好、更令人满意的生活。但是在现实世界中，如何通过实施真正的政策来达到这个目标是非常困难的。如果基层群众群情激昂，迫使决策者这样做的话，政策制定者可能会对这种巨大的社会经济转型做出部分设计。而由于触及生物圈极限导致现行制度无意识地和灾难性地重组时，也可能发生这种巨大的社会经济转型。

人太多了吗？

地球的生物圈非常丰富，能够支撑数十亿人。它以惊人的、难以想象的奇特形式孕育了令人眼花缭乱的各个物种，简直就像一个扑朔迷离的野生动物园。但生物圈的丰度取决于平衡和多样性。

生物圈支持人类生存，它可以为我们提供食物、水、氧气、废弃物补救、稳定和温和的气候，逐渐演变的疾病预防，并帮助人们防止有害的太阳辐射。这些支撑生命的服务是相互关联的。例如，没有水我们就不能种植食物；而时空中水的分布取决于气候。当人口达到一定规模，这些支持生命要素中的任何一种低于可持续水平时，就超过了生物圈的承载能力。

> 20世纪拥有一个深刻的历史发展标志——权力不自觉地演变为对人类生命保障系统的严重损害。
>
> ——格蕾琴·戴利（GRETCHEN DAILY）和保罗·埃尔利希（PAUL EHRLICH），1992年

考虑到这种相互联系，以及我们在本章中讨论过的所有内容，我认为地球承载能力的问题归结为：我们今天粮食产量的水平能否无限期地保持到未来？

从这个角度来衡量，我们可能已经超过了地球的承载能力。对我来说，全球粮食生产似乎越来越受到含水层枯竭、干旱、热浪、极端天气和土壤退化的挑战。我们的技术使我们能够更容易地利用地球的生态服务，但技术不能替代这些服务。当压裂技术热潮结束时，燃料和肥料成本的上涨将成为一个新的制约因素。

生物多样性的丧失提供了第2个独立的证据，证明人类的影响已经超过了地球的承载能力。多样性是衡量一个生态系统健康状况的重要指标。今天，我们正处于地球的第6次大规模灭绝中。2014年的野生动物（脊椎动物）数量仅相当于40年前的一半，[92] 而且如今的物种灭绝速度比自然灭绝速度快1000倍。[93] 人类和牲畜占陆地脊椎动物量的97%以上，而野生动物还不到3%。[94] 我们基本上用农业取代了地球上的荒地，地球上的人类取代了非人类。

在解决灭绝问题时，许多保护工作的重点放在个别物种上。但是我们也需要从系统的角度来思考问题。气候变暖和栖息地丧失给整个生态系统带来了压力，这可表现为通过相互关联的过程对个别物种施加的压力。例如，美国缅因州和新罕布什尔州的驼鹿幼仔因冬季蜱虫而死亡，这些蜱虫因气候变暖而暴增。[95] 另外一个例子，由于扩大了棕榈和橡胶种植及森林狩猎，超过一半的灵长类物种濒临灭绝。[96] 很显然，非人类动物实际上正在遭受包括近80亿人的机械化和军事化的全球经济的无情的系统性攻击。重点保护工作可能会减缓流血，但避免第6次大规模灭绝的唯一办法是最终要解决根本原因。

地球上的生物圈以惊人的、难以想象的奇特形式孕育了令人眼花缭乱的各个物种，简直就像一个扑朔迷离的野生动物园。

如果说80亿人（生活和饮食都保持现在的样子不变）超越了承载能力，那么可持续的极限是多少？没有人确切地知道，但我们可以做出一个合理的猜测。就下限来说，它可能是大于10亿人的。18世纪工业革命开始时，煤炭、石油、天然气等矿藏都尚未开采，那时人口还不到10亿。农业的运转靠的是阳光、水和肥料，而不是哈伯（Haber）过程。虽然18世纪以前发生过区域性的人口数量骤减，[97]但从全球范围看，生物圈维持着10亿人的生计，并保持了平衡。人类还没有改变大气的成分，海洋中的鱼类还很丰富，北美平原上的野牛数量巨大，而且（也许最重要的是）灭绝率还没有开始出现指数增长。所以地球的承载能力可能在10亿～80亿人。我估计，地球承载能力上限的中值应该是45亿人，误差在 ±10亿人。

专家们是怎么认为的呢？据一项估计，地球的承载能力大约为40亿人。[98]这一估计是通过考虑支持地球上一个普通人（包括生态系统服务）所需的土地面积（根据全球平均初级生产力）而做出的。根据另一项估计，1994年全球55亿人口"明显超出了地球所能够维持的能力"，15亿～20亿人口将是"最佳的"。[99]

如果地球上的每个人都变成素食主义者，我们有望使可持续乘坐地球"这个宇宙飞船"的人类数量增加一倍。[100]因为全球大约有1/3的食物是被浪费掉的，[101]所以我们原则上可以通过减少一半的食物浪费，将地球承载能力提高25%，大约增加10亿或20亿人，这取决于我们是肉食者还是素食者。

到目前为止，这里的讨论都是以农业的存在为前提的。贾里德·戴蒙德（Jared Diamond）认为，农业开启了人间苦难的潘多拉盒子，如果没有农业，我们也许会过得更好。[102]如前所述，一万年前农业时期前的人口还不到1000万人。通过将技术进步运用于狩猎、采摘和森林养护，非农业承载能力可能会达到数亿。要想达到数十亿的可持续承载能力，或许要靠农业。

但现在我们可以看到，如果我们选择农业，我们有深重的责任，应该以一定的方式克制我们对生物圈的分享。正如绿色革命所证明的那样，到目前为止，不稳定的人口增长是我们采取的集约化农业实践所固有的，这对于非人类的发展乃至生物多样性是很残酷的。丹尼尔·奎因（Daniel Quinn）将其称为“极权主义农业”（totalitarian agriculture）。[103] 这里的问题不仅仅是当我们超出生态承受极限时我们的人口会骤减，而是存在我们的极权主义农业推动第 6 次大规模灭绝的风险，并使未来 1000 万年的生物圈造成不可挽回的枯竭。因此，可持续的全球农业需要设定人口上限或土地使用上限。

将知识转化为行动

一个流行的环保口号是“从全球角度思考，在地方范围行动”。但是，我真的很难真正把握全球尺度。全球让人感到巨大无比，甚至束手无策。作为一个人，我更喜欢在本地思考，并在本地采取行动——进行花园种植，骑自行车和参加社区活动等。

但是，我们的困境实际上是全球性的。为了形成适当的个人反应，把这个问题放到全球范围去理解很重要。全球变暖正在呈指数增长：我可以开始系统地减少自己对化石燃料的使用，并支持减少化石燃料使用的地方、州和全国性措施。一个以指数增长为基础的全球经济正在吞噬这个有生命的星球：我可以减少自己的消费，帮助建立令人满意的稳定的本地经济。全球人口正在推动以上所有变化：我可以选择有一个小家庭。

反对者声称，我们的困境是如此严峻，以至于个人行为并不重要，因此他们觉得自己不作为没有什么。我当然不同意这种观点。如果邪恶获得胜利的唯一必要的事情是好人不作为，那么我甚至认为不作为就是典型的邪恶。反对者和我的根本分歧是，个人之间及个人与社会反馈之间存在着本质的联系。

我相信社会变化很复杂，它是由许多个体之间的共性行为所引起的。如今，越来越多的人正在超越绿色消费，超越政党，寻求与生物圈和谐共存的生活方式。这个倾向——生物圈理论与我产生了共鸣。我希望本书能够起到推动作用。

我们需要做出回应，并且要快速回应。由于全球变暖，我们最近进入了一个非常显而易见的物理变化的时代。由于对我们的困境的认识已经成为主流，我感觉这可能会引发社会变革。但是因为恐惧会成为这种变化的一个驱动因素，所以并不是所有的变化都会对人类产生积极的影响。如生物圈理论这样的草根运动，或许可以引导即将到来的社会变革朝积极的方向发展。

每一天都是宝贵的，鉴于我们的困境呈指数扩展，时间就显得尤为珍贵。我希望你能和我一起，用这些美好的日子，开始协调与地球、彼此之间及与自己的关系。随着我们越来越多的人做出改变，以这种方式生活，我们迎接即将到来的风暴所需的弹性社区将会出现。

第 6 章　我们的思想观念

我们碰到了敌人，而这敌人就是我们自己。

——沃尔特·凯利（WALT KELLY）[1]

我们处于困境的根源在于我们自己的思想。

我们的信仰、行为范式和思维习惯一起构成了我们的思想观念或世界观，这是在个人和集体层面都存在的一种精神建构，它也是个人和集体连接的纽带。我们的思想观念与整个人类物质世界复杂地相互作用，塑造我们的交通、经济、食品、教育、社区、娱乐和战争体系（同时我们也被塑造）。

我们的思想观念往往偏爱对我们所处的困境进行评估，这会导致我们低估所面临的困境的严峻性和紧迫性。这除了限制我们对现在的看法之外，还会限制我们对可能的未来的想象力。要对我们所处的困境做出有效回应，必须从转变我们的思想观念开始。虽然一个人的思想观念是不易察觉和改变的，但通过专门的练习，这是可以做到的。

进步的神话

当我还是一个小学生的时候，我花了几个小时玩星际迷航（Star Trek）。我最好的朋友扮演柯克（Kirk），我扮演斯波克（Spock），（而我姐姐的猫是一位受人尊敬的海军上将，是一个“笛卡尔主义者”）。一连数小时，我们将银河系放大了 9 倍，探索了由罗慕伦人（Romulans）、绿色外

[1] 美国著名动画制作和漫画家。——译者注

星妇女以及其他危险物体居住的地外行星。每一次都是23世纪神奇的技术拯救了我们。我们玩的是“进步的神话”。

神话（希腊神话、故事或文字）是一个社会用来理解其起源及其与世界其他部分关系的原始的故事。我们对于神话的体验是显而易见的：虽然神话的影响是非常深刻的，但我们通常认识不到它在我们日常生活中的影响力。神话帮助我们理解我们出生的混乱的世界，而对神话进行质疑就会造成关于人类存在的焦虑。我们认为神话是毫无疑问和不言而喻的，如果它们真的受到质疑的话，我们会从防御和感情的角度做出反应。社会或群体可能很难容得下那些挑战他们关键神话的想法。[1]

神话也会使人们更难以看到事物的其他可能性。正如法国文学理论家罗兰·巴特（Roland Barthes）所写的那样，“神话的任务是赋予历史意图以自然的合理性，使偶然发生的事件看似是永恒的。”[2]我们往往认为，事物是什么样子是必然的。这当然是错误的——事物完全可能是另外的模样。但是这种信仰是一股非常强大的力量，它与我们的困境有着重要关联。《增长的极限》一书的主要作者德内拉·梅多斯（Donella Meadows）曾写道：

“社会观念中的共同想法，未加说明的大量假设——之所以未加说明，是因为没有必要说明，每个人都知道他们——构成了社会对世界如何运转的最深层次的信念。名词和动词是有区别的。低收入的人价值更低。经济增长是好事。自然是资源的储备，它是要被转化为人类目的的。随着智人的出现，进化就停止了。人们可以‘拥有’土地。这些仅仅是我们文化中范式假设的一小部分，而这些假设全部都会让其他文化的人感到震惊。”[3]

神话在现代工业社会中与所谓的原始社会一样普遍。事实上，进步的神话告诉我们，[4]我们的工业社会是特殊的，其原因正是因为我们终于超越了神话和迷信这样的原始思想体系。

但是具有讽刺意味的是，进步的神话（一种深层次的潜意识的信念认为，我们比过去的人们更先进，而且将来我们一定会更加先进），已成为我们最重要的现代迷信。当然，这个神话听起来非常现代。例如，我们可能会相信，“他们”（靠符咒激励的超自然实体，“他们会想到办法”）将通过人造光合作用、太阳能电池板或钍反应堆来解决全球变暖问题。不管事情的结局最终是怎样的，我们“确信”他们会这样做，这种想法在我看来不啻为迷信观念，是一种神奇的思想或盲目的相信。

事实上，进步已经成为一种公民信仰——一种无神论的信仰体系，却能提供宗教的心理效果，因为在这种情况下，技术被视为是神圣的。我们讲技术会拯救我们，而且我们盲目地相信这一点。我们有些人想象，在不远的将来，人与机器会融合，我们作为人机融合体将获得永生，并能够在银河系里无限制地飞翔；有些人认为，我们拯救世界的办法在于离开死亡的地球，殖民到其他星球上去。这是天堂的技术概念吗？火箭升空的标志性图像和耶稣升天之间有惊人的相似之处。[5]

我们发现，对永久性社会、经济和技术进步的假设是令人满意的，因为这表明我们作为一个物种走上了正轨，而且我们在工作中的贡献是有意义的。无论是有意还是无意，我们将这种进步推断为未来的技术乌托邦，这使得我们将当今的问题视为暂时的，并认为我们在社会上往往不尽人意的作用是合理的。假设会永远进步的专家往往很受欢迎，因为他们传递的信息与我们聊以自慰的神话产生共鸣。当然，没有人能够保证会永远进步。在文明的循环中，过去曾经有过黑暗的时代。谁能保证未来不会出现黑暗的时代？

但是在过去的几百年里，技术确实在稳步发展。我们已经将知识划分为特定的学科和专门领域。没有人能够了解所有学科领域的工作原理，我们也没有必要去这样做。毕竟，当我的儿子赞恩（Zane）蹒跚学步时踩着了带刺的玫瑰花，引发了威胁生命的感染时，我并不需要知道抗生素是如何工作的，我只要知道抗生素是有效的。具有讽刺意味的是，这种状况意味着，我们往往会带着迷信的眼光去看待技术专家——科学家、医生、数字专家。那些专家穿着白色实验服，他们就像是我们的萨满巫师[1]。

而当现实的科学和进步的神话发生冲突时，往往是神话获胜。当科学与神话一致时——当科学感觉像是进步的时候，我们的文化就会赞美它。[6] 而当科学与神话相冲突时，我们的文化就会拒绝它。

就拿全球变暖来讲，全球变暖意味着我们的技术发展和经济增长正在破

[1]　据说能和善恶神灵沟通，能治病的人。——译者注

坏生物圈。在这种情况下，科学告诉我们，技术发展和经济增长远不能为子孙后代照亮未来之路，实际上是在摧毁他们的前程。不知何故，从根本上说，人类的进步正威胁着这个星球上的全部生命。当然，这个信息是严重“反进步”（anti-progress）的，这有助于解释为什么像全球变暖这样科学上非常明确的东西，[7]变得政治化和被质疑，尤其是受到非科学家们的质疑。

技术的适当地位

技术这个词来源于两个希腊单词，其原意是“对工艺品的系统化处理”。技术可以被定义为一个动物对技能和工具的开发和运用，其目的是促进动物和物质（动物所处的环境）之间的关系。技术可以用来获得食物、安全感和舒适。它可以用来制作音乐，或者记录和记忆信息。

人类许多技术创新是非常有用的，而且将来还会继续发挥作用。我甚至认为，人类的生存依赖于技术，而且自从我们人类出现以来就一直依赖技术。经过许多曲折复杂的进化，我们人类这个物种不是形成毛皮和强大的爪子，而是形成了社区和技术。这是一个非常成功的战略，至少到现在为止是这样。

然而今天，人类技术的规模之大，已经开始影响地球系统的物理学。此时此刻运转的数亿个内燃机排放的废气正在污染生物圈。从这个意义上讲，我们需要更少技术，而不是更多技术。

此外，在向这个世界引入技术时，我们要有选择性。很多技术值得拥有，但也许并不是所有技术都值得拥有。我们特别痴迷于那些具有进步神话魔力的技术，如 3D 打印、物联网、社交媒体、虚拟现实。这些技术真的给我们带来更多快乐吗？那么自动驾驶汽车和语音助手怎么样呢？这就是我们真正想要在其中生活的世界吗？抑或还有可能从更有趣和更友善的维度去探索？我不一定是要对这些技术说“不”，只是我们可能要更多地质疑它们。

我们还应认识到，我们的生存不仅取决于技术，还取决于社区。石油文化下的许多技术取代或代替了直接的人类互动，这加强了我们彼此之间孤立的错觉，以及任何东西都可以孤立存在于其他东西之外的错觉。

孤立的神话

我青少年时期在芝加哥郊区长大，一天晚上出门散步时发生的一幕对我产生了长期且持续的影响。当时外面没有别人。偶尔会有一辆车嗖的一声从我身旁驶过。每一座房子都透出电视令人毛骨悚然的蓝色闪光。有些重要的东西是缺位的，虽然当时我并不清楚究竟缺少的是什么。不知不觉中，郊区的疏离渗透了我的青少年时期。

我们为自己构建的生活使我们的孤立最大化——郊区有栅栏隔开的房屋、汽车、办公室隔间，邻居之间都不知道彼此的名字。金融系统把我们彼此隔离开来。人们会一连几个小时沉浸在电视和电子游戏中。“美国梦”本身可以被看作为了完善这种隔离的一种追求——“美国梦”告诉我们，一旦我们赚了数百万美元，我们就可以住在摩天大楼的顶层，并且可以乘坐我们的私人飞机到处飞翔。

所有这些故事都是源于工业社会的第二个基本神话——我们每个人都是与其他人竞争的独立存在的个体。这种零和思维影响了我们彼此之间、我们与自然之间，乃至我们与自己的互动。它导致焦虑、孤独和离婚；它使得人们将利益和方便放在高于其他一切的价值观；它带来恐惧、仇恨和暴力。

当然，从表面看，我们似乎与其他东西是隔离开的。但仔细研究就会发现，这种表面的隔离是不存在的。更深层次的现实是，我们通过社会，通过我们的关系，通过我们所吃的食物、我们呼吸的空气及我们所分享的生物圈彼此相连，以无数不可否认的、客观存在的、完完全全的形式彼此相连。

部落制度

具有共同特征的人群——无论是部落、政党、民族、种族还是宗教，往往感到被隔离，害怕其他群体。我们人类使用诸如语言、衣服、故事和信仰等机制来识别我们群体中的个人，并使自己与他人区别开来。我们对团体归属感的需求是非常强烈的，以至于我们往往会全盘接受我们群体的所有信仰。开放的、基于事实的思维方式停止了。

我们使用条条框框来看其他群体的人，觉得他们似乎不配做人。如果我们的群体有更大权力，我们就会剥夺其他群体的权利，剥夺他们对资源的利用权和其他特权。在我们的法律体系中降低他们的地位，甚至使这样的行为变成合法化。这降低了针对他们的暴力侵害的门槛，使得暴力制度化。

在我们人类创造的故事当中，我们将与我们不同的人视为是邪恶的，所以如果我们能够消除他们，我们就能消除邪恶。所以隔离的神话有可能促使我们开展暴行，我们甚至可能认为我们做得很好。这就是为什么当我们害怕时，我们是多么容易迷失方向。隔离的神话将社区曲解为部落制度。

在整个历史进程中，这些关于部落的故事曾造成杀戮和痛苦，现在仍然是这样。无论是民族主义还是宗教，都可以轻而易举地创造出战争思维，而针对恶人的暴力行为似乎是有道德的。当思想被禁锢时，真正的善良和同情是不可能的。

我更喜欢这个星球上文化、语言和生活方式的多样性，同时我也为人类无法继续和平共处而感到沮丧。我们是令人费解的动物，我们与这些应对冲突并使冲突升级的可笑、可怕的自我共存。无论是在日常生活当中还是在世界舞台上，这一直都在发生。我相信我们可以做得更好，只要我们选择要做得更好，我们就能够做到。

征服自然

在工业社会中，我们往往把自然视为可以被征服的东西。我们担心，如果我们不能征服自然，自然就会将我们毁灭。我们的梦想是，如果我们成功，我们就可以发大财。

> 神对他们说，要生养众多，繁衍生息，遍满地面，征服地球；也要控制海中的鱼、空中的飞鸟和地上一切的活物。
>
> ——创世记乐团（GENESIS），1'28"

征服的思想帮助我们在医学上取得了很大的进步。但作为一种范式，它可能已经不再是人类良好健康的最佳赌注。例如，健康专家警告说，我们已经进入了“抗生素的终结时期”，因为很多耐药细菌超越了我们的创新。[8]由于在农业中广泛使用抗真菌剂，抗真菌感染也在增加。[9]

农业也是如此。在 20 世纪，工业化农业大幅增加了产量。但是现在我们知道，极权主义农业危害了复杂的生态系统，造成的破坏波及整个生物圈。现在我们知道，工业化畜牧生产造成人畜共患传染病的可能性。毕竟，极权主义的农业思维可能并不符合我们的最佳利益。

就像对待战争那样，我们通过引入更多火力来进行与自然的对抗。但最终，我们陷入与自己的战争。我们可以和生物圈共舞，而不是徒劳无功地去征服自然。

人类的例外主义和非人的智慧

地球上可能有上万亿种不同的物种。[10] 每个物种都会在生态环境中兴盛一段时间，并最终走向灭绝。在这里，每个物种都显示出自己独特的生存智慧。在这众多的物种中，只有一个非常愚蠢，它在全球范围内对生物圈造成了破坏。

更重要的是，这个物种知道其正在造成这种损害，还选择这样做；奇怪的是，这个物种自认为是地球上最聪明的物种，并将其作为一种道德借口来残酷地对待其他物种。这个奇怪的物种，当然是智人，“智者”。

并不是每种文化都相信人类在物种中是特殊的。许多土著民族从来没有，现在也不这样认为。例如，澳大利亚的土著民相信非人类的动物和植物曾经是人类，这种观点把不同物种视为一个整体。[11] 我认为现代人类的例外主义是工业观念的核心，是我们目前生态社会困境的驱动因素。

适当的反应包括范式转变，要认识到并不是只有人类拥有智慧，而且我们无法承认和尊重非人智慧是我们自身的局限。也许我们的技术发展步伐已经超越了我们的智慧。也许我们需要大猩猩——他们的智力与我们非常相似，像我们一样照顾他们的婴孩，我们发现他们很容易被我们认同——来提醒我们要尊重每个物种的特殊智慧。蜜蜂有自己的智慧，土壤中的细菌也有自己的智慧。

生物圈有自己的智慧。地球知道其中的奥秘。

我们的蜥蜴大脑的习惯[1]

除了神话之外，我们大脑的一些内在倾向也使得我们更难看到事实真相。缓解全球变暖是一个邪恶的问题，部分原因是全球变暖似乎就是要完胜人类的大脑。

直观性

我们的大脑自然会对我们面临的危险境遇做出强烈的反应，如咆哮的狗狗或者已到租赁期限等。我们对未来或遥远的危险反应没有那么强烈，因为我们不觉得它们是威胁。我们对于眼前的恐惧产生的内在的肾上腺应激反应，要比对危险的认知反应更强烈。这种对未来的低估可以解释为什么我们往往会拖延：未来似乎只是待在遥远的地方，而我们不明白时光是如何流转的，未来怎么突然就变成了现在。然后，在某个截止日期之前，我们问自己，“时间都去哪儿啦？”

全球变暖对大多数人来说缺乏直观性。即使对其有足够的了解，也不一定会觉得全球变暖具有直观性。例如，我知道几位天文物理学家对全球变暖了如指掌，由于频繁的乘坐飞机旅行，他们也有很重的气候足迹。当我分别单独问他们 3 个人是如何应对这个明显矛盾的时候，他们几乎一字不差地给了我同样的答复，我感到非常惊讶。他们 3 个人不约而同地回答：“我就没有想过这个问题。”

有趣的是，南加利福尼亚州的化石燃料使用和用水的社会态势有着惊人的差异。一方面，浪费水在社会上是不可容忍的。在干旱时期，人们对此感到非常愤怒。另一方面，燃烧化石燃料不仅在社会上是可以接受的，而且在社会上是可以获得奖励的。频繁乘坐飞机的人们在脸谱（Facebook）上晒旅行照片，享有职业优势，他们被视为成功人士。这种差异可能部分原因在于，缺水问题显得比全球变暖更迫切。

[1] 蜥蜴脑是人脑中掌管与理性思考无关的部分，也被科学研究证实是掌握本能的部分。——译者注

确认偏差

我们有一种自然的倾向，往往会寻找支持我们信仰的证据，而忽视与这些信仰相矛盾的证据。这被称为确认偏差（confirmation bias），它有助于我们的大脑理解庞大而复杂的信息。在我们形成世界观以后，确认偏差会告诉我们选择相信或不相信哪些东西。如果我们的世界观认为全球变暖是毫无意义的，那么确认偏差会导致我们更喜欢那些支持全球变暖不存在或根本不是问题的假设。这样，在无意之中，我们就已经管控了我们的世界观。

当我和那些否认全球变暖的人谈话时，我通常会觉得他们有认为这个地球没有变暖的需求。也许全球变暖在宗教层面或神话层面挑战了他们的世界观：人类的目标是以进步的名义征服自然。也许否认全球变暖使得他们不会为自己的生活方式而感到内疚。也许他们只是发现全球变暖是如此可怕，以至于他们在心理上有否认它的需求。无论如何，他们的理由比智力更深刻。

乐观偏差

我们的大脑往往会犯过于乐观的错误。[12] 当我们考虑一些不够直观或者我们认为是不确定的事情时，尤其是这样。乐观主义偏差认为，全球变暖比一般人认为的更糟糕。

从众心理和常态化

心理学上重要的阿希从众心理实验（Asch conformity experiments）表明，个人的信仰和行为是如何依赖于多数群体的。[13] 在经典的实验中，给 8 名大学生看 1 条线段，并询问他们另外 3 条线段（标记为 1、2 和 3）中的哪 1 条与之前看到的线段长度相等。3 条备选线段分别是不同的长度，其中有 1 个是明显符合条件的。学生们轮流给出答案。7 名学生是演员，但第 8 名学生不知道这一点。演员们与心理学家串通好了，都给出了同样错误的答案。然后要求第 8 名学生——实际的主体来选择。75% 的受试者至少在一段时间内受到了演员错误回答的影响，而只有 25% 的受试者从未动摇过。[14] 如果 7 个事先串通好的学生中有一个扮演“真正的伙伴”角色，给出正确的答案，那么受试主体也更有可能选择正确的答案。

当我了解到这个实验的时候，我想起了 2006 年，当我第一次领悟到全球变暖真相的时候，我不敢说出来。当时，我几乎听不到有人为全球变暖问题大声疾呼，而是看到别人都过着自己的生活，好像什么都没有发生一样。我看到没有人努力减少化石燃料的使用，所以我也没有这样做。这是多么巨大的从众的力量！我也浪费了几年寻找“真正的伙伴”，最终才意识到我必须去尽一己之力做自己能做的事情。

尽管我们可能知道全球变暖是事实，但是这个问题对我们许多人来说还不是非常迫切的。同时，我们周围的每个人都在继续使用化石燃料，完全不考虑明天，包括大多数非常知名的气候活动家，化石燃料的使用甚至更加常态化了。化石燃料使用常态化的残酷事实就在我们面前。所以在更深的层次上，我们认为一切都会好的，尽管我们的知识理解恰恰与此相反。这样，进步的神话提供了一个方便的心理桥梁，这是解决上述心理冲突的办法，它告诉人们“他们一定能想到办法”。其结果是没有任何行动——我们倾向于与使用化石燃料的众人一起随波逐流。

当我们周围的人每天都在不管不顾地燃烧化石燃料时，人们很难认为使用化石燃料是有害的或者是错误的。人们也很难想象以另一种方式生活。也许这就解释了我们领先的全球变暖活动家们的惊人失败——他们无法做到“说到做到”。也许这就是全球变暖带来前所未有的挑战的一个主要原因：我们工业社会的生活是多么依赖化石燃料，我们甚至很难想象如果没有化石燃料，新的生活模式将会是什么样子，更不用说去过那样的生活了。当然，我们在两个世纪以前就没有化石燃料，但是进步的神话使我们忽视了这个事实。

这就是为什么我们要开始呼吁化石燃料正在造成真正的危害，应停止使用化石燃料。更重要的是要开始传达这样的信息。通过非从众行为，我们促使其他人质疑普遍认为是正常的观点。用阿希从众心理实验的语言，我们成为真正的伙伴——那些讲出真话，从而让别人很容易也这样做的人。

以生物圈为理所当然

是什么让一些人想要“钻，钻，钻”？当然是对利益的追求。但也许实际上，并非所有这些人，或许其中任何一个人也不会牺牲生物圈去换取 10

万亿美元。当然，如果没有生物圈，在太空冰冷的真空中，即使是我们的亿万富翁也会在几秒钟内一命呜呼。

在某种程度上，这些人意识到他们需要生物圈。但与此同时，他们认为生物圈是理所当然的。人们呼吸的空气的不可估量的价值并未引起重视。在我看来，这种不一致表明，显然需要重新思考财富（及其反义词“贫穷”）的全部概念。生活在一个健康的生物圈绝对是一种财富——从天体物理学角度来看也许是最真实的一种财富。

我认为地球生物圈是一个脆弱而神奇的实体。对我来说，这真是太神奇了：这个异常丰富而又极其稀薄的相互依存的生命体，环绕着漂浮在寒冷浩瀚太空中的岩石。多么奇怪！不能保证地球的生物圈足够丰富，以支持人类的生活。地球系统只遵循物理定律，而不会顺应人类的需要。

明显而陈旧的愚昧无知

很少有人清楚地认识到自己行为的相对生态成本。许多狂热的环保主义者，他们用布袋子在农贸市场上购物，并带来许多其他小的生物圈变化，但仍然每年飞行数万英里。也许他们根本不知道他们的航班造成的巨大影响（我们将在第 9 章中量化这方面及其他方面的影响）。这方面的知识是逐渐改变自己的关键动力。

欲望和自我

一个星期六的早晨，我和莎伦正在冥想，而男孩子们正在看另一个房间里玩《帝国反击战》（*The Empire strikes Back*）[1]。显然达斯·维德刚刚切断了卢克的手，因为我们听到维德说：“加入我，我们联手，可以作为父子一起统治银河系！”我大声说：“为什么有人想统治银河系？”我们两人都笑了。这个特别的欲望似乎是如此随意，如此怪异。为什么会有人梦想“统治银河系”？说实话，我真的不想统治银河系。这听起来像是个麻烦事。

也许渴望“统治”是源于渴望和厌恶的永无止境的循环，这是我们蜥蜴大脑最深的习性之一。人们渴望愉快的事情，而且想要避免不愉快的情

[1] 一款游戏，后文达斯·维德和卢克都是游戏中的人物。

许多狂热的环保主义者，他们用布袋子在农贸市场上购物，但仍然每年飞行数万英里。

况。[15] 当我们得到我们想要的东西时，我们意识到我们仍然不快乐。所以我们想要更多，并觉得那样我们就会开心。当然，当我们没有得到我们想要的东西时，我们会感到非常痛苦。我们还希望给别人留下完美和强大的印象。我们（不正确地）假设如果我们统治了银河系，我们的每一个愿望都会得到满足。如果我们不认真审视内心，我们很难认识到，根深蒂固的习惯是怎样让我们陷入痛苦的。

我们的工业资本主义文化把愿望本身提升到极致，认为愿望是最纯粹的美好。正是这种美好的愿望，使得迪士尼的英雄和女主角们从此过上幸福快乐的生活。那么“美国梦”又是什么，难道不是对物质欲望的盲目追求吗？我们被引导相信，正是因为有愿望才使我们成为人类，我们可以拥有任何我们想要的东西。

我认为：“善良是使我们成为人类的原因”，而我们的欲望是善良的巨大障碍。当我们放弃欲望的时候，我们不会变得迷失方向和缺乏动力。恰恰相反，我们会更有动力去帮助别人。

欲望会分散我们的注意力，使我们烦躁不安，使我们脱离现在的实际，并且阻止我们看到周围的奇迹。当我们放弃欲望的时候，我们认为理所当然的事情就变成了奇迹。每个孩子都是奇迹。每一只动物，每一棵树，每一朵花也都是奇迹。每一个果实都是奇迹，由阳光和土地编织而成的奇迹。我们可以吃水果并从中汲取营养是一个奇迹。在凉爽的早晨坐在温暖的阳光下是一个奇迹。每一次呼吸都是奇迹。

人生不是苦差事，也不是要去追求重大而神圣、千载难逢的变革性的奇迹。人生就是由每天日常奇迹组成的涓涓细流。当我们没有欲望时，我们很快乐。

伟大的转折：从有欲望的人转向注重奇迹

那么，什么样的新故事可以取代进步与隔离的神话及自私欲望的至高无上呢？我们如何实现那个故事？人类做到那些需要多长时间？我们在这期间应该做些什么呢？

新的故事将有助于彼此相互提醒，就在此时此刻，让每个人快乐。在这个新的故事里，我们不是追求进步和增长，而是更深入地相互帮助，按照我们的原则生活，从我们的欲望深渊里走出来，变得真正快乐。

> 是呀，弗兰克，我的想法是非常相似的。这里无边的寂寞……使你意识到在地球上你所拥有的一切。
>
> ——吉姆·洛弗尔（JIM LOVELL），阿波罗 8 号从月球轨道进行的电视转播

我们怎么能实现那个故事？我们摆脱欲望是有可能的，但这并非易事。在第 11 章中，我介绍了一个简单的冥想练习来培养意识，逐渐摆脱欲望的习惯。本书中还有其他一些可以支持这一过程的做法，如选择摆脱消费经济。但是冥想是我所知道的最直接的路径。冥想让我开始看到我自己的欲望是如何发挥作用的。

需要多长时间才能做到？我不知道。我看到身边有人开始警醒和振作起来，并帮助别人警醒，但这是一个漫长而渐进的过程。我看到其他很多人无动于衷，没有采取任何对策。我相信生活在这个星球上的生物最终会到达那里，但我不知道是需要 50 年、5 万年，还是 5000 万年。

在此期间我们可以做些什么？回答这个问题是本书第二部分的任务。简而言之，我们可以让自己沿着这条路走下去。我们究竟还能做什么？我自己的经验告诉我，当我们改善自我时，我们才更有能力改变世界，至少是我们周围的世界的一角。但是我们之所以要开始走上这条路，其主要原因是这条路是一条非常令人满意的路，仅这一个理由它就非常值得去走。或许你已经体会到这一点。

我们人类有能力从我们的欲望中走出来。我们有能力把别人放到比自己重要的位置，而且我们可以学会一直这样做，而不是偶尔为之。这可能是我们的思想需要做出的最重要的改变。这是我们走出称为历史的恐惧和暴力的噩梦的途径。虽然我所描述的新故事不是一个快速的解决方案，但它是可能的。这不是神秘的或抽象的，也不只是听起来不错。它是实际且可行的。

这对我而言是非常明晰的。我希望这本书也能帮助你认识到这一点。

第二部分
人类是生物圈中的哺乳动物

愿人实现内外统一。

——苏格拉底，摘自柏拉图的《费德鲁斯篇》

第 7 章　通向自然的岔路口

即使你看不到整个楼梯，信念会助你踏出第一步。

——马丁·路德·金

本书的第一部分试图去解释为什么说化石燃料的时代即将成为历史。虽然在过去的 200 年间，化石燃料改变了人类的生活体验。但如今，化石燃料的使用正在不断破坏生物圈，甚至无法再给人类带来快乐。疏离和沮丧的情绪正在通过消费社会不断蔓延。[1] 是时候摆脱化石燃料和与其紧密相关的金钱驱动文化，开始新的美好人生了。

第二部分的内容则是关于我们作为一个有局限性的普通人，如何能够真正成为开始下一次变革的先驱。我将介绍自己是如何通过日常生活中的改变，来应对我们所面临的这些困境。

这是一种极端彻底的转变吗？我不这么认为。我会先进行一两步小的尝试，看看自己能否适应，接着再继续进行。几年之后，这些在通往与生物圈和谐共生的目标道路上的微小转变，会逐渐让你的日常生活变得大不一样。你很快就会觉得这些转变都是正常且自然的。

我分享自己经验的目的，是希望提供给大家一个具体而真实的案例，这是我在进行改变时获得的真实经验，而不是单纯的愿望、推测或未来主义的理想。我还想让大家看到，这种深刻的转变是可以做到的，而且并不都是那么困难，甚至还能让人感到满足。很多人为他们的爱好投入的时间和精力就足够进行我的这些改变了。

“你的方法肯定与我的不同。”你和我对待事物有着不同的优先顺序，信守不同的原则，经历过不同的事情，拥有不同的天赋和兴趣，承担着不同

什么都不做是一个极端，突然放弃使用化石燃料是另一个极端。如果可以的话，我选第 3 条路，我行走在一条中间道路上。

的责任，掌握不同的资源。你所做出的每一个改变都是针对自己的实际生活。我的一些建议可能对你有用，另一些则可能行不通。请保持好奇心：每一个改变都会让你从另一个角度观察世界和你在其中的位置。

最重要的是，让快乐而不是内疚感成为你做出改变的动力。你所做的改变应该是让你感到满足的。

我的大部分朋友都知道使用化石燃料是个问题。他们中的一些人也意识到现代的工业化生活方式充斥着对于分离和物质财富的盲目追求，不利于获得幸福感。但几乎没有人会去改变他们的生活方式。他们有着很好的意愿，但却不采取任何行动。

什么都不做是一个极端，突然放弃使用化石燃料是另一个极端。如果可能的话，我选第三条，行走在一条中间道路上。

开始（或继续）的方式

下面会介绍一些简单具体的建议，来帮助你开始进行改变。它们都是我自己采取的方法中的有效部分，但其实你还有很多其他的选择。无论你选择哪种，请带着你的好奇心和善意去完成它们。

骑自行车

你很容易就能亲身感受到，骑行就是快乐：擦干净你的老自行车（或者借一辆）开始一段骑行吧！

栽种植物

在春天的时候，找来一些种子，也许番茄就是个不错的选择。你可能认识一位有经验的园丁，他能给你一些种子并帮助你入门。所有我认识的园丁都非常乐意帮助其他人开始进行栽培活动。

估算你的 CO_2 排放

如果你在全球变暖面前不知所措，那么这个方法能够帮到你。从你的物业账单上估计出你每年的用气量和用电量，估计一下你上年的飞行里程，再估算一下你汽油或柴油的消耗量。然后参考后文第 9 章第 144 页的“估算你自己的排放量”，这个表格能够给你提供一些参数，将你的估算值转化为 CO_2 排放量，然后你可以用这些数值制作一个饼状图。

修理物品

东西坏了别立刻换掉或雇人去修，试着自己动手吧。每当我的车出现一些奇怪的问题时，面对修理工作我常常会不知所措。而现在我把这种工作当成一种挑战和成长。

扔掉一些东西

扔掉（或卖掉）那些你已经很长时间不用的东西。这项行动能够让你感到如释重负。所有的物质财富都是过眼云烟，而拥有的感觉也是一种折磨。

清理你社区的垃圾

拿个袋子在你的社区中转转，拾起你看到的垃圾。如果你对这些垃圾感到愤怒或是在捡起垃圾时生出一种自以为是的感觉，那就坦然面对这些感受，停止这个行动专心享受散步的乐趣吧。你在你的一生中会制造大量垃圾，通过这项简单的行动你可以很好地回报社会。

停止使用泡沫食品包装盒

如果你觉得一个没有泡沫咖啡杯和泡沫食品包装盒的世界会更加美好，那就别再用它们啦！你感受到自己被授予的权力了吗？除此之外你还能改变什么呢？

停止使用棕榈油

如果你对砍掉热带丛林的植物去兴建油棕榈树种植园的行为感到不满，那就别用它了。下面这个有趣的事实可能会反映出你的日常生活与生物圈的关系：据估计，超市中销售的包装商品中有一半都用到了棕榈油。[2]

进行一次冥想静修

这是一种比较大的改变，但如果真的准备好去做的话，你也会从中受益匪浅。冥想和静修有很多种方式供你去尝试。如果你有兴趣试试我的冥想方式，那就去参加一个为期 10 天的内观冥想课吧。[3] 这个课程中心不收取任何费用，它的运营靠的是学生自愿的捐赠，学生们希望与他人分享自己的所得。

加入一个社区组织

在社区中找一个你认为正在从事重要事业的组织，参加一次他们的集会。如果你关心全球变暖问题，那就考虑加入（或创立）公民气候游说团（Citizens' Climate Lobby）在你当地的分会。[4]

为你的邻居做点善事

找个机会向你的邻居表达你的善意。这件事不需要很大，送给他们一些你花园里的果实、一罐自制的果酱，或仅仅送给他们一个微笑、介绍一下自己就足够了。不要期待会成为朋友，也别想着会有回报。

种棵果树

找一种你爱吃且适合在当地种植的水果进行栽种。与你周围的果园主聊聊种植经验会很有帮助。你生活的地方种植或曾经种植的水果种类会让你感到惊讶。

做一个月的素食主义者

如果你曾想过做一名素食主义者，那还等什么呢？尝试一个月吧。如果你在这个月中没忍住吃肉的诱惑，告诉自己没必要感到内疚。如果你真的觉得内疚的话，那就坦然面对这种感觉吧。

在野外待一段时间

给自己充个电，开始享受吧。

生物圈和你的伴侣

如果你的伴侣不理解在日常生活中停止使用化石燃料的意义，那么即使他（或她）也想同你一样为当前我们面临的困境做点什么，他（或她）也可能会采取不同的方式。

请注意，不要试图从你的伴侣那里获得对你所做出的努力的认可，不要总想着去改变他们。因为这样会引起紧张情绪（这是我的亲身体会）。你在其中享受的乐趣就是对你最好的认可。

如果你做的事情让你感到满意和快乐，那你的伴侣也会自然而然的开始改变。但（他或）她会通过自己的方式，你不要试图控制或催促他们。

在你以正确的方式开始冥想活动后，就自然会对他人散发一种慈爱之情，包括对你的伴侣。当你开始真正欣赏你的伴侣，并经常向他（或她）报以微笑、表达对他（或她）的爱意的时候，神奇的事情就会发生。如果你不相信我的话，那就自己试试看吧。

第 8 章　热爱骑行

没有什么比得上骑行带来的纯粹乐趣。

——约翰·F. 肯尼迪（JOHN F. KENNEDY）

骑自行车一直是我进行自我改变和放弃化石燃料过程中简单但重要的一步，它是改变思维方式的一种极好的催化剂。实际上，我今天乐于骑行的原因不仅是为了节约能源，而是真心热爱这项活动。

回归自行车

我在加利福尼亚的第一年并没有骑车，甚至不会冒出这个念头。当时，我对全球变暖的认知和我每天的生活方式仍然存在矛盾。我每天骑着一辆每加仑油能跑35英里的大型摩托车,往返于家到加州理工学院的6英里道路上。

当我更清楚地认识到我的日常行为与我们面临的困境之间的联系时，消耗汽油越发让我感觉不安。最终我开始考虑进行骑行。我有一辆结实的自行车，当年曾骑着这个老家伙穿越了1000英里的草原，但它已经被闲置在我父母位于芝加哥郊区的车库后面很久了。在一次圣诞假期回家团圆的时候，[1] 我向当地的一家自行车行要了一个大盒子，把这辆车打包运到了西部。

多么奇妙啊！我第一次从家骑车到加州理工学院的壮举简直是史诗级的。一辆自行车让穿越郊外的6英里旅程变成了一次伟大的冒险。一开始我的决心还会动摇，时常会觉得难堪，但仅仅几天之后，骑行就开始给我一种飞一样的感觉，这种感觉我只有在孩童时代才觉得是理所当然的。随着我的身体逐渐强壮，自信心不断增强，我将我的通勤时间缩短了一半。我对沿途的社区逐渐熟悉了起来。骑行成了我的主要锻炼方式。

我开始尽可能地骑车去办各种事情。例如，我会骑车带着我的孩子上下幼儿园，用自行车将日常用品运回家。我的骑行范围不断扩展，还学会了利用公共交通将这个范围扩展得更大。我开始用一种新的方式认识阿尔塔迪纳镇和洛杉矶。如今，我仍然热衷于通过骑车探索城市的各个角落，这项活动有着独一无二的魔力。[2]

我为何热爱骑行

确实，汽车在长途旅行时速度会更快，且不用担心坏天气。然而自行车却几乎在其他所有方面都比汽车好：

- 骑行更有意思。
- 骑行让我保持健康。
- 骑行穿过小镇经常比开车快。
- 骑行让我不再抑郁。
- 骑行不会遇到堵车。
- 与汽车通勤不同，骑车通勤不会让我身心疲惫，也不会导致离婚。[3]
- 骑行让人远离疾病，至少对我是这样。[4]
- 骑行更省钱。[5]
- 买辆自行车要比买辆汽车简单便宜得多。[6]
- 一辆好的自行车可以使用终生；而大多数汽车用 8 年就报废了。[7]
- 汽车车主被法定义务和费用紧紧缠绕；而骑行则是简单和自由的综合体。
- 骑行能够支持当地的商业。[8]
- 自行车容易停放——放在你的目的地旁边就好了。
- 骑行是解决城市无序扩张的一剂良药，并会促进形成更多美丽的社区。
- 骑行很安静。
- 骑行让空气更加清洁，也不会造成呼吸道疾病。

- 骑行对你和他人都更加安全（下文有更多关于这方面内容的介绍）。
- 骑行很性感。
- 骑行充满冒险的刺激。
- 骑行是很好的思考时间。
- 骑行让我享受旅程。

我们的身体就是为运动而生的！

骑车其实比开车更安全

让我们认真讨论一个问题：骑车是否比开车更危险？骑行确实有风险，并且应该小心进行，但研究明确表明：骑一辆自行车要比驾驶一辆汽车更安全。这个事实可能会让人感到吃惊，至少对我来说是这样。

你可能会觉得，骑行受伤的概率会更高。但经常骑车的人死于心脏疾病（心脏病或中风）的概率要低得多，所以总的来说骑行更加安全。如果考虑所有的致死因素，并计算足够多人口的平均值，那么骑行要比驾车（除骑自行车外的驾驶）安全 10 倍，因为骑行带来的健康收益要高于它的风险。

德・哈脱格（De Hartog）等人估计，每天进行 4.3 ～ 9.3 英里（7.5 ～ 15 公里）的骑行锻炼[9]能够延长 90 ～ 420 天的寿命，而发生事故的风险只会减掉 5 ～ 9 天的寿命，吸入汽车交通日益增长的空气污染的风险也只会扣掉 0.8 ～ 40 天的寿命。[10]

总而言之，他们估计的最佳情况为，适度的骑车通勤（骑行 3 英里）所带来的好处是其风险的 9 倍。[11]骑行相对来说伤害他人的风险也小一些，不过这是个单独的影响。

这个结论也被一些其他的研究证实。举个例子，一方面，罗嘉 – 罗达等人研究了巴塞罗那的自行车共享计划，他们估计骑行的收益是其风险（全因死亡率 in all-cause mortality）的 10 倍以上；[12]另一方面，我也找不出任何一个经过同行评审的研究做出过开车比骑车更安全的结论。

就我看来，这是一个革命性的信息。它让我从一个全新的角度思考骑车和开车。这些研究同时也证明了人类的一种危险倾向，那就是忽视潜移默化的风险，如心脏病（或全球变暖），而过多地关注低概率却有高即时性的风险。

最后，通过明智的骑自行车，可以大幅增加这些对你有利的可能性：保持清醒，[13] 遵循道路规则，[14] 避免危险情况，[15] 戴头盔，[16] 晚上使用灯。[17]

为什么在欧洲会有更多人骑行?

之前，当我还乘坐商务客机进行旅行的时候，曾到德国的汉诺威拜访一位天体物理学的同事。而从洛杉矶到达汉诺威时，当地的自行车交通立刻给我留下了深刻印象。

汉诺威的城市街道上拥有单独隔离出来的自行车道。自行车从一开始就与汽车和行人一样是道路系统的组成部分，并不是之后才加进去的。汉诺威周边的乡村还建有自行车路网，[18] 这些道路沿着河流和湖泊将一个个小镇串联起来。

汉诺威的居民也将这些自行车基础设施利用得很好。学生、商人、母亲和她们的孩子及老年人都一起在单独的自行车道上骑行。一位朋友借给了我一辆他妈妈的旧自行车，于是我到任何地方都是骑车去，包括到附近的扎尔施泰德去参观引力波探测器。

相反，在洛杉矶进行城市规划时很少会把自行车考虑进去。自行车基础设施往往只有提示汽车驾驶员“注意共享道路”的路牌，而且街上也几乎看不到自行车。在帕萨迪纳（Pasadena）市中心，我可能骑几英里只能遇到2辆自行车。2014年的一个周日，我在从鹰岩返回阿尔塔迪纳的7英里路程中数了一下沿途的汽车和自行车数量。我一共遇到了800多辆汽车，[19] 却只见到了1辆自行车。

在美国，只有0.6%的人使用自行车通勤，[20] 而这一数字在荷兰却能达到25%。[21] 所以荷兰人平均的骑车频率是美国人的40多倍。2005—2007年，阿姆斯特丹市民骑车的频率要高于开车。[22] 是什么原因造成了欧洲和美国的显著差异呢？作为一名在快乐骑行时会思考这类问题的骑车人，我会给出3个相互关联的原因。

第一个原因是“思维模式”。当一个国家安定时，空间是需要征服的，而土地则是要不断扩张的。这种对于空间的历史对抗性认知，以及在 20 世纪中叶涌现的对于便利的盲目追求，使得国民对于汽车愈加推崇。美国人把汽车视为速度、地位、权力和自由的象征。通常我们想到自行车时，会把它当作一种休闲娱乐的玩具，而不是正经的交通工具。我们无法想象一个没有被汽车占领的世界。

第二个原因是“城市的盲目扩张”——这也是上述思维模式的现实表现。美国的城市和郊区比欧洲更加分散，这是因为美国有很多大型停车场，居住区和商业区的融合度也不高。而欧洲的城市建于汽车出现之前，它们的紧密设计使得骑自行车非常方便。在欧洲，你到达目的地的距离会更近。

第三个原因则是美国“缺少自行车基础设施”——这是汽车文化占主导所带来的一个自然而然的副作用。[23] 不同于在欧洲，在美国的骑行者需要面对复杂的交叉路口、不友好且让人心烦意乱的汽车交通，要在呼啸而过的车流旁狭窄的自行车道上骑行；且在关注这一系列情况的同时，还要小心不撞上停在路边的车辆突然打开的车门。正是因为缺少基础设施，在美国骑行被认为是一件危险的行为。而在欧洲，单独的自行车道将居住区与商店、学校和工作地连接起来，既增加了实际的安全性，又让人从心理上感到安全，即使是胆小或年长的人都敢于骑行。

有证据显示，如果自行车基础设施的覆盖率得到改善，就会有更多的人选择骑车出行，而这又会使自行车基础设施和骑行者的数量进一步上升。这种促进作用会改变现有文化，使骑行成为一种普通且安全的行为，从而又让更多的人开始骑车。

此外还存在一种“人多保险”效应，就是说街上的自行车越多，汽车驾驶员就越会提高对自行车的注意。一个社区中的骑行者数量每增加一倍，他们因汽车受伤的风险就会下降超过 30%。[24] 这不仅在实际上提高了骑行的安全性，还增加了人们对于骑行的心理安全预期。骑行会促进更多的骑行。长此以往，一种骑行文化甚至可以扭转城市无序扩张的现象，因为骑行者倾向于支持那些发展当地商业、建设紧凑多功能型社区的政策。

骑车与开车对气候的影响

当然，自行车另一个主要优势在于它释放的 CO_2 要比汽车少。然而，可能出乎你意料的是，自行车并不一定是零排放。

我们来比较一下骑车和开车行驶 1 英里的影响。一辆普通的汽车每加仑（per gallon）油可以行使 25 英里（mile）——25 mpg，每行驶 1 英里消耗的汽油会排放出 0.5 千克的 CO_2。[25] 而制造汽车也需要消耗化石燃料；一辆普通汽车对气候影响一般在 9 ~ 20 吨 CO_2 当量（CO_2e）。[26] 一辆汽车通常行驶 15 万英里，因此碳排放量额外增加 0.1 千克 CO_2 当量。因此，一辆普通汽车行驶 1 英里共需要排放的总量为 0.6 千克 CO_2 当量。

再来看看自行车的表现。以高于静息心率的强度骑行 1 英里会燃烧掉 50 千卡的能量。[27] 生产一名普通素食主义者 [28] 一年的食物将产生 1.5 吨的 CO_2 当量（见第 9 章），也就是说每 50 千卡的能量会导致排放 0.1 千克的 CO_2 当量（一名素食主义者骑行 1 英里）。一名普通肉食主义者的排放量是素食主义者的 2 倍；而一名资深的有机菜农或免费素食主义者 [1] 则可能让这种排放降为零。总的来说，一辆自行车的实际排放量仅为 1 英里 0.004 千克 CO_2。[29]

因此，一辆 25 mpg 的汽车行驶 1 英里的排放量是一名素食主义骑行者的 6 倍。这种比较适用于穿越国家的长途旅行，然而大多数情况下我们进行的都是城镇内的短途旅行。当我骑车的时候，我更愿意把长短途旅行结合起来，并选择离我较近的目的地，如当地的零售店。在这种情况下，我为达到同样的目的驾车的次数是骑车的 4 倍左右。以此来计算，一辆汽车的排放量是一名素食主义骑行者的 20 倍、一名肉食主义骑行者的 10 倍、一名免费素食主义 [30] 骑行者的 500 倍。[2]

虽然自行车对气候的影响比汽车小，但它并不是没有影响。或者准确来

---

[1] 免费素食主义者（freegan），反对资本主义和消费主义的人，他们不主张购买消费品，试图通过回收利用废品生存。——《柯林斯英汉双解大词典》，译者注。

[2] 短途旅行时，行驶 1 英里时 CO_2 排放量为 0.5 千克；骑行 1 公里时，一名素食主义骑行者、一名肉食主义骑行者、一名免费素食主义骑行者的 CO_2 排放量分别为 0.1 千克、0.2 千克、0.004 千克。

说，我们的存在对气候有影响，因为生产出我们为维持生命所需的食物也会造成气候影响；而骑行能让我们能生存得更久。骑车比开车更加贴近生物圈，因为生物圈造就了我们的身体，给我们带来了很大的乐趣，但其实骑行与生物圈的贴近程度最多能与食物相当。

可能让你感到吃惊的是，4 位肉食主义者在远途旅行中共用一辆混合动力汽车的排放量会比他们骑车更少。但这并不是说明“汽车没那么糟”，而是“我们的食物体系是多么糟糕啊！”

莎伦的观点

莎伦每周骑行 40 ～ 50 英里，基本上都是用于往返加州大学尔湾校区的自行车加火车的通勤过程。我询问过她作为女性对于在城市道路上使用自行车通勤的看法。

“作为一名每天需要通勤上下班的女性，我需要携带额外的装备，还要做好头发被吹乱的准备。

“我需要扛着自行车上下火车站的台阶，因为那里的电梯一般都很慢而且很挤。在火车上很难找到位置，特别是在高峰期。有些人的脾气会很暴躁，但也有些人会乐于助人。

“当骑上自行车的时候，我会觉得把自己置于了危险之中。在骑到某一段路的时候，我会提醒自己‘这是个危险区域’。我需要穿越几条从高速公路出来的汽车道，才能到达远处的自行车道。我们需要真正的自行车基础设施，而不是简单的几个路标。

“人们不想骑车就是因为我们所有的基础设施都是为方便汽车行驶设计的。骑行就是一场登山作战。驾车很简单，而骑车则需要计划，甚至需要一些秘密诀窍。

“尽管如此，我还是喜欢骑行。因为它既有趣又健康，还比骑摩托车更能让我感受到自己是这个世俗世界的一员。不用开车的方式从阿尔塔迪纳到尔湾校区是件让人开心的事。”

如果你还没有开始骑行，我强烈建议你立刻放下本书，进行一次短途骑行。如果你还没有自行车，那就去找朋友借一辆，或是在当地的自行车商店进行一次试骑。我相信这肯定会给你带来快乐。大家一起来骑行吧！

骑行诀窍

- 我的自行车架上面安装了车筐和牛奶箱（用 U 型栓和绳子固定）。我骑车的时候一般不背双肩包。
- 我会在车筐中带上一个备用内胎、一把胎撬和一个小打气筒。如果哪天你出于任何原因没带全你的轮胎修理工具，可能你就要花半个小时走 5 英里路去换轮胎了。
- 由于洛杉矶的自行车基础设施捉襟见肘，我在骑行时极其注意自身的安全。我给自己留出安全空间的同时，会一直关注交通状况的改变。当我需要左转的时候，我会像汽车一样单独走一条道。
- 注意路上的狗。有一次，一只没有拴着的狗突然蹿到了我的车轮前，我一下子就摔倒了，所有这一切都发生在一瞬间。幸运的是，我只是臀部被摔出了严重的瘀青。
- 我到今天为止受过最严重的一次伤就是在骑车的时候。我十几岁时，有一次在一条很暗的街上骑车，既没有开灯也没有特别注意，结果就撞上了停在路边的汽车。医生重整了我的鼻子，我还在医院花了几天时间养伤。骑车虽然比开车安全，但也不是毫无风险的。
- 智慧骑行，将风险降到最低。这就是说，至少要了解哪些交通状况是危险的，并尽量避而远之。请在 bicyclesafe.com [31] 这个网站好好学习一下——在这里花上几分钟是非常值得的。
- 如果你需要电子辅助设备来帮助你爬坡，你可以买一套使用链轮齿带动车链的装备。
- 我尊重交通法规，它对于倡导骑行是有好处的。只有一条规矩我不会遵守：我不会在每一个停止指示牌前都停下。“停止标志视为让路标志”成为爱达荷州特有的一条法律是有其原因的：它让骑行变得更加安全和便捷，还能提高整体的交通流量。[32]
- 小建议：当你遇到红灯时，把你的自行车停在镶嵌在路面的感应线圈之上，这样可以改变信号灯。
- 不要拖延自行车维护。车子处于最佳的使用状态时才是最棒的。
- 如果骑行给你带来了快乐，那就带着微笑并挥挥手吧。

第 9 章　离开化石燃料

哪怕算上住旅馆的时间，我在飞机上度过的夜晚也比在床上多。

——汤姆·史塔克（TOM STUKER），第一位在一年中飞行 100 万英里的旅客

通过在日常生活中做出的改变，我到目前为止的排放量已经减少到了原来的1/10。之前，我的温室气体排放量通常会略高于美国人的平均值。而现在，我的排放量则低于人类的平均值（图 9.1）。然而，我的排放量仍然近乎孟加拉人平均排放量的 2 倍[1]，而且肯定高于一个野生的非人类地球生物的排

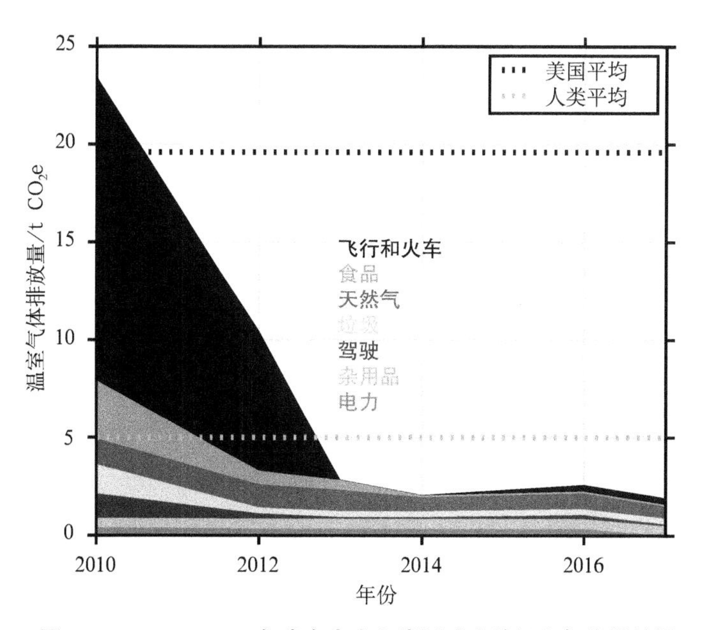

图 9.1　2010—2014 年我个人在七类活动中的温室气体排放量

注：七类活动的顺序按照图例所示垂直排列，水平的两条点状直线分别代表美国和人类的平均排放量。飞行的排放量估计值只包括 CO_2 排放，不包括飞机云、卷云和氮氧化物的影响。

放量。

虽然并不彻底，但在这种减排力度之下，我和家人在郊区的正常生活也可以正常维持。这说明我们很多人都可以做到相同程度的减排。而且随着越来越多的人开始进行减排，以及越来越多的化石燃料全方位替代品的出现，离开化石燃料的生活将会越发容易。

为了实现我的减排，首先我要了解我对气候造成影响的源头在哪儿。基础的量化数据能够让我先找出最大的排放来源。图 9.2 展示了我在 2010 年的温室气体排放的估算量。空中旅行在所有排放来源中居首位，但我却完全没有意识到这一点！简单的量化打破了我的先入之见，显示出我之前是多么无知。

量化让我对日常行为有了一个清晰的认识，而这正是进行改变的必要条件。渐渐地，我开始有意识地注意我在每个时刻都在做什么，以及我的这些行为是如何影响他人的。日常生活就是一系列的选择，而在美国，很多选择都会导致化石燃料的使用。找到替代品则需要一定的创造性。对我来说，这就像一种乐趣或参与一种游戏。

图 9.2 同样展示了我在 2012 年和 2014 年的排放量。我在减少飞行次数的同时，也减少了食品、垃圾和驾车的排放。我成了一个素食主义者，开始自己种食物，还从废弃物中获得了不少食物（免费素食主义）。我开始大量制造堆肥，骑行成了我的首选交通方式。

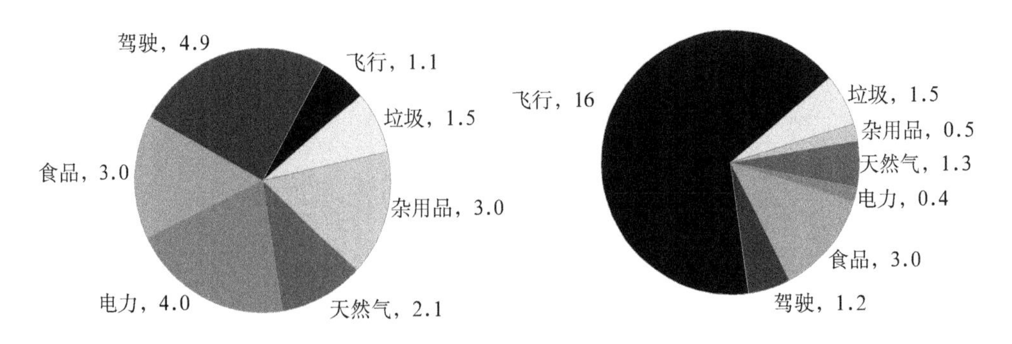

a. 2010 年美国人均排放情况：20 吨 CO_2 当量　　b. 2010 年的排放量：23 吨 CO_2 当量

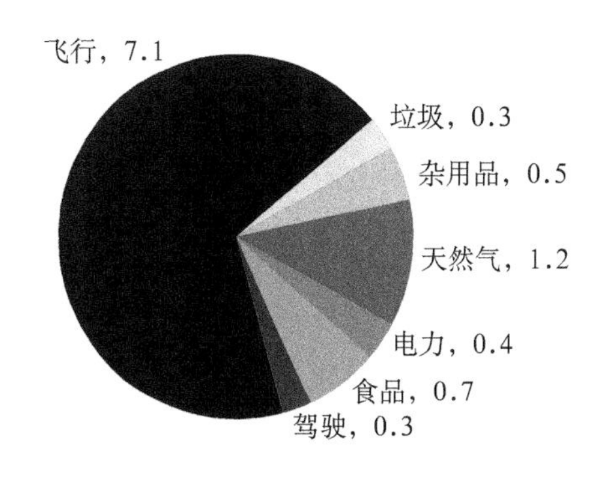

c. 2012 年本人的排放量：10 吨 CO_2 当量

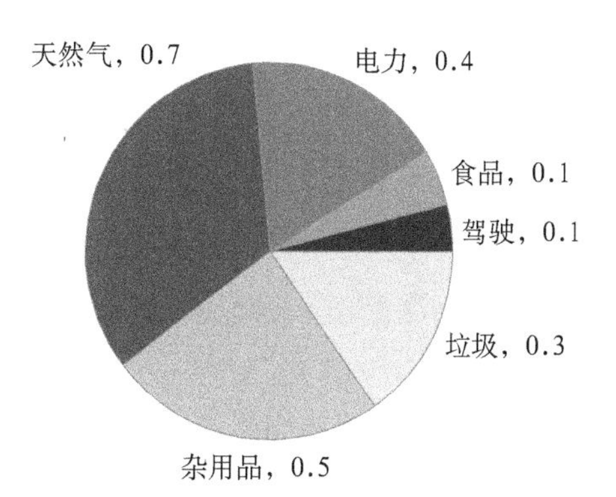

d. 2014 年本人的排放量：2.1 吨 CO_2 当量

图 9.2　在七类活动中的美国人均排放量及我在 2010 年、2012 年和 2014 年的排放量

注：与图 9.1 相同，飞行的估算值不包括非 CO_2 影响。

我为什么开始减排?

一些人认为个人减排没有任何意义。他们自己不减少排放，却假设个人减排不会造成任何影响，进而美化自己的不作为。他们还假设这需要大量的牺牲。然而就我的经验看，所有的这些假设都不成立。

可能令人惊讶的是，我进行减排的目的并不是为了让我的排放不进入大气。一个人的减排对于全人类的温室气体排放量来说只是杯水车薪。如果我的主要动机是直接减少全球排放量的话，那我就会感到非常沮丧，就像一个人要去拯救全世界一样。所以对我来说，进行减排是为了 3 个更好的理由。

第一，我享受远离化石燃料的生活。我热爱骑行，热爱种植，热爱在家中陪伴家人而不是到外面开会。减少化石燃料的使用意味着加强与土地、食品、亲朋和社区的联系。就算有一天通过一种魔咒能让全球变暖突然全部消失，我仍然会选择远离化石燃料的生活方式。[2]

第二，通过远离化石燃料，我做到了知行合一。在明知其危害的状况下使用化石燃料会造成认知失调，进而产生内疚、痛苦和沮丧的情绪。还有人可能会以一种玩世不恭的态度对待这种认知失调，或者否认化石燃料的危害。但我发现更好的选择其实就是做到知行合一。

第三，我相信个人减排确实能够间接改变文化。我曾与别人针对我的这些改变进行过不计其数的讨论，也曾见过我周围的很多人开始在他们的生活中进行类似的改变。通过改变自己，我们可以让他人预见到自己进行改变的结果。我们会逐渐改变文化标准。

我所讲述的故事核心在于，没有化石燃料生活会更加美好。我用亲身经历证明了这句话的正确性，如果别人也能用自身经历证明这一点，那么这句话就会引起一种强大的、具有转变力量的共鸣。

当然，我们没有任何理由去限制个人的活动。但我发现我们为个人所进行的活动和为集体进行的活动可以相互促进，所以为什么不一举两得呢？

进行估算

> *你无法想象，人们会用多长时间去相信一个池塘是无底的，而不是花点力气去测量它。*
>
> ——亨利·大卫·梭罗（HENRY DAVID THOREAU），《瓦尔登湖》

这一部分介绍了我自己进行估算时的具体方法，以及你在计算自身情况时所需要的工具。但首先有一些共同的注意事项。

你的排放情况不会与我的一样

美国的人均排放情况（图 9.2）与我在 2010 年的情况截然不同。你的排放情况可能也是独一无二的。你与我的生活不一样，所以在采取有意义的行动之前，你一定要清楚自己的个人习惯。

一些行动会比其他的更有用

当今时代，对于如何“拯救这个星球”会有大量的建议，但却几乎没有针对这些建议进行有效性的说明。这些缺乏区分度的建议造成了“漂绿”（greenwash）现象（如机场进行的“走向绿色”活动）。而缺乏量化数据也让我在深切关注全球变暖的同时竟然忽视了飞行的影响。

并不是所有人的排放情况都像我一样是飞行占据首位。很多美国公民从来不乘飞机，所以全国在飞行上的平均排放量是很低的。一些人的排放情况与平均情况很接近，他们的主要排放来源是驾驶、新鲜玩意儿、电力和食品，这些人进行减排的方式则应该是骑行、在工作地附近居住、少买东西、使用可再生电力及少吃肉。

我在图 9.3 中展示了我采取的主要行动的估计减排效果。我的 5 个最有效的措施包括不坐飞机、素食主义、骑行、免费素食主义及堆肥。有一点非常重要，那就是不是所有行动都有相同的减排效果，我在表 9.1 中也列出了相关估算结果。

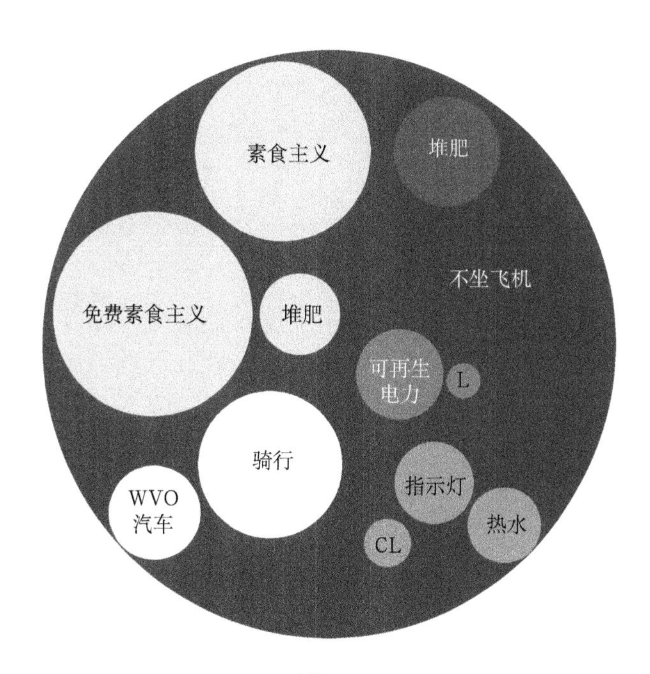

图 9.3

注：我不同行动的减排效果以圆圈面积的形式体现。不坐飞机的效果是全包的黑色圆圈。L 代表随手关灯；CL 代表改用晾衣绳。

表 9.1　一些我在日常生活中做出的改变所带来的减排量

行动	年减排量 / kg CO_2e
不坐飞机	16500
免费素食主义	2000
素食主义	1500
骑行	1000
堆肥	700
使用废植物油驾驶	400
种植食品	300
减少指示灯	300
可再生电力	300
太阳能热水	200
人类排泄物回收	150
使用晾衣绳	100
随手关灯	50

注意，你通过这些改变所获得的减排潜力是根据你的自身情况而定的：如果你本来就很少乘飞机，那通过不坐飞机就不可能实现 16.5 吨 CO_2 当量的减排！同样，你通过使用可再生电力和太阳能热水所实现的减排也可能会远远超过我的减排量。

物理学蝙蝠永存

我们的困境是由很多相互关联的流程、系统和思维模式构成的，这些问题甚至比全球变暖本身更严重。造成这种困境的原因，很大程度上是由于我们对自我意识的隔离和放大（下意识地按照自己的欲望和厌恶行事）。因此，我们所做出的任何反抗这种不良心理习惯及为构建一个更加美好的世界所采取的行为，都会在一定程度上起到作用。[3] 例如，当我们在某一时刻想说一些消极的话时，及时制止住自己，这就是一种很好的行为。帮助他人不求回报同样也属于这类行为。

然而，即使我们有很多种方式做出善行，人类亟须停止使用化石燃料这一事实却不会改变。光子与大气层的相互作用并不会因为我们的善行而停止，它们只会对我们的温室气体排放做出反应。因此，解决我们困境的正确方法必须包含以减排为目的的行动。如果有足够多的个体通过采取这些具体有针对性的行动来改变现有的文化，那么当今时代这种引导大众在日常生活中盲目使用大量化石燃料的系统和体系就能被改变。而我们每个人作为一个个体能够采取的最有效的行动，就是从根本上减少我们自己的化石燃料使用。这种行为甚至让我对于集体行动的倡导变得更加洪亮和有力。

如何计算

我们用于衡量气候影响的单位是千克 CO_2 当量或吨 CO_2 当量（kg CO_2e 或 t CO_2e）。正如在第 3 章讨论过的那样，其他因素造成的气候影响（如甲烷）都会被转化成 CO_2 当量（将温室效应换算成等量的 CO_2 当量），以便进行同一基准的比较。

表 9.2 给出了我们的日常行为转化成 CO_2 当量的转化因数。[4]（将在后文解释我是如何得出这些因数的。）这些估算值包括了“上游”排放量，所谓上游排放量是指为获取和处理燃料所造成的排放，这会在使用最终燃料产品的排放基础上再增加约 20% [5] 的额外排放。注意，当我们越来越倾向于使用能源密集型生产方式时，如水力压裂法、深海离岸钻井、焦油砂提取等，上游排放量将会不断增加。

表 9.2　气候影响转化因数

	单位	kg CO_2e	kg CO_2
飞机（经济舱）	每人每年	0.8	0.3
飞机（头等舱）	每人每年	1.5	0.6
汽车（25mpg，无乘客）	英里	0.452	0.452
美铁火车（普通席）	每人每年	0.14	0.14

续表

	单位	kg CO_2e	kg CO_2
巴士（长途）	每人每年	0.065	0.065
汽油	加仑	11.3	11.3
柴油 / 燃油	加仑	12.1	12.1
天然气	千卡	13	6.1
食品（美国平均）	每人每年	3000	
食品（素食主义者）	每人每年	1500	
食品（严格素食主义者）	每人每年	1000	
城市污水	每人每年	150	
城市垃圾	每人每年	1300	
电力（美国）	千瓦时	0.9	
新东西	美元	0.5	

注：我出于好奇也列出了单独的 CO_2 排放；为了能够量化你的排放，建议你使用 CO_2 当量的数值。

航空旅行

一个普通人给地球“加热”的最快方式就是乘坐商务客机。飞机的 CO_2 排放、NO_x 排放[6]、形成的尾迹和卷云都会造成全球变暖（图 9.4）。飞机尾迹和卷云之类的高冰云会让太阳光穿过，但却会阻拦地表热辐射的释放，从而使地球升温。

若仅看飞机的平均 CO_2 排放对全球变暖的贡献是每位乘客每英里 0.3 千克 CO_2[7]——这是经济舱的数值；头等舱和商务舱的乘客则会造成双倍的排放，因为他们在飞机上占用的空间是经济舱的两倍以上。[8] 另外，非 CO_2 影响因素则会让飞机对全球变暖的潜在影响翻 2 ～ 3 倍。[9] 但与 CO_2 不同，这些影响因素都是短期的：如果某天飞机突然停止飞行，它们在几天之内就会消失。

乘飞机飞行是一种特权行为。全球只有约 5% 的人曾经坐过飞机。[10] 美

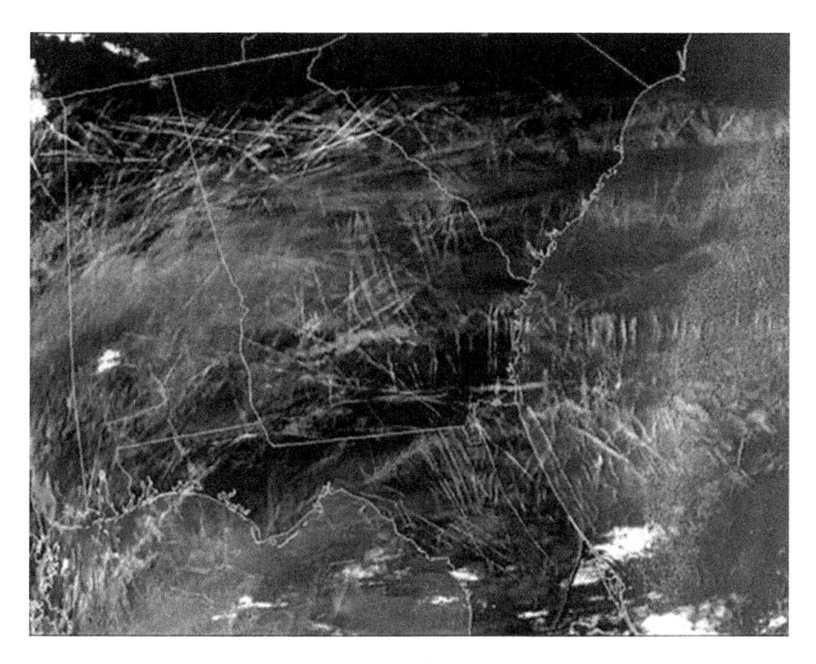

图 9.4　2004 年 10 月 3 日美国东南部上空飞机尾迹

注：飞机尾迹和卷云之类的高冰云是太阳辐射（短波）最易穿过的介质，但却最难释放热辐射（长波），因此会造成气候变暖。

国人每年通过飞行平均排放出约 1000 千克的 CO_2，[11-12] 几乎相当于从洛杉矶到芝加哥的一次 4000 英里的往返路程。然而，我在 2010 年飞行了 50000 英里，包括 2 次跨大西洋和 6 次国内旅程。我在这一年的飞行导致了 16 吨的 CO_2 排放。

学者们经常需要飞到不同大学和会议上来介绍自己的研究，这有助于得到工作和资金支持。我的很多朋友和同事每年飞行超过 100000 英里；气候学家的飞行里程与天体物理学家（及其他学者）甚至一样多。而大家却都不愿意举办电话会议。

尽管如此，乘坐商务客机飞行越来越让我感觉不舒服。[13] 我逐渐减少了航空旅行的次数，因为我觉得它给我的职业生涯带来的好处不足以弥补其消极影响。[14] 谁会为我一次飞行的真正成本买单呢？我认为我不能理所当然地将我的职业摆在生物圈前面。我想象我的孩子有一天会质问我："爸爸，你怎么可以明知飞行的影响，还坐着飞机全世界飞，就为了花 20 分钟介绍自己研究的新进展呢？”他们这么问是非常有道理的。

现在，相比于快速旅行，我更喜欢慢速的、充满冒险的旅行。在不经常乘坐飞机之后，我加深了与当地社区的联系，这让我感到非常满足。我一点都不怀念乘坐飞机的日子：旅馆、想家、机场线路、时差及我在飞机上经常患的感冒都不会给我留下好印象。（确实，现代航空旅行是让地区病症成为全球流行病的理想方式。）

我决定在前文的图 9.1 和图 9.2 中只把长期 CO_2 排放部分列入飞机的影响，这会使其看上去比它的真实影响要好得多。但无论如何，我不可避免地会得出一个基本结论：要想减排我就必须减少飞行次数。

汽车旅行

我最大的气候影响来源是飞行，但普通美国人的最大来源则是驾车。在美国，一个普通人每年通过驾车会排放出约 5000 千克的 CO_2。[15] 任何一个城市的 CO_2 排放地图看起来都像这座城市的高速路线图（或按莎伦的叫法就是“汽油死亡之路”[16]）。

这里我们仅仅考虑了燃料的影响——燃烧 1 加仑的汽油将释放 11.3 千克的 CO_2，燃烧 1 加仑的柴油将释放 12.1 千克 CO_2，[17] 但请不要忘记，驾车同样需要道路、桥梁、停车场及轿车或卡车本身，制造其中任何一个都会排放 CO_2。

2010 年，我和莎伦使用了 330 加仑的汽油，驾驶一辆 45mpg（1 加仑油可以行驶 45 英里）的汽油车行驶了 15 000 英里。据我估计，我需要负责其中 1/3 的排放（1200 千克 CO_2），剩下的都由莎伦和我们的儿子们负责。

从 2011 年起，我大部分时间开的都是“梅比”（Maeby）—— 一辆 1984 年的奔驰柴油车，使用废植物油（waste vegetable oil，WVO）。燃烧植物油不会增加大气中的 CO_2 净含量，因为植物会从大气中捕捉 CO_2 来生成植物油。燃烧这种油只会将同样数量的 CO_2 再返回到大气中，并不会增加其净含量。[18]

梅比能够很好地拖拉笨重庞大的物品，还能进行长途旅行。但是，对于 10 英里以内的路程我更愿意骑车完成。虽然在我打开仪表盘上的开关，将梅比从柴油转换成植物油模式时仍然会非常兴奋，但骑行还是让我觉得更有意思，这就很能说明问题了。

梅比在转换到 WVO 模式前需要一杯柴油来过渡。2012 年，我个人在梅比上使用了 13 加仑的柴油（我记录了 3 个月，然后把总数乘以 4）。除此之外，我还在其他车上使用了 10 加仑的汽油，总共排放了 300 千克 CO_2。而到了 2013 年，我只用了 3 加仑柴油和 2 加仑汽油，总排放量为 50 千克 CO_2。减排的实现归功于多骑车、少开车的做法。

从化石燃料转成 WVO 每年能够降低 400 千克 CO_2 排放。而在自行车成了我的首选交通工具后，我每年可以减排 1000 千克 CO_2。[19]

甲烷，也称为“天然气”

天然气经常被吹捧为一种过渡燃料、一种从化石燃料过渡到可再生能源的清洁燃料。这是因为若以能源当量为基础，天然气的 CO_2 排放量仅仅是煤炭的一半。

然而，天然气在其生命周期的任何一个阶段都会有部分溢漏到空气中，而它是比 CO_2 更厉害的一种温室气体。当天然气从气井、管道、处理厂及我们街道下方有 100 年历史的铸铁管道中泄漏时，[20] 会对全球变暖产生十分强大的加剧作用。

> 这种从页岩矿中采集的气体不是通往未来可再生能源的“桥梁”——它只是一个跳板。
>
> ——安东尼·英格拉菲（ANTHOVY INLTRAFFEA），压裂工程师

天然气经过精炼会变成 100% 的纯甲烷气，[21] 其全球变暖潜能（GWP）在 20 年间和 100 年间分别是 CO_2 的 105 倍和 33 倍。[22] 这里，我会用 20 年和 100 年观察期限的平均值，将 1 千克甲烷等价于 65 千克 CO_2 当量的 GWP。[23]

当 GWP 为 65 时，超过 4% 的甲烷溢露就会使天然气成为比煤炭更恶劣的气候变暖元凶。[24] 郝沃斯（Howarth）等人在 2011 年的一项研究中估算出使用水力压裂法生产天然气会造成 3.6% ～ 7.9% 的气体溢漏，使用传统生产方式会溢漏 1.7% ～ 6%。[25] 后来在犹他州的尤因塔县进行的机载测量测算

出生产时的溢漏可达到 6.2% ~ 11.7%。[26] 正是因为这种溢漏，以天然气为基础的能源系统对气候的影响可能还要大于以煤炭为基础的能源系统。

当前，美国的能源利用和市政设施正在加快向天然气的转型，因为他们错误地认为这是一种“绿色化石燃料”。就全球变暖而言，这种认识是错误的。

针对天然气钻井作业的监督检查和对主要基础设施的检修能够减少一部分泄漏。但是如果想让这种检修有意义的话，就必须包括我们街道下方的老旧管道，这就会使检修成本变得极高：如果将美国的天然气管道首尾相接，其长度足够从地球往返月球 3 次。[27] 所以也许更明智的做法是尽快抛弃天然气和天然气设备，把它们替换为无碳的电力设施。

燃烧 1 千卡的天然气将会释放出 5.3 千克的 CO_2，如果加上上游排放的 CO_2 则是 6.1 千克。因为在美国使用的天然气一半都是通过水力压裂法生产的，所以我们可以使用郝沃斯等人给出区间的平均值（5% 的甲烷泄漏）来表示泄漏的量。所以每千卡的天然气还要再加上 6.5 千克 CO_2 当量的甲烷泄漏，[28] 使得总排放量达到每千卡 13 千克 CO_2 当量。美国人通过家用天然气平均每年排放 2000 千克 CO_2 当量。[29]

在 2008 年刚搬进我们的房子时，我家一共有 5 盏指示灯，每年会造成 1600 千克 CO_2 当量的巨额排放。在如今这个全球变暖的时代我们不应该再使用指示灯了！减少两盏火炉指示灯可以降低 600 千克 CO_2 当量，关掉其他指示灯（烤箱、加热器、热水器）可以再降低 300 千克 CO_2 当量。

2012 年，我们使用了 372 千卡的天然气（4400 千克 CO_2 当量）用于暖气、做饭、热水和烘干衣物。后来我们改用晾衣绳，从而减少了 550 千克的家庭 CO_2 当量排放。

2016 年，我家的旧燃气热水器坏了，我决定去换一个太阳能热水器，它可以每年减少 800 千克 CO_2 当量的家庭排放（大部分家庭都可以实现大幅减排[30]），只是价格比较昂贵，需要 4000 美元。[31] 我可以继续沿着这个思路，花 5000 美元将我家的老燃气加热器换成电力热泵，再花 2000 美元将煤气灶和烤箱换成电磁炉和光波烤箱。

要使用这些电器就需要升级我家老式的电线和设施，我预计这将花费 7000 多美元。所以一共花费 18000 美元，就可以每年减少 2500 千克 CO_2 当量的天然气排放。生产这些新设备的排放一共约为 12000 千克 CO_2 当量（见后文，我发现热水器还有折扣），如果使用可再生电力的话，则一共需要 5 年时间来让这些排放回本——这不算很糟糕，但同样也不是很好。然而我们负担不起这么大的开销，而且从年度运行成本的角度看这也根本没有意义。

食品

我的第二大气候影响来源是食品。这同样让我十分惊讶，通过数字我才认识到这一点。

种植、处理、包装和运送食品的温室气体排放：燃料、化肥生产及土地使用方式的改变，如森林砍伐等，都会产生 CO_2；化肥的生产和应用会产生 N_2O；[32] 牲畜则会产生甲烷。近 1/3 的全球温室气体排放源于食品生产，[33] 而这些排放中的近一半（15% 的全球排放）来自牲畜，[34] 主要来源是牛。

你个人的食品生产排放自然取决于你自己的饮食习惯——你吃什么、吃多少、如何烹制食品都与之相关。生产一个典型肉食主义者、素食主义者和严格素食主义者的饮食每年分别会排放出 3000、1500 和 1000 千克 CO_2 当量。[35] 一个美国人的饮食平均每年会产生 2900 千克 CO_2 当量的排放，比肉食主义者的平均值要稍稍低一些，这是因为有 3% 的美国人是素食主义者（这其中的 1/2 是严格素食主义者）。[36]

2012 年，我为了避免伤害动物而不再吃肉，而且我个人也更偏向于素食主义。此外，这每年还可以减少我 1500 千克 CO_2 当量的排放。在之后的几年，我开始自己种植食物，把多余的食品卖给我的邻居，还回收超市丢弃的食品（免费素食主义）。这些方式成为我现在主要的食物来源。我估计仅仅免费素食主义这一项每年就能额外降低 1000 千克 CO_2 当量的食品排放。[37]

电力

你无法想象在不用水的时候大开着水龙头，我对电也有同样的感受。电是十分珍贵的。

电力的排放是由发电方式决定的。如果你使用的是 100% 纯可再生电力，那就不会有排放出现。然而，美国在发电时平均每千瓦时会释放 0.9 千

克 CO_2 当量。[38]

一个普通美国人每年的居家用电量为 4300 千瓦时，释放出 4000 千克 CO_2 当量。[39] 我们家除了没有电视和空调、平时十分注意及时关闭电源外，在其他方面的用电还是很大方的，但用电量还不到这个平均值的 1/10。我怀疑很多美国的居家用电都是被白白浪费掉的，在不做出任何实质牺牲的情况下全国的用电量可以降低一半以上。

通过屋顶的太阳能设施每家每年最多能够发出 11000 千瓦时的电量，但考虑到我们家一年只用 1200 千瓦时的电，这种方式还不够划算，对这么小的系统来说进行租赁也不现实。但在 2016 年，爱迪生公司（SCE）终于给我们提供了一个 100% 可再生的选择。这种方式每年只会给我们增加 50 美元的家庭开销，[40] 比屋顶太阳能装置要便宜得多。[41] 在应用这种方式前，我的居家排放为每年 300 千克 CO_2 当量；而在应用之后，我的排放降低为 0。我怀疑 SCE 公司是看到了日益增长的对社区供电集成选择的需求，才推出了这种产品。社区供电集成选择是一种令人兴奋的策略，它将整个地区转变成 100% 可再生电力和建筑群的集合，并提高人们对于气候的重视（见第 15 章）。

杂用品与新商品

生产日用新商品，如汽车、服装、电脑、家具等，会释放温室气体。严格估算这些排放量会非常复杂，但基于我们的目的，一个简单的经验法就足够了：每在新东西上花 1 美元，基本就代表了 0.5 千克 CO_2 当量的排放（算上生产、包装和运输）。[42]

美国人很爱新潮，平均每年会花 6000 美元左右在购买新鲜玩意儿上。[43]（值得注意的是，其中的 1/3 是花在新车上的，[44] 又是一个汽车在我们生活中占主导的体现。）因此，平均的排放量基本在 3000 千克 CO_2 当量左右。我和我妻子不太喜欢买太多东西；我们一家四口每年会花 4000 美元左右购买物品 [衣服、书、计算机硬件、美国塔吉特百货公司（Target）的商品等]。我在这些排放中所占的份额为 500 千克 CO_2 当量。

这些估算值都不包括住房。用现代工业方法建造一个不大的两居室会产生 80 吨 CO_2 当量。[45] 我们可以用耐用品的总排放除以它的使用年限得到年排放量。我们的小屋建于 1926 年，如果它能再坚持 60 年，我家的 4 个人每人每年将被分配 100 千克 CO_2 当量的房屋排放。然而，用这种简化的方式分配排放量明显是不正确的，因为它没有区分房屋是新买的还是二手的。如果要更严谨的计算这种长期耐用品的排放，则需要给最开始的几年多分配一些排放量。

垃圾

在我们把东西送到垃圾填埋场后，[46] 有机物，如食物残渣、庭院垃圾、纸和纺织品等会进行无氧分解，产生甲烷。美国的垃圾填埋场每人每年会释放 300 千克 CO_2 当量。[47] 我们不妨来做个比较：我们国家一个人垃圾的排放量就已经超过了一个孟加拉人全年的排放量。[48]

美国的污水处理厂还要额外增加每人每年 150 千克 CO_2 当量，因为你的个人排泄物和工业肉类生产的废水都会进行无氧分解，而且用于运作工业规模处理厂的电力也会产生排放。[49]

上面的分析说明了整个社会需要进行的改变：作为一个社会群体，我们永远都不应该把有机物扔到垃圾填埋场。它还强调了我们食物系统和垃圾系统的相互关系，我已经开始把二者视为一个统一的系统。例如，2/3 的食物垃圾是你在超市收银台结账前就已经产生了，所以作为一个普通人，你无法控制释放甲烷的垃圾数量，除非你能脱离工业食品体系（见第 13 章）。

尽管如此，堆肥还是一种很好的方法。如果你有一个庭院，你就可以安全地用食物残渣、庭院垃圾和人类排泄物制造堆肥（第 12 章）。这种方式可以减少一部分的垃圾排放，因为放在后院中的垃圾堆可以进行有氧分解，释放出 CO_2 而不是甲烷。人类排泄物的污水处理排放为 150 千克 CO_2 当量，把食物残渣和庭院垃圾制成堆肥的排放为 400 千克 CO_2 当量。[50]

但是，这意味着即使你尽力制造堆肥，你的填埋垃圾还是会释放 900 千克 CO_2 当量。以美国的平均情况看，这其中的 1/3 来自我前文提到过的预消费食品垃圾，1/3 来自不可回收的纸品，还有 1/3 来自纺织品。[51] 你可以重复利用几乎所有纸质垃圾。但是衣服呢？我曾尝试用破布和旧牛仔裤制造堆肥，但都不成功，因为衣服分解得太慢了。如果我们能设计出适用于家用堆肥桶的衣服，就可以找到方法不再购买新的布料，如与其他人交换穿过的衣服。

巴士、火车及交通方式比较

乘坐美铁火车的座席每位乘客每英里会释放 0.14 千克 CO_2。[52] 长途巴士（如灰狗巴士）的排放量是美铁的一半左右，即每位乘客每英里 0.07 千克 CO_2。[53]

不同交通方式的排放情况如图 9.5 所示。在相同距离下，4 个人拼一辆 50 mpg 的汽车的排放要少于火车，但火车的排放要比一个人开一辆 50 mpg 的汽车要少。4 个人乘坐飞机（经济舱）会比 4 个人拼一辆 50 mpg 的汽车多排放 5 倍的 CO_2（多排放 14 倍的短期 CO_2 当量）。但请注意一点，我们通常乘坐一次飞机的距离要比汽车、巴士或火车都要远，如乘坐美铁的平均里程只有 218 英里。[54]

火车仍然可以变得更加环保，如可以使用可再生电力运行。所以它有能力成为优于其他交通工具的选择。但是飞机已经不可能更加环保了。[55]

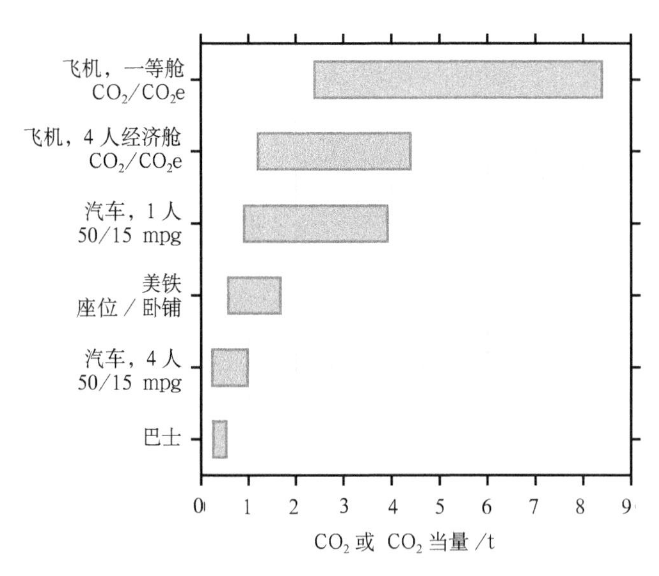

图 9.5　4000 英里路程的人均排放量

注：4000 英里相当于从洛杉矶到芝加哥的一次往返。代表飞机的横条左边表示 CO_2 的排放量，右边表示 CO_2 当量的排放量（包括短期非 CO_2 因素）；代表汽车的横条左右两边分别表示 50 mpg 和 15 mpg 汽车的排放量。

其他

我们目前已经考虑的因素有飞行、驾车、食品、家庭用电、天然气、日杂用品和垃圾，一个普通美国人在这些方面的年均总排放量为 20 吨。但除这些因素外，还有其他的排放来源，如道路、建筑、医院、非家庭用电等。如果我们知道总排放量，就能对这些其他排放有一个大致的了解。

美国环境保护局的数据显示，美国在 2013 年共排放出 77 亿吨的温室气体。[56] 将这个数字除以美国的人口数，就可以得出人均年排放量为 24 吨，比上述七大因素的总排放量多出 4 吨。说明其他因素的排放量在每人每年 4 吨左右。

低能耗生活可以省钱

改成低能耗的生活方式已经为我们家省了一大笔钱。我们在食品上的花销比过去减少了一半，购买的汽油和柴油也比过去少得多。我们每月的电费不到 20 美元，还省掉了航空旅行的费用。通过保持身体健康等方式，我们还做到了间接省钱。

相比之下，我的很多朋友进行减排的方式是购买电动车、安装屋顶太阳能板及其他昂贵的设备。虽然很多人还是买不起，但电动车已经比之前便宜多了。我还知道很多人通过使用太阳能将之前每月 100 多美元的电费降低了 30 ～ 40 美元。而且就我看来，生产这些物品自身的排放回本期真的是很短：制造一辆新电动车的排放为 7 吨 CO_2 当量，[57] 相当于燃烧 700 加仑的汽油，而平均回本期只有 1.5 年；[58] 太阳能板则需要 3 ～ 4 年来回本。[59]

购买减排商品让人们能够在不改变生活方式的情况下实现减排。这种现象的好处是让入门变得简单。但是这种起源于消费心理的减排方式可能会成为进一步行动的阻碍，因为购买者会更加习惯于去消费，而不是审视自身的行为然后去改变它们。但改变不才是我们的一个重要初衷吗？[60] 购买减排商品可能是正确的一步，但这也意味着增加更多的新东西。另外，消费改变人们思维模式的形式是渐进式的，而且对大部分人来说是难以实现的。

我选择一种不花钱的、自制的方式，是因为我喜欢改变我的生活方式，享受少花钱和脱离消费至上主义的成就感。我的低能耗生活方式的部分尝试就是为了证明，无论什么收入水平的人都可以实现减排。

飞行和对可持续性的追求

我认识的很多人都努力去过可持续的生活，他们遵循严格素食主义的食谱，使用手动榨汁机，还饲养山羊来获得肉和奶。

然而那些严格素食主义者每年要乘好几次飞机往返于美国和亚洲之间，山羊饲养人每个月都要为了她的生意坐飞机横跨一次美洲大陆。就像我们之前分析过的，这些飞行给他们为实现可持续生活的努力蒙上了一层阴影。为什么这些努力去过“绿色”生活的人还是要选择频繁飞行呢？

我认为部分原因在于极少有人会去量化他们活动的碳排放，所以根本意识不到这种飞行习惯才是碳排放的最大来源。我在自己进行估算之前也完全没有想到。

但是，我也认为很多人其实是对飞行上瘾。即使知道飞行对于气候的影响，他们仍然会继续选择飞行。山羊饲养人曾经问过我为什不再乘飞机，我告诉她因为飞行曾经是我最大的排放来源。她回答：“好吧，但是我为了工作不得不坐飞机”。严格素食主义者跟我说：“为了能够实现她充满冒险、到处旅行的人生目标”，她最多只能做到购买飞行补偿。看吧，人类就是善于为化石能源文化寻找各种借口。

估算你自己的排放量

以下就是将你的日常活动与排放量联系起来的方法：[61]

- 飞机：将你每年乘坐经济舱和头等舱飞行的里程数分别乘以 0.8 千克 CO_2 当量和 1.5 千克 CO_2 当量，将两个结果相加。（如果你想要扣除飞机云、飞机尾迹和臭氧对全球变暖的影响，就分别使用 0.3 千克 CO_2 当量和 0.6 千克 CO_2 当量这两个乘数。）
- 汽车：分别计算你驾驶不同车辆的英里数，再分别除以该车每加仑行驶的英里数（mpg），这会得出一共消耗了多少加仑的燃料。然后用汽油的加仑数乘以 11.3 千克 CO_2 当量，柴油的加仑数乘以 12.1 千克 CO_2 当量。最后再用二者之和除以平均的乘车人数量。
- 城际火车和巴士：用你每年乘坐巴士的英里数乘以 0.065 千克 CO_2 当量，每年乘坐美铁的英里数乘以 0.16 千克 CO_2 当量。

- 天然气：在你的物业账单上找出每年家用天然气的使用总量（1 千卡 = 98 立方英尺 = 2.8 立方米）。用这个数字除以家庭成员的数量，再乘以 12 千克 CO_2 当量 / 千卡。
- 食品：肉食主义者：每年 3000 千克 CO_2 当量；素食主义者：每年 1500 千克 CO_2 当量；严格素食主义者：每年 1000 千克 CO_2 当量。如果你的部分食物是从你的花园中或通过免费素食主义的方式获得的，可以适当调低这一数量。
- 电力：将你每年的家庭用电量累加（在你的物业账单上找），除以家庭成员的数量，再乘以 0.9 千克 CO_2 当量 / 千瓦时。
- 垃圾：700 千克 CO_2 当量来自食物残渣和庭院垃圾（如果你把所有食物残渣或所有庭院垃圾都制成堆肥的话就少于 200 千克 CO_2 当量，如果你 1/4 以上的食物都是通过免费素食主义的方式获得的就少于 300 千克 CO_2 当量）；150 千克 CO_2 当量来自污水（除非你将排泄物制成肥料）；300 千克 CO_2 当量来自纸质垃圾（假设你会回收纸张和硬纸板再利用，否则这一数字会更高）；300 千克 CO_2 当量来自纺织品。如果你的很多衣服都是二手的，那就适当降低纺织品的排放量。
- 新商品：估算你全年购买新商品的总花销，再乘以 0.5 千克 CO_2 当量 / 美元。

了解这几类排放的情况，并进行长期跟踪，有助于你在减排时做出明智的决定。

日常行为的气候影响

- 上学接送：大多数的美国儿童都乘坐私家车上学，只有不到 15% 的儿童会走路或骑车。[62] 一个住在学校 6 英里外的家庭为接送孩子上下学每天需要开车 24 英里，一学年 180 天就是 4300 英里。[63] 如果他们开一辆普通轿车（25 mpg）[64]，则会消耗 170 加仑的汽油，释放 1950 千克 CO_2 当量。
- 给洛杉矶的房子供暖：我家的暖气每年会消耗 100 千卡左右的天然气，来为我们 1400 平方英尺的房子供暖，占到我们每年天然气消耗量的近 1/3。
- 烘干衣物：一桶衣物会释放 3.5 千克 CO_2 当量（包括天然气和电力）。一个四口之家每星期会甩干 3 桶衣物，一年总共产生 550 千克 CO_2 当量的排放。
- 淋浴：在美国，一次淋浴平均需要 17 加仑的水。[65] 将 50 °F（10 ℃）的水加热到 107 °F（约 42 ℃）需要消耗 0.083 千卡的天然气（8300 Btu），一年就会释放 380 千克 CO_2 当量。
- 冰箱：我家的冰箱每天用 1.5 千瓦时的电（使用广泛应用的 20 美元电表进行测量），释放 1.4 千克 CO_2 当量，也就是每年 500 千克 CO_2 当量。（想象一下每天世界上有多少台冰箱释放 1.4 千克 CO_2 当量。）

- 指示灯：我家常亮的两个指示灯（烤箱和热水器）每年消耗 77 千卡天然气，释放出 970 千克 CO_2 当量！[66] 一个指示灯平均每年竟能排放 490 千克 CO_2 当量。
- 洗衣服：洗一桶衣物要用 0.2 千瓦时的电力。每周用冷水洗 3 桶衣物一年将会释放出 30 千克 CO_2 当量。如果我们想用热水洗，则需要消耗 0.15 千卡天然气来加热 30 加仑的水，[67] 一年就相当于 300 千克 CO_2 当量。加热水对气候的影响是洗衣服所用电力影响的 30 倍。
- 电脑：我用功率计测量了一台苹果 MacBook Air 笔记本电脑的能耗是 34 瓦；我每天使用笔记本电脑 8 小时，一年的耗电就是 100 千瓦时。我家无线猫的能耗是 6 瓦，每天不间断运行（一年 53 千瓦时）。如果排除脏电的影响，则电脑一年的排放是 140 千克 CO_2 当量。
- 手机充电器：当我的手机充电器接上电源时，电表读数为 0.0 瓦。充电器一年的排放在 0.4 千克 CO_2 当量以下，可能还可以小到忽略不计。我们还是去关注一下真正要紧的因素吧，如飞机飞行（图 9.6）。

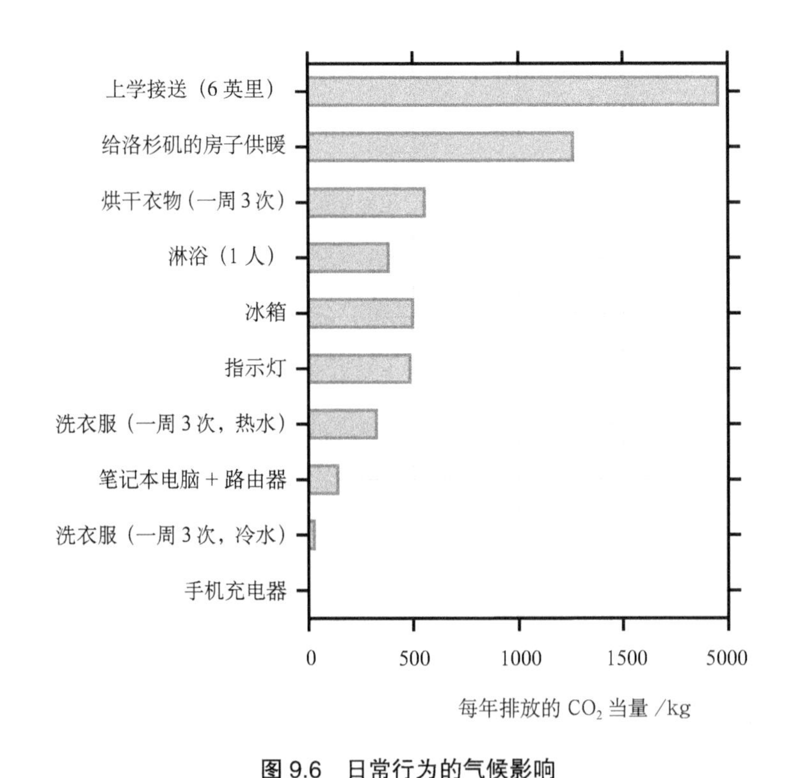

图 9.6　日常行为的气候影响

有一次，在我做完一个报告之后，一位女士非常苦恼地来找我。她告诉我虽然她十分关注全球变暖的问题，但作为一名护士她必须每年飞到非洲几次帮助当地妇女接生。她一直在拯救母亲和孩子的生命，这份工作对她来说是十分有意义的，所以她对于如何减少自己的飞行排放感到非常矛盾。

飞机无论如何都是要飞的，不对吗？

我经常会听到一些聪明人这样给他们的飞行找借口，那就是即使他们不乘坐，飞机还是要飞的，所以他们不应该对飞机的排放承担责任。这是一种谬论。起码有两种符合逻辑的方式可以反驳这一观点。

- 有一组乘客同乘一架飞机（为了简化问题，我们假设所有的座位都是经济舱座位），飞机为了飞行会产生一定量且可测量的排放。每位乘客都选择了这次航班，购买了机票，并在飞机上落座。乘客的目的和行为都相同，所以我们可以将排放平均分配给每一个人，也就是用飞机的排放除以乘客数量。
- 航空公司针对如何安排飞机时刻表有一套业务算法，我们假设机上的一名乘客完全获悉了这套算法，并安排了这次航班。有人就会说应该分配给这位乘客本次航班的大部分排放量，其他人只需要被分配飞机多运送一人所必需的排放量。然而我们并不知道这位关键的乘客是谁，所以最佳选择是使用预期值，也就是用飞机的排放量除以乘客数量。[68]

我认为解决这种情况的方法很简单，但同样也有些不太中听，那就是不要想着同时生活在两个地方。如果你在国外确实有一份非常有意义的工作，那就干脆生活在那边，可能这会给你带来超乎想象的意义。就像我的朋友潘乔·拉莫斯–斯蒂尔（Pancho Ramos-Stierle）所说的那样："如果你想服务大众，那就去和大众生活在一起，与他们同吃同住，共同欢笑和哭泣。"如果你无法让自己走出这一步，那就去服务你周围的人吧。在自行车能够到达的范围内就有很多人需要服务，你只需要转变一下思维去找到他们。我们不需要乘坐飞机去给人提供服务。

有些有名的环保领袖同样也会经常乘坐飞机。他们认为自己为解决全球变暖问题所做出的努力已经足以弥补他们的旅途排放，也许他们是对的。但我还是不禁去思考，如果他们能够以身作则，走着去进行演讲，那不就会比现在更加环保吗？

在本书中，我试着尽可能准确地呈现事实，并希望以此提高一点大众的认知。认知是进行改变的前提。在第 10 章中，我会介绍几个替代我飞行习惯的慢速交通方式。我曾经也属于对飞行上瘾的人之一，花了两年时间才改掉这个习惯。

如果你选择乘坐飞机，那就去吧。只是别假装你过着可持续的生活。

为什么说碳补偿没用？

碳补偿的思路是付给一些公司一点钱，让他们去种树，以“补偿”乘坐飞机的碳排放影响。[69] 但不幸的是，这种做法基本是没用的。

首先，碳补偿公司无论是否真的怀有善意，都无法保证他们种的树（假设他们真的种了一些）能够永远顺利成长，也无法保证地球上别的地方不会砍伐掉相同数量的树木。他们如何保证呢？他们甚至都保证不了公司在两年后还能继续开下去。

但即使碳补偿公司能够神奇地保证他们将为所种植的树木在接下来的 1000 年间提供保护，甚至能够抵抗呈指数增长的世界人口的巨大发展压力，这种模式依然是没用的。

正如在第 3 章中所提到的，1750—2011 年人类的累计排放有近 1/3 都是砍伐森林造成的，另外的 2/3 来自使用化石燃料。假如我们重新造林，使之恢复到 1750 年的水平。（这几乎不可能做到——仅仅 75 亿人每天就能破坏 90000 亩森林，[70] 更何况世界人口在 2100 年将达到 110 亿。但假设我们做到了。）

理论上，这些重新恢复的森林将会把之前砍伐森林所造成的累计排放重新吸收。[71] 但化石燃料的排放还是不变的。如果想要把这些排放消除掉，就需要再多种 3 倍的树木，而恢复到 1750 年的水平就已经是天方夜谭了。

从另一个角度看，我们栽种的树都是对我们的排放进行的补偿。假设我们已经排放了 100 个单位的碳（这些数字仅用于举例说明），然后停止排放，栽种尽可能多的树。假设这种最佳造林行为可以吸收 30 个单位的碳，那还剩下 70 个单位未被吸收。

如果我们没有立即停止排放，而是又乘坐了几次飞机并买了补偿券呢？

现在我们已经排放了 101 个单位，碳补偿公司种了一些树，但这些树的最大吸收量仍然是 30 个单位，那我们现在就有 71 个单位的碳未被吸收，而不是原来的 70 个。

如果购买碳补偿能够让化石燃料的排放永久地回归地底，我肯定会买的。但它们不能。

人们会辩称虽然碳补偿不是那么完美，但起码做的是一件好事。然而，确实如此吗？碳补偿减轻了人们的内疚感，让他们继续乘坐飞机。换句话说，碳补偿最终会增加 CO_2 排放。[72] 我们当然应该尽可能地多种树，但这不能成为继续使用化石燃料的借口。

接受我的纠结

尽管我努力去改变我的日常行为，但我仍然是工业文明中的一员。我使用道路，到超市购物，当我的孩子受伤了，我会庆幸急诊室的存在。而且我有几十年的时间比现在的排放要多得多。

尽管如此，我目前进行的低能耗生活尝试起码达到了两个效果：生活中的这些改变让我对全球变暖的影响降低到了原来的 1/10，而且这些改变给我带来了快乐。从这两个效果中，我得出了以下两个结论：

第一，如果所有人，特别是我们中的富人，能够主动努力向着低能耗生活转变，并改变当前的大众思维模式（及公共的基础设施），我们很快就能不费力地降低一半的全球排放，并就着这种势头进一步减少排放。我是一个忙碌的郊区居民，有一份高标准的工作、两个小孩和一个同样有自己工作的妻子。我都能轻易地实现如此大幅的减排，说明你也可以做到。[73] 如果我们都能一起做出改变，我相信大家肯定会为我们的集体力量所惊叹。

第二，消费少一点，排放少一点，快乐多一点。要想实现这个真理需要转变思维，且现在越来越多的人正在进行这种转变。我自己的尝试及很多其他人的尝试都传递出了一个乐观的信号：我们不用害怕以化石燃料为基础的工业文明的终结。相反，我们可以接受这种改变，并促进它早日实现。

第 10 章　慢速旅行

在水面上行走不是奇迹，在绿色的地球上行走才是真正的奇迹。

——释一行

不依靠化石燃料的旅行是可以实现的。相比乘坐飞机，我更喜欢慢速旅行，虽然这需要更多的计划和时间。慢速、低能耗的旅行给了我思考的时间，让我有机会接触我深爱的这个星球的陆地和海洋及旅途中遇到的人们。它让我更加珍惜与我要去拜访的亲朋好友相处的时光，而且在旅途中我肯定会经历一些令人愉悦的冒险。慢速旅行并不难，它只需要我们转变一下思维方式。

自行车旅行

在第 8 章中，我们已经讨论了自行车可以作为地区出行的交通工具，但它其实也适用于长途旅行。一次慢速、长途的骑行之旅与快速的航空旅行甚至汽车旅行完全不是一个概念。

我曾经花 16 天时间从丹佛骑车到了芝加哥，当时我刚刚结束在珊格里德克里斯多山脉（Sangre de Christo mountains）修建山路的暑期工作。几个月前，我从大学毕业，不知道自己应该从事什么工作。所以我决定先骑车到我父母家。

但首先我得有辆自行车。我搭了辆便车来到科罗拉多（Colorado）的斯普林斯市（Springs），但这里只有山地车。所以我又跳上一辆灰狗巴士（Greyhound）去了丹佛。我搭了两天便车光顾了不同的自行车商店，还在其中一家店后面的树林空地上睡了两晚，最终才找到了一辆完美的自行车——一辆在REI[1]半价促销的负重旅行自行车。我直到今天还在骑这辆车，它是我的老伙伴，也是个不折不扣的“怪兽”。我买了几个后挂篮、一个头盔、一个别在我眼镜上的后视镜、几个备用内胎和一个小打气筒，然后就出发了。[1]

单单讲述我这次的历险就够写一本书了，所以我在这里只简单说一说。这次旅行中最常见的情况就是骑行在两个小镇之间荒凉的双道高速路上。每当我接近一个小镇时，从几英里外就能望到平原远方的水塔。在刚开始旅行的时候，我有一天花了几个小时在镇上的图书馆阅读了所有与自行车及自行车维修相关的书籍。那天我只骑了 40 英里，而其他日子我基本都会骑 100 英里左右。

每天我都是不停地骑呀骑，直到太阳快要落山，我才开始找地方去睡觉。我会在昏暗的光线中骑下公路，选择一个方向，然后在蟋蟀的叫声中安顿下来。这只是我偶尔的选择，大多数情况下我都会感受到人们不同方式的热情好客。我想你也可以把蟋蟀中间的一个安全、舒适的地方当作它们的好客方式。

有天晚上，我敲响了一家位于小镇郊区的农户的门，想问问能不能睡在他们的牧场里，但是被主人拒绝了（这是唯一的一次）。于是我只能向小镇骑去。就在道路快要完全消失在如墨的夜色中时，前方远处亮起了一盏红色的霓虹灯。后来我发现那里是一家当地的酒吧，我就停下来点了一杯啤酒。我旁边的一对夫妇正在庆祝生日，他们对我的这次旅行十分好奇，所以我们聊了很久。后来他们允许我在他们家的沙发上过夜。那个男人是个牛仔，他平时以放牛和开运牛车为生。

第二天早上，他的妻子在他大声的命令下做了早餐。当时的气氛异常紧张，就在晨光中，我意识到无论男人还是女人都感觉到陷入那种局促不安的气氛中。我坚持清洗了餐具，刚一洗完我就向主人表达了感谢走了出去。我呼吸着自由的空气，踏上自行车上路了。

在养牛的乡村有很多苍蝇，还都是咬人的苍蝇，同时还有连绵不绝的群

---

[1] 美国户外用品连锁商店。——译者注

山。为了摆脱这些苍蝇，我必须保证以一定速度向山上骑。我会大汗淋漓地骑到山顶，再兴奋地以超过 50 mpg 的速度冲下山去，我的判断依据是偶尔经过的汽车，这些车自身都是以 60 mpg 或 70 mpg 的速度行驶。

在劳动节周末的一个周六早上，我经过一个镇子举办的县集市，与一对老夫妇聊了一会儿，他们邀请我当晚到家里过夜。他们都是空巢老人，而我让他们想起了他们的儿子。男人是一个脾气暴躁的农夫，他认为我应该去找个工作，而不是骑车穿过整个国家。他教了我如何用灌溉虹吸管将水从蓄水层抽到田里。最终我在那里住了两晚，主要是想休息一下，顺便躲开假日里酒后驾车的司机。

整个旅途我就是这么过来的：有些夜晚我会在公园里的公共水池清洗我的 T 恤和短裤，然后睡在路边一个很难被发现的地方。其他时候我会去找小镇的教区长，他们会提供给我一个空房间，或草地上一块睡觉的地方，然后我会跟着他们到聚集人的房子吃一顿晚餐。

我这次旅行的最后一天晚上是和莎伦的父母在西伊利诺伊州度过的，那离我的家乡拉格朗格只有一天的路程了。那时，莎伦正在阿尔巴尼亚做和平队的志愿者。当时我已经无可救药地爱上了她，但我们名义上还只是朋友。那是漫长的一天，我在傍晚的时候转错了弯，结果又给我本来就很长的旅途增加了 12 英里。莎伦的大哥一直对我问东问西，我坐在那里饿得不行，但还是微笑着回答了他的问题。我觉得我应该是通过了他的“测试”。

当我骑车的时候，每英里都是我“挣”来的，而且每英里都有它独自的特点。每一天都是一次冒险，我总是好奇这一天会遇见谁。我知道了我可以用我旅途中的见闻、我的乐观和开朗换得一杯啤酒、一个过夜的地方或是一顿饭。我根本不知道晚上会睡在哪儿，也没有任何截止日期给我压力。我对生活敞开怀抱，而生活也对我敞开了怀抱。

使用植物油驾驶

虽然我不爱化石燃料，但我还是喜欢柴油发动机。我喜欢它们发出的声音，喜欢它们可以靠各种奇怪的燃料运行的特点，从煤油到机油都没问题。

有一次，当我和朋友开着一辆老式大众兔子柴油车从珊格里德克里斯多山脉的徒步旅行返回时，我们的车没油了。靠着从一个附近小屋里借来的半加仑煤油，我们最终开出了森林。

几年之后，就在我刚搬到阿尔塔迪纳镇不久，我用很低的价格买了一辆 1984 年的奔驰柴油车，它已经行驶了 30 万英里。我修了几处地方，把它转变成了可以靠饭店的废植物油（WVO）行驶的汽车。

在未来，随着我认识的加深，我可能会想只拥有一辆车。我认识一些选择不买车的人，他们同样能生活得很好（虽然他们都没有孩子）。但起码对目前来说，使用 WVO 驾驶是一种不错的折中选择，让我能在工业社会过上一种全新的生活。

改造梅比

将一辆奔驰改造成靠 WVO 行驶并不复杂。实际上，鲁道夫·迪塞尔（Rudolf Diesel）一开始就是把他的发动机设计成靠矿物和植物油运行的。关键问题是 WVO 比柴油要稠，液体越黏稠，从喷嘴里喷出时的液滴越大，同时喷出的形状也就越细。在发动机中，这可能会造成不完全燃烧，并长期损害发动机。

在网络论坛中，我了解到关键的设计问题是先用柴油热车再调成 WVO 模式（双油箱系统），还是直接用 WVO 启动车子（单油箱系统）。双油箱系统是利用发动机的热量将 WVO 的黏度降到柴油的水平，而完全的单油箱系统则是把柴油喷油器换成适用于更高黏度燃料的喷油器。[2]

单油箱系统一开始更有吸引力，因为它看上去更简单，不需要用柴油预热。[3] 但我找不到任何一种可以让老奔驰依靠 WVO 行驶的喷油器。我开始意识到要想设计一个合适的单油箱系统，就需要我自己对不同的喷油器进行测试，来找到适用于冷 WVO 喷射形状和液滴大小的那一种。万一试验失败，我的发动机就毁了，那时我的低能耗实验就只能中止，而且会产生更多需要扔到垃圾填埋场的东西。因此，我还是决定使用双油箱系统。

其他方面的设计相对容易，而且执行起来也比较简单（图 10.1）。我订购了两个电磁阀、一个平板式热交换器来把热从冷却剂中转移到 WVO 中，还有一个大的卡车过滤器（由冷却剂加热，以便让油更易传送），接着我又买了一些燃油胶管、几个软管夹和一套备用燃油钢管以便在车里安装一个5加仑容量的柴油油箱。

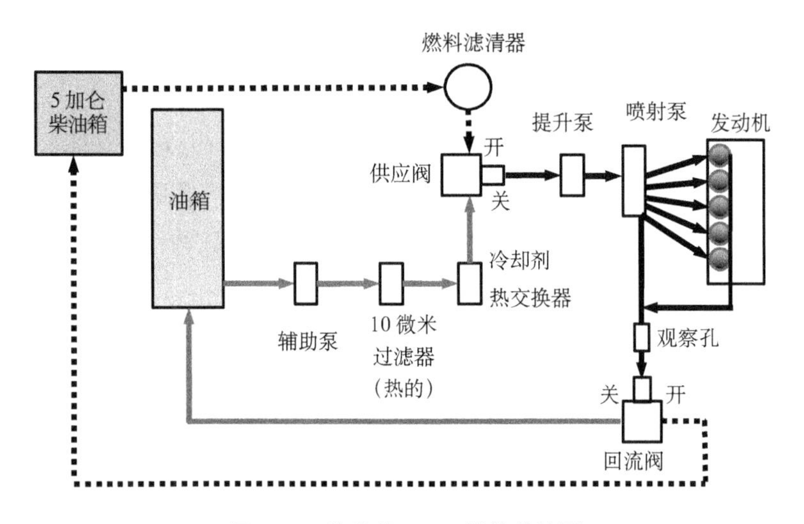

图 10.1　梅比的 WVO 转换结构图

注：灰线表示 WVO 油路，虚线表示柴油油路；黑色实线表示共同油路。

这几个燃油管是最大的挑战。为了得到它们，我必须在一个炎热的日子跑到废车场，爬到旧车壳底下躺在一堆碎玻璃上进行操作，而漏出的柴油则不断地滴在我周围——那时候我就觉得自己像疯狂麦克斯。

于是梅比[4]就这样诞生了。我享受创造它的过程。哪怕已经用 WVO 驾驶了5万英里，我在将汽车转换为 WVO 模式时仍然会感到激动。

玩火

同时，我需要找到一个废油的来源及一个过滤系统。当时，我是加州理工学院的一名物理学博士后。一位早已离开的海洋学博士后在很多年以前曾用餐厅的 WVO 做过生物柴油。[5]他扔掉的一套工具——4个55加仑的钢桶，其中两个是锥底，4个桶通过各种泵和软管相连——就堆在化学工程楼地下室机器商店的一个角落。我对制造生物柴油并不十分感兴趣，我选择把精力放在前面，对车进行改动，而不是要一直设法制造柴油并接触那些危险的化学原料。制造 WVO 燃料其实要比这简单得多：首先，你需要把它放置几天，让小的颗粒物质沉淀；其次，你需要把沉淀过的油用 10 微米过滤器进行过滤，并扔掉最下面的一层沉淀物。我在机器商店经理和餐厅经理的祝福中开始用这套老设备收集、沉淀、过滤餐厅废油。

在处理 WVO 时，很难防止油偶尔溅出或泄漏。一次，我在接一根管子的时候犯了一个错误，后来不得不想办法将地上 1 夸脱的油吸走。于是我就用商店的抹布把油擦掉，也没太在意。几天之后，不幸中的万幸，火灾警报响起来的时候我碰巧在商店里。烟从脏抹布罐里冒了出来，我用来擦油的抹布居然自燃了！我拿起灭火器把罐子喷了一遍，并抱起它冲上楼梯来到了楼外，那里正聚集着一群暴躁的教授和从实验室逃出来的学生。

经过这次事故，我意识到在加州理工学院化学工程楼的地下摆弄几桶可燃油不是个好主意。如今，我在我家的后院里过滤植物油，这样能减少点风险，同时减少点混乱。

梅比如何在一个陷入疯狂的世界中行驶？

梅比需要一系列复杂的条件来实现在道路上的缓慢行驶，它需要零件、各种溶液、燃料及道路本身。而让它在一个“疯狂麦克斯”的世界行驶有多难呢？

- 零件：洛杉矶周围有很多旧的奔驰 300 D，所以很容易就能找到可以再利用的零件，起码对于今后的 10 年左右是这样。再假设有成千上万辆空的、废弃的汽车，我们就有了足够的轮胎。但其他的零件，如过滤器、密封圈等，很快就会很难或不可能找到，这就需要有创造力的即兴发挥。
- 道路：我们现代的柏油路是十分耗油的。当油价上涨的时候，道路的成本也会上升。因为道路在疯狂麦克斯的世界中都被破坏了，后轮驱动且低底盘的梅比也就一无所用了。但因为几乎没有车辆，道路能够保留很长时间，梅比也许也能在荒凉的硬质地上正常行驶。
- 燃料：植物油来自哪里？世界上最多的油料作物是油棕榈、大豆、油菜籽和向日葵。工业化种植的这 4 种作物 1 亩地每年平均可分别产油 600 加仑、50 加仑、100 加仑、100 加仑。[6] 油棕榈需要生长在热带雨林气候中，油菜籽喜爱低温区域，而大豆则适宜种在潮湿的草原上。

原则上，我可以砍掉所有漂亮的果树改种向日葵来获取植物油。如果我这么做，一年可能会得到3加仑的油，[7]这足以驾驶梅比行驶75英里。但我还是留着我的果树骑自行车吧——至少在我用完所有的自行车内胎之前。

第一次史诗般的旅行：从加利福尼亚到伊利诺伊的冬季之旅

就在几年以前，我们每年圣诞节还会乘坐飞机到芝加哥看望父母。他们仍旧住在芝加哥郊外那个我长大的地方，而莎伦的父母则住在西边90英里处。

我们对这个惯例从来没提出过质疑。但为什么不用机票的钱折价买一辆30年的试验车呢?

我们已经开着梅比进行过几次短途旅行，如到加利福尼亚国家公园，以及参加在亚利桑那州的一个婚礼。梅比装在后备厢里的燃料就足以应付这几次旅程了。它也适用于西南部夏季的高温，这对于WVO来说是一种理想气候，因为植物油在热天更易流动，能够接近柴油。

在隆冬时节往返洛杉矶和芝加哥则更具挑战性，因为WVO会在低温下凝固。为了能让WVO在燃料管中流动，我在车底的WVO管旁边装了一个冷却环，用绝缘带把它们绑在一起。冷却环从后备厢引出，一直沿着WVO油箱的底部安装。

另外一个主要的挑战甚至更加棘手，那就是获取足够的燃料。整个旅程的距离是4000英里，需要38个5加仑油桶（Cubies）——也就是约1200磅的油！（油桶Cubies是指新油在售卖时用的塑料容器）我设法将6个油桶放到车顶行李架上，另外6个放在后备厢，再在油箱里装上18加仑的油。我们就这样带着80加仑的燃料出发了，这能开1700英里左右。[8]

因为我有个朋友在芝士蛋糕工厂工作，所以我准备通过他从沿路的连锁店获得WVO。我在科罗拉多州的布雷肯里奇（Breckenridge）也找到了一个愿意卖给我油的人。

做好这些准备工作我们就出发了。整个旅途充满了挑战。我们选择了亚利桑那州到新墨西哥州的南部路线，这里的温度稍稍低于冰点。就在我们穿越石化林国家公园的时候，梅比开始出现抖动，燃料耗尽了。我本来打算靠着过滤器行驶 4000 英里，但这个过滤器只坚持了 600 英里。于是我换掉了它继续我们的旅行。但在俄克拉荷马州（Oklahoma）外，梅比又出现了严重的抖动，我只好开始用柴油驾驶。这带来了新的问题，因为柴油箱只是一个放在后备厢里的 5 加仑容器，没有油表。我们驾驶得非常艰难，我也十分疲惫，到了深夜的时候我们的柴油耗尽了。我加了备用柴油，但是机器里已经进了空气，所以我们花了很大力气才让车重新启动。在寒冷夜晚的高速公路旁做这些事简直让人精疲力竭，而且整个人都冻僵了。这个意外有些吓到了我的家人，但我还是让梅比继续上路了。

那时对我来说的最大挑战是不知道什么阻碍了 WVO 进入发动机。当你精疲力竭地站在深夜的高速路旁时，很难找出发动机的问题。我们缓慢地开进俄克拉荷马州，入住了一家汽车旅馆。

第二天一早，我到附近的芝士蛋糕工厂获取 WVO。那里的经理告诉我废油桶在前一天就已经被清空了，但他让废油收集员给我留了一些。当然，这些油都是底部的沉淀，也就是我在处理 WVO 的过程中扔掉的那部分。所以我只能给梅比加了一箱柴油，以到达伊利诺伊州。

我们与父母和兄弟姐妹们度过了两周快乐的时光。圣诞节期间的探亲过程对我来说通常都是很有压力的，但经过了此次慢速旅行，压力明显降低了，可能是因为我非常庆幸能到达那里，而不是把探亲过程视作理所当然。我父亲办公室的楼下有一家餐馆几个月前关张了，那里的废油桶有满满一桶经过很好处理的油。我把它们收集起来并过滤，制造出足够行驶到加利福尼亚一半路程的燃料。

在回程时，我们选择了一条更北边的路线，并在途经丹佛时拜访了几位朋友。接着我们在离丹佛不远的布雷肯里奇拿到了足够支撑到家的燃料。但在那之后天气开始变得极为寒冷。

在通过高山滑雪镇的时候，梅比开始不断地抖动，因为它的发动机没有获得足够的燃料。为了跨越高山，我有时不得不转换成柴油模式。我终于意识到主过滤器需要更多热量来防止富脂油凝固。因为被迫依靠那个没有油表的柴油箱，我只好费尽心思记录行驶的里程数。但最终我还是记错了，以致再次耗尽了燃料。我带了一个紧急柴油罐，并把它加进了油箱，但这辆老家伙就是无法启动，因为它的燃料管里进了太多的空气。我在引擎罩底下修理了一个小时的喷油泵，同时让莎伦在 WVO 和柴油模式间来回转换以获得吸力。我的手在擦拭多余的燃料和我安装的冷却管时受伤了，一直在流血，儿子们也开始哭闹起来。终于，我感觉喷油泵吸出了柴油并可以正常注入了。我排净了空气，把车启动，继续出发了。

那个夜晚，我们在一条冰冷漆黑的犹他州高速路上缓慢行驶，只有一个前灯还亮着。我和莎伦都精疲力竭了。我们在萨莱纳（Salina）的一家汽车旅馆入住，莎伦哭了起来，说想要租辆车回家。全世界好像都在跟我作对。

这是整个旅行的一个低谷。有那么一刻我简直不确定还能不能坚持下去。这是一个有趣的时刻，同时也是人生的导师。我学会了以一种客观的方式看待它：这样一种境况试图教会我什么呢？这种深深的不确定感是有用的吗？现实与我的理想是不同的，这种精神上的落差会让我痛苦。但这是为什么呢？

我们没有办法改变事实，只能选择接受或不接受它。不接受事实就会造成痛苦。在那个时刻，莎伦对我感到失望，这就造成了痛苦。但为什么呢？我无法控制其他人对我的看法，那她的看法为什么会影响我的心情呢？但我同样也对自己感到失望。我自认为是一个强大、聪明、有能力的人，但现在我不得不和我自身的局限面对面。这次经历让我认识到，不接受自己的局限性就会造成痛苦。我笑了。带着这些想法我嘲笑了我自己，并对当前的境况一笑置之。内心深处的黑暗也随之消失。发生的已经发生了，现在我如何让家人安全回家呢？也许这正是对优雅死亡的一种训练。

我在黎明前醒来，当时的气温只有 -10° F（约 -23℃）——这是一种走出屋门的瞬间鼻涕都能冻上的寒冷。我试图用曲柄发动梅比，直到它的电池电量耗尽也没能成功，因为还有一项准备工作我没做：一个发动机组加热器。我丢掉自尊心，呼叫了美国汽车协会（AAA）。很快，“化石燃料骑兵”就开着一辆闪闪发光的柴油拖车来了。我们用跨接引线发动梅比，同时用曲柄摇了半天（还用了一点乙醚），终于让它启动了。

这天晚些时候，就在莎伦驾驶汽车在加利福尼亚巴斯托城（Bastow）外爬坡时，空调压缩机传动带断了，不过这不是什么大事。半个小时后，动力转向皮带也断了。我想应该是极度的寒冷加重了老橡胶带的疲劳，我开始担心交流发电机带的情况。就在傍晚时分，我们在没有动力转向和少了一个前灯的情况下终于到了家。我感到非常骄傲。

整个旅程有 4400 英里，我们消耗了 35 加仑的柴油。

长途 WVO 旅行成了生活的一部分

在吸取了这次经历的经验教训之后，我们越来越能熟练地驾驶梅比进行长途旅行。我们的第二次旅程是经波特兰、俄勒冈到达芝加哥，然后返回家：这是在夏季的一次 6030 英里的顺利旅行。我们消耗了 2.5 加仑柴油，平均每加仑开 2400 英里。

我装了一个挂钩，让梅比挂上一辆燃料拖车。我将存下来的 1000 多磅 150 加仑的过滤 WVO 装在 30 个塑料桶里，带着它们离开了阿尔塔迪纳镇。靠 WVO 驾驶给我带来的其中一个绝佳体验是让我开始意识到燃料消耗的庞大数量，因为我自己需要去拖拉并灌注它们。这些燃料在旅行途中如魔法般地消失，进入了大气层。我有时就想，如果人们都需要自己拉燃料，或者 CO_2 是耀眼的粉红色，那还会不会有气候变化，因为如果这样的话每个人都能意识到他们往大气层里排放了多少东西。而真实情况是，我们毫不费力地、不可见地、不费心思地把燃料灌进油箱，再毫不费力地、不可见地、不费心思地从排气装置排出，这避免了我们认识燃料的物质本质，认识到它们是真实存在的一大块物质。这就是所谓的“眼不见心不烦”吧。[9]

沿途的人们一如既往地被我靠植物油进行的旅行所吸引。我会回答他们的问题，而大多数人都会告诉我虽然他们理解气候变化的严重性，但在自己的生活中还是没办法不用化石燃料。

就在这些旅行中，我越发认识到我们这个国家对于化石燃料的依赖性。在另一次夏季之旅的途中（4600 英里用了不到 1 加仑的柴油，6 天野营，1 天住在朋友那里，几乎没花钱），我们在内布拉斯州高速路的沿途见到了一辆接一辆的黑色罐车，多数装载的是巴肯原油，少数则是运煤车。在犹他州靠近科罗拉多州大章克申的沙漠，我们看到州际公路沿线一个接一个的水力压裂井。有天晚上，我们沿着一条埋起来的天然气管道走了 1 英里，来到了一个偏僻之处，就在那里打开睡袋过了一晚。

一次，当我在一个卡车停靠站更换 WVO 过滤器时，遇到一个油罐车司机正把输油管连接到地上的输油口上。我走过去说：“我猜这就是一切的动力之源。”

那位司机穿着一身连体衣裤，心脏位置绣着“迪安”字样，他友善地看着我说：“你知道如果我们停止供应一星期的油会发生什么吗？”

我回答：“那我们就都饿死了。”

“是啊，我们都得饿死了。我们对这东西上瘾。”迪安对全球变暖也有深刻体会，觉得不可能阻止它继续发展。他住在拉斯维加斯，每天骑行 2 英里上下班。其他的司机不理解这种奇怪的行为，迪安说他们觉得骑行 2 英里而不是开上一辆小卡车是不正常的。迪安从 1976 年起就运输汽油，不过在我遇到他时，他已经盼望着在一年内退休了，再也不用生活在化石燃料的阴影之下了。

看到这儿，你也想用废油驾驶？

如果你对此感兴趣，就请看看我从自身经验中总结的几个小窍门。

- 30 年车龄的汽车买下来很便宜，但是维修费很贵。为了不把钱都给机械师，我就自己对梅比进行维修。但这就会用掉做别的事情的时间。
- 要想找到一个长期的废油来源，那就要建立一个网络。找一两家周边的餐馆做合作伙伴。你需要挑选可靠的对象，或与当地其他的废油收集者进行合作。
- 餐馆将它们的废油倒回 5 加仑的塑料桶里给我，使得收集过程更加便利。我也可以用一个回转泵和一截黑胶管从桶里收集，回转泵就绑在一个用胶合板加固的塑料桶边上，但这需要多费点工夫。
- 无论你有没有得到餐馆老板的许可，从日用品公司的桶里拿走 WVO 都是一种偷窃行为。十几二十年前很多人会这么做，但我不建议你做这种事。
- 我会先把 WVO 至少静置一个星期，再通过一个 1 微米的袜子过滤器把油倒进干净的 5 加仑油桶中。
- 我会在每个新清理过的 WVO 油桶中放入半茶匙的藻类生长抑制剂。
- 如果能重来的话，我会把油箱留给柴油，然后再装第二个奔驰油箱（从废车场获得）给 WVO，使两个油箱都有油表。
- 要想合法地运输 WVO，需要给你的车进行相应目的的注册，还要每年支付一定费用。

人类如何能“拥有”一座山？山会嘲笑这一想法。它每笑一次需要100万年。

我们沿路扎营。在美国的一些地区很难找到适合家庭露营的地方。我梦想中的世界不是每亩土地都被占据，沿路旅行和露营是一件可接受且正常的事情。我们怎么就有了一种奇怪的观念，认为可以拥有土地呢？美国土著在19世纪的时候就觉得这种想法很奇怪。人类如何能"拥有"一座山？山会嘲笑这一想法。它每笑一次需要100万年。

还有一次去伊利诺伊州，我为一个为期10天的冥想课做服务人员，这个课是我母亲先去参加的。在返程的路上，我们在拱门国家公园距离道路1英里的地方过夜。日出前1个小时，我们准备回到梅比那里。我们在沙丘拱门下走过，拱门在我们头顶向着星空和东方的鱼肚白延伸。当我与莎伦和儿子们行走在砂岩鳍之间，仿佛置身于自然教堂，我感到一种舒适的、家的感觉，好像自己受到了欢迎。

这就是慢速旅行的一大收获：一种发自肺腑的关联感，一种天地是我家的感觉。我去哪里，哪里就是家——整个地球都是我的家。

乘坐火车

我是在西南酋长号的头等车厢写的本章，西南酋长号是一列每日在芝加哥和洛杉矶之间穿越平原和高山的美铁列车。这是我从伊利诺伊州过完圣诞节返家的途中。我爱火车，我的其他家人也爱火车。就在我写下这些文字的时候，我们正在经过让我在年轻时爱上大自然的地方，也是我在骑车回芝加哥前修筑山路的地方：靠近新墨西哥州拉顿的珊格里德克里斯多山脉。前一天晚上，我们在密苏里州拉普拉塔附近经过了"可能性联盟"，这个联盟做的是一个不依靠任何化石燃料生活的伟大试验。我希望下次经过的时候能去参观一下。

我大部分时间都在头等车厢里，在那里完成了大量工作，晚上就回到座位上睡觉。我们在宽大的座位上睡得真的很香，而且这比卧铺便宜，还能减少排放。虽然即使乘坐普通席，我们4个人排放出的CO_2也比共乘一辆50 mpg的汽车要多（见第9章），更比我们乘坐梅比多。但这也是一种不错的改变。而且这是在冬季，我不用担心梅比的燃料凝固及大雪封山的问题。

我们为乘火车准备了食物。莎伦烤了烤饼作为早餐，做了菜肉馅煎蛋饼作为晚餐，我做了茄泥酱作为午餐。这趟旅行用了 40 小时，但我和莎伦做完了很多工作，而且我们都很享受这一过程，只觉得时间过得太快了。

乘坐帆船跨越海洋

我曾乘坐一条小帆船跨越大洋。那是在我还是研究生的时候从百慕大到纽约的一段旅程，用了一个星期。

虽然严格意义上讲这不是旅行。我飞到百慕大是为了帮忙把一艘刚参加完玛丽昂百慕大竞赛的“让诺 36”型帆船开回去。从高中开始，我就梦想着花几年时间进行航行。就在这趟旅途中我进行了试水。

> 在这陶醉的心情中，你的灵魂就会往它来的地方退去；穿越时空，最终形成了地球上每一个海岸的一部分。
>
> ——赫尔曼·梅尔维尔（HERMAN MELVILLE），《百鲸记》

船上一共有 5 个人。我与其中 3 个人轮流守夜，每班 4 小时。穿越墨西哥湾流既可怕又十分美好。我在这片海域的第一次守夜是平静的。跟我一起守夜的同伴在驾驶舱的长椅上睡着了，我是这片广袤而神秘的海洋中唯一一个醒着的人。海洋生物发出的光点缀在每一朵浪花之间，留下一道绚丽夺目的痕迹。繁星覆盖了整个天际。随着时间一分一秒地流逝，摇摆的小船逐渐让我陷入沉思。

突然，之前一直在“无穷”位置的深度计指针开始变动，30 英尺、20 英尺、25 英尺……我揉了揉眼睛，虽然我脑中的认知告诉我这是在大海中间，周围没有陆地，但我还是开始冒汗。我怎么能确定周围没有陆地呢？这会不会是个水下集装箱？或者是条鲸鱼抑或海豚？几秒钟之后，指针又回到了“无穷”，我永远都无法知道原因。海洋就是这样神秘。

可能是因为海洋太过于宽广和平凡，以至于大脑开始认为任何事都可能发生。难怪海员经常会很迷信。

在最后两天的航程中，大海就不那么平静了。身后是滔天巨浪操控帆船顶着横风行驶的感觉让人终生难忘。帆船一次又一次地被高高顶起，又以吓人的速度冲到浪底。我甚至能感到船舵震动的力量顺着缆绳传递到了方向盘上。

我们在 7 月 4 日晚上到达了新泽西海岸，欣赏了远方海岸的烟火。而真正的表演，则是在我们从纽约港航行到炮台公园的这段路程，整座城市在黎明前的壮丽景象呈现在我们眼前。经历了这次海洋航行之后，城市显得不再那么真实，就像海市蜃楼，仿佛我能见到这些建筑在几个世纪中的不断沉浮。[10]

搭乘货轮之旅

2012 年，我乘坐一艘货轮往返了一次夏威夷。“SS 地平线精神号”每两个星期在洛杉矶港和火奴鲁鲁之间航行一次，向夏威夷运送食品，而我就在低低的海洋云下方开始研究这种自然现象。有一年时间，精神号装载了一套研究海洋云的设备。作为一名新入行的大气科学家，我在船上学习这些设备的使用，帮忙监测它们，并从桥上放飞气象气球。整个往返用了 12 天。

我把梅比停在洛杉矶港并通过安检。当我踏上精神号的甲板时，巨大的龙门起重机正在往看起来更大的精神号上装载货物。从冷藏柜到起重机，从卡车到精神号本身，所有的一切都依靠化石燃料运作。货轮的船员们为这一个月的航期从各地飞来，精神号的一位长官住在印度，每年飞回家 6 次。

船在黎明前出发的时候我还在睡觉，等我醒来的时候，我们已经缓慢地穿行在有些吓人的浓雾中了。船航行时发出的嘎吱声偶尔会被巨大的汽笛声遮盖。我来到船头向下望去，海豚在船边畅游，还时常会跃出水面。

下午我去参观了机房。那里又热又吵，两台巨大的蒸汽锅炉为两台巨大的蒸汽涡轮提供能量，进而带动巨大的螺旋轴。螺旋桨被称为“螺丝钉”，因为它在水中不停转动。轮机长告诉我效率只有 5%。

为了往返夏威夷，轮船需要消耗 7000 桶左右 42 加仑体积的次等燃料，这种燃料被叫作“C 级重油”，也就是炼油厂提取过所有东西后剩下的焦油。一次顺利的航行，也就是准时在凌晨从洛杉矶出发，会消耗掉 6600 桶。如果因为装载速度慢导致午后才能出发，那么船就要开得快一些以赶上时刻表，这就得消耗 7300 桶。[11] 含有硫黄的引擎烟灰会被排放到云层中，生成如图 10.2 中显示的轮船尾迹。

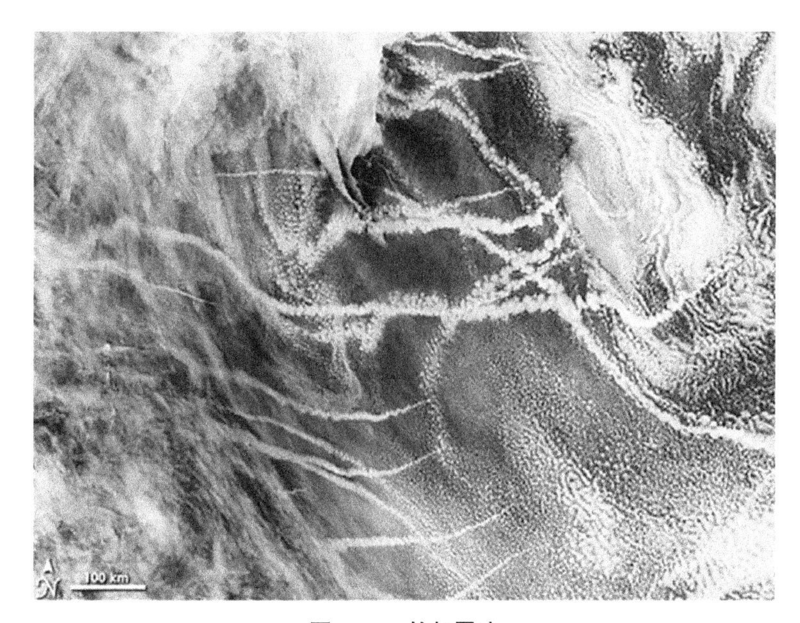

图 10.2　轮船尾迹

来源：美国国家航空航天局（NASA）。

我在精神号上的这次航行算得上是低碳旅行吗？玛丽皇后二号邮轮的排放量是每位乘客每英里排放 0.4 千克 CO_2，[12] 这个排放量已经赶得上飞机了。但如果是搭乘货轮，只要没有为了给乘客留空位而减少载货量，那么就可以将乘客的排放算作货物的一部分。这样算来，我这次旅行的排放是每英里 0.003 千克 CO_2，[13] 只有我乘飞机的 1%。即使如此，如果没有货轮在海上穿梭往来，生物圈的情况还是会好得多。如果哪位有远见的企业家决定召回大型船只，那我会立刻到这家公司工作。

无论如何，我还是非常享受这次旅行。我完成了我第一篇大气科学论文的大量工作。而且对我来说，在海上的时间是一种精神食粮，既令人神清气爽，又充满神秘感。我经常会走到船尾，不到 1/5 英里的地方，就能看到一些发出吱吱嘎嘎声的集装箱，一个人站在高处俯视轮船在海上留下的尾迹。我被海洋所包围，这是一种令人窒息的美丽。随着明月升上地平线低空，在这艘大船上才真正体会到我们所处的是一颗星球，而这一时刻仅是广袤时间海洋中的一点。

生活新方式：慢速旅行

廉价航空旅行的时代已接近尾声。随着化石燃料的生产成本不断上升，航空旅行也会变得越来越昂贵。如果社会开始重视生物圈问题，那么就会引入碳排放费，届时飞机票价又会进一步上升。

地区会议及远程会议技术将会越发重要。越来越少的人能够承担飞到地球另一端参加一个婚礼的费用，我们也会减少远离朋友和家人的次数，分离的家庭将会重聚。住在我们所爱的人附近是一件非常美好的事情，特别是当他们变老之后。

在我们开梅比进行了第一次史诗般的旅行后第二年，我和莎伦决定取消当年圣诞节赴伊利诺伊州的探亲之旅。虽然我很想念我的亲人们，但放下节日旅行的重担及圣诞拜访的紧张期待，也是件不错的事。我与父母和姐妹们进行了多次愉快的电话和视频聊天，中间还提到了将来会搬到离他们近一点的地方。我的那些分散各地的家人们甚至更加重视彼此。

慢速旅行靠的是创造力而不是化石燃料，有很多其他方法也可以做到这件事。你可以自己造一辆以 WVO 为燃料、每加仑油跑 120 英里的摩托车，开着它向南到火地岛，在沿途的馅饼店获取废油。你可以造一个木头汽化炉，使用木屑作为动力来源。甚至你还可以乘坐一艘以 WVO 为燃料的、能够自主起飞的滑翔机穿越整个国家，以充分利用上升气流的力量。

或者，还有一种方式可以让你充分体验生活在这个星球上的奇迹：你可以步行。

第 11 章　冥想——改变的基础

我们不是为了变成弥勒佛坐在那里空想，我们坐在那里是为了快乐。

——释一行

尽管全球变暖的直接物理原因是人们对温室气体的排放，但造成现在这种广泛困境的最深层原因却是我们人类的贪婪。贪婪催生了消费主义和人口过快增长。我们总是不停地索要：更多的钱、更多的性、更高的名望、更快的汽车、更大的房子、更精致昂贵的家具。并且当我们得到了我们想要的东西时，满足感却稍纵即逝。没过多久，我们又要求得更多。欲望简直就是个无底洞。

我们的贪婪不仅让生物圈资源趋紧，到了崩溃点，还让我们自己也受罪，因为我们索取是由于对现状不满。事实上，广告行业的所有目的就是让人们对现状不满，当我们索取时，我们会感到焦虑，无心欣赏眼前的奇迹。这种不满实际上让人痛苦，但是我们对此却已习以为常而不自知。本章我们将讨论一个简单的让我们远离贪婪的方法：冥想。

冥想是一种实践，而非信仰。它不需要神秘的揭示、不需要盲目的信仰、也不需要精神的交流。你是你自己的老师，你以最直截了当的方式观察自己、了解自己。

许多运动达人认为坐着不动纯属浪费时间，但我的经验告诉我不是这样。相反，冥想通过减少自私使我的行为更有效。冥想还能够弥补我在第 1 章提到的不连贯，[1] 以及我们认为的正确和实际正确之间的鸿沟。而智力并不能跨越这些鸿沟。基于这些原因，每天抽出一定时间进行冥想就是我个人应对环境困境的基础。它让我们变得更加快乐。

思维的基本习惯

对于我们大多数人来说，每天只是按部就班地生活而从不停下来观察我们的思维也是不太可能的——思维是如何进行的，以及痛苦和快乐是怎样发生的可能我们都想过。但大多数人从生到死仍然对我们的思维一无所知。

一旦你开始观察它，你就会很快注意到思维和意识会不断地对我们身体中的愉快和痛苦的感觉做出反应，即使在睡梦中依然如此。我们任何一种不安的情绪，都是身体某处感官的反应。当感觉愉快时，我们的思维就希望他们能继续下去；当遇到不愉快的感觉时，我们的思维就希望它停止。这就是思维的基本习惯。

这种下意识的习惯反过来又会引发如紧张、嫉妒、生气、仇恨、抑郁等负面情绪。例如，当我们感到担忧时，是因为我们对未来不愉快的情绪，或对可能错过愉快的情绪感到害怕。当我们愤怒时，是因为我们认为某些人或某些事会妨碍愉快的感觉，或引起不愉快的情绪。

仅仅通过意志力来应对这些负面情绪是不可能的，我不可能用意志力来控制自己，让自己永远不生气，因为生气是一种本能，是一种下意识的反应，是一种情不自禁，它超越了人的意志。因此，我需要一种实践活动来改变我的大脑的基本习惯。

趋利避害是人的自然取向之一，但没有意识到这样做只会使得大脑的思维习惯变本加厉。我们尝试酗酒、吸毒、性、金钱、工作、看电视、乘飞机——但一切都是徒劳，因为每一种快感迟早会消逝。我们的社会是建立在通过消费寻求快感的基础上。但是持久的幸福和快乐绝不可能以这种方式获得。

我们不可能摆脱我们的思维习惯，无论我们去哪里它们都会伴随我们。一个更实际的选择是让思维习惯处于一个良好的状态。

静止和沉默

在我们开始考虑打坐的细节前，让我们花点时间停下来想一想。生活在

> 沉默不是缺失一些东西，而是置身一切事物之中。
>
> ——戈登·汉普顿（GORDON HEMPTON）

当代社会中的人总是不停地忙碌着，迫不及待地四处灭火，解决生活中遇到的各种问题。他们总也停不下来，即使身体停下来了，思想也不消停，直到生命终止的那一刻。但是如果不停下来思考，我们就不可能弄清我们是谁及我们到底想要什么样的生活。如果我们不了解这些，我们就只是漫无目的地瞎忙活。

由于我们总是这样不停地忙碌，所以当我们有机会停下来歇息时，我们反而感到不安。我们想站起来然后再次开始忙碌。停下来会让我们感到惊恐，因为当我们停下来时，我们可能要不得不面对我们的痛苦。因此，在开始时停下来是很难的，就像骑在一匹难驯的野马上。但是为了走出痛苦，我们需要直面痛苦；为了直面痛苦，我们需要停下来。停下来需要勇气。

我们这种不停向前奔忙的状态与对化石燃料的迷恋密不可分：化石燃料让我们跑得更快，而奔跑又让我们离不开化石燃料。甚至我们向前奔跑都不是寂静无声的，我们周围充斥着电视机，甚至在公共场所亦如此。即使我们塞上耳塞，汽车和高速公路的声音也不绝于耳。就算是在我们的家里，当我们认为很安静时，其实电冰箱也在工作着。

我渴望安静的地方，但它们很难找到。于是我要背上双肩背包到偏远的地方走上几日，这样就仅能听到当头顶上有飞机飞过时不断的轰鸣声。我很想寻求安宁，因为对我来说它就像深山中的夜空一样美丽。这种美就是我满怀憧憬的、一个没有化石燃料的世界的一部分。

实践

冥想的方法有许多种，在这里我只是介绍我练习过的简单和具体的技巧，但这不是一堂有关冥想的课程，它仅仅是一种描述。我知道我不可能仅通过书面描述就在家里开始自己的实践活动。

如果你真想要学习，最好是到一家冥想中心。尽管冥想这一活动本身很简单，但思想就像一条滑溜的鱼，很容易溜号。它会强烈地抵制任何想要改

目标是改变最深处的思维习惯。毕竟，思想就像一条滑溜的鱼，很容易溜号。

变它根深蒂固的习惯的企图。你的思想意识会出乎意料的以创造性的和有说服力的理由来停止打坐，继而站起来。所以要学会冥想，你需要有坚强的意志力、一个免除了责任的安静的地方，以及可持续的、一心一意的坚持，至少要坚持 10 天左右，最后还需要一位能随时解答你冒出来的问题的老师。

> 如果你的练习不能给你带来快乐，就说明你没有正确地练习。
>
> ——希·纳哈特·汉赫（THICH NHAT HANH）

莎伦和我是怎样变成冥想者的

我是在芝加哥郊区一个不那么虔诚的罗马天主教家庭中长大的，我长大的地方离神秘的东方要多远有多远。但是在上大学的时候，我发现了印度音乐，并认真考虑成为一名人种音乐学家。大学毕业后，当我在风景秀丽的马萨诸塞州东南一所高中教授物理学和天文学的时候，一位印度的音乐票友给我打电话，说他几小时后就要参加一个叫作“内观静心”（Vipassana）的课程。但由于当时我们没有弄清楚怎么样见面，所以就没有跟随他去参加冥想之类的事情。

几年后，当我与另外一个朋友在曼哈顿的科内利亚街（Cornelia）咖啡馆吃早午饭的时候，她不经意间提起她要参加一个为期 10 天的冥想课程，她要为其他的参与者做饭。这次我感兴趣了，我看到过一篇题目叫《生活的艺术》[2] 的文章，我产生了强烈共鸣；这篇文章的基本思想是我们人类都在受苦，但是通过直接的观察（我之前从未想到过），我们可以弄清楚痛苦的原因及如何根除它们。

我妻子莎伦当时也在场，这像是一顿改变命运的饭局。当她在美国“和平队”（Peace Corps）工作期间（其时我正在高中授课），她阅读了一些佛教文章，并且尝试着自己学习打坐。然而，她发现仅靠书本学习打坐是不可能的，因此她非常急切地要试一试“内观静心”。

因此，我们注册参加了下一期课程，于是走到一个公共汽车站，跳上“灰狗”长途汽车，到了马萨诸塞州的谢尔本·福尔斯（Shelburne Falls）。接下去的 10 天，我们商定假如我们中的任何一人认为我们已经陷入了某种狂热，我们都会偷偷地溜到另一边，并且一起离开。但是随着课程的进行，我越来越确信它货真价实，也物有所值。在课程期间，我体验到了情绪的波峰和波谷，且第一次尝到了镇静的滋味。我被永远地改变了，我太太莎伦也是。

体验改变

冥想时你可以时刻关注自己的呼吸，伴随着每一次吸气和呼气观察空气流过鼻孔的情况。随着冷热空气的流动你还会注意到自己的上嘴唇有些发痒。当自然呼吸时随时留意观察这些微妙的感觉变化。只要你还活着——无论在何种情形下——你的呼吸都会伴随着你。尽力尝试观察这些呼吸，观察的时间可以越来越长，等到头脑清醒后就可以准备开始冥想打坐的核心练习了。

这种核心练习实际是呼吸意识的延伸：观察整个身体自然的、日常的感觉（痛感、湿度、热度、刺痛感等），但不对此做出反应。目的就是观察而不做任何事情——打破本能做出反应的习惯。

在生活中不希望的事情经常发生而希望的事情往往不发生，对此我们无能为力。但我们可以学会控制身体的自然反应。无论是蹒跚学步的孩童还是我们大多数成年人，遇到不顺心的事时，其本能的反应都是立刻愤怒地做出反应。这样做在给他们自身带来巨大痛苦的同时，还会使其他人也遭受痛苦。而一个冥想者在面对这些时，会平静地微笑——因为他们知道所有这些不幸终将过去——然后就以一颗平常心和冷静的头脑，继续从事能使这个世界变得更美好的工作。

心平气和地了解自己身体上的感受，我也明白这些感觉会自行找上门来然后再自行消失，并且它们变化无常。体验了这种无常之后，我学会了平静。既然感受是无常的，总是纠结于这样或那样的感觉有什么意义呢？为什么还要通过这样无意义的纠结来增加自己的痛苦呢？由于曾经亲身、长时间的体验过这种无常，因此我的一些习惯渐渐被打破了。

尽我所能，当我耐心地上下扫描时，我尽力保持清醒，从头顶扫到脚尖然后再返回，整个过程中我会检查身体的每一部分。假设这一刻我的注意力在我的右肩膀上，那我就静静地观察我的右肩膀正在经历什么感觉，不管是令人愉快、痛苦还是没什么感觉，它总会发生、然后消逝——不会长久。然后我的注意力转移到我的右上臂，重复以上过程。再移到我的右肘，依此循环往复，这样就有系统地覆盖了我的整个身体。如果我的思想没有集中在这一练习上——事实上这样的事情经常发生——我会毫不犹豫地将思绪拽回来，不带有任何失望情绪和挫败感，实际上这也是练习的一部分。

每一种感觉实际上都是跳出盲目反应的手段。观察愉快的感觉而不做出反应就会化解与贪婪有关的负面情绪；观察痛苦的情绪而不做出反应就会化解与仇恨相关的负面情绪；观察中性的感觉而不做出反应就能化解与单调无聊有关的负面情绪。

通过直接观察身体的感受，我认识到它们是不以人的意志为转移的，过于纠结于这些感觉（将“我”投射给它们），就会引起痛苦。即使当我静静坐着的时候，这种感觉也会自行来去。通过感受这些不断变化的性质，我体验到作为身心结合体、我称之为“我”的自己的身体也会不断变化。由于体验到这一点，我认识到我自己也不是永恒的，“我”的概念也会渐渐消逝。

自私就像窗户上的污点。一旦窗户被擦洗干净。人人互助的事实就会像阳光一样闪耀四方。

这一练习的其他方面

这类练习（即平静地观察身体各类感觉的变化）就叫作内观静心，其含义就是“看透事情的本来面目”。它是释迦牟尼（佛陀）发现并用来摆脱自身痛苦的一种打坐练习手段，但这种练习本身并不带有什么宗教色彩，佛陀对于创建一个贴上“佛教徒”标签的宗教派别也并不感兴趣。他只是教给人们他发现的一种练习，让其可以走出痛苦。

佛陀还教授了其他两种有益的练习。第一种是“认识呼吸”，叫作 anapana，意思是吸气和呼气。第二种是希望所有生命都快乐，这是一种分享和平的打坐方式，叫作 metta bhavana，意思是培养和播种仁爱。

大概每年我都会去参加一次为期 10 天的打坐课程，前 3 天集中练习 anapana。人的思维在本质上是天马行空和无拘无束的，往往不经意间就从一个想法跳到另一个想法，毫无意义地一会儿沉迷于对过去的遗憾，一会儿又对未来杞人忧天。做这种意识觉醒的练习可以慢慢地驯服这种如脱缰野马般的思维模式，并让其集中注意力，这样就可以为下一阶段更有效地练习内观静心做好准备。

在家时我一天打坐两次，早晨醒来后会打坐一个小时，晚上上床睡觉前会打坐一个小时。每次打坐完之后，我都会练习仁爱（metta）几分钟。我保持这种姿势和感觉的同时，希望其他生命也快乐。如果我对某个人感觉不好了，我就会对那个人表现出自己的仁爱。我设身处地地站在那个人的角度，理解他（或她）的希望和痛苦。当我练习的时候，我意识到其他人也在练习。对我来说，认识到（除了我）还有其他人也无私地希望每个人都感到快乐与平和是一个巨大的鼓舞。世界上总是存在互助、爱和美好的祝愿。

为了从整体上支持这一练习，很重要的一件事是要远离杀戮、偷盗、说谎、不正当的性行为及毒品。这些东西均源于欲望和仇恨，同时又放纵人们盲目地应对这些欲望和仇恨，这样就进一步强化了思维的固有基本习惯，结果不仅对他人，也对自己造成了伤害。[3]这些行为还能搅动个人的思绪，这一点我从个人的经验中深有体会。但是在我继续练习内观静心的时候，避免这些有害的行为似乎变得容易了。这不是在宣扬禁欲式的清教徒主义：这里不存在对欲望的压抑。相反，我只是觉得当我打破这些戒律的时候，我反而会感到痛苦。所以我很愿意不打破这些戒律，这样那些欲望也就烟消云散了。[4]

集中注意力是一种能力，它可以让你清楚地了解正在发生什么，无论是在练习冥想的时候还是没有练习时。这样当我继续练习的时候，打坐冥想和其他时候对比就变得没有那么强烈了。只要我醒来，我就尽力对我身体的某些感觉和呼吸保持留意状态。尽管我在这方面做得还不是很成功，但至少它能帮助我在此刻保持专注，不管我是否在打坐冥想之中。

内观静心的益处

尽管前面讲的都是 vipassana 教我们摆脱欲望，但它也能让我们体验到实实在在的好处。否则你就不可能每天在那里坐上 2 小时！我自己发现这样每天坐上 2 小时绝对物有所值。实际上，如果你从练习中得不到任何益处，这很可能是你练习不得法的信号。如果遇到这种情况，跟老师谈一谈或许会有所帮助。

那都有哪些益处呢？第一，我生活中的紧张和焦虑感消失了。我不再那么在乎结果了。如果让我错过练习，或者缩短和图省事跳过我每天的某些打坐练习，紧张焦虑就会重新回到我的生活中。当我恢复有规律的练习的时候，那种焦虑感又会离我而去了。我的工作跟我打坐冥想时一样具有挑战性，但是现在我能够以它的本来面目来看待它：跟我自己无关。以这样非我的态度来看待它，我的工作更有成效了，也可以做出更好的决策了。

第二，我不再那么在意别人怎么看我了。作为一个从小就是书呆子的孩子，我非常希望在别人眼里我是个很“酷”的人。即使作为一个成年人，我也极度渴望人们能从一个正面的角度看待我。过去这种想法把我变成了精神上的奴隶：当我感受到有人喜欢我的时候，我会感到快乐；但当我感到一些人不喜欢我的时候，我就会感到难过。现在我只做我需要做的事情，而不用过分在意别人的看法。

第三，我不再那么容易受到各种负面事情的影响了。我生气少了，沮丧感少了，孤独感少了，愤恨少了，对婚外情的渴望少了，嫉妒心减轻了，也较少负面地自言自语了，甚至不耐烦的情绪都减少了。这些都说明我的痛苦减少了，这种变化还让我与家人及朋友间有了更和谐和更令人满意的关系。莎伦和我无论打架还是吵架都减少了，即使偶尔发生，也不像过去那么激烈了。现在我不恨任何人，我也明白我过去所有的怨恨都源于我自身。现在所有人都是我的朋友。甚至是过去认为某些人会成为我的敌人的想法，现在对我来说也不可思议了。

第四，我感到更加怀有感恩之心，也更加认同事物是相互关联的了。我明白生命是多么宝贵，我对我生命中遇到的人怀有更多的感激之情，我与他们的争执少了，这样我向他们传授仁爱也变得更容易了。更多的同情心和更开放的心态让我可以更容易地与陌生人建立联系。人们愿意走过来与我交谈。我微笑，他们也报以微笑。

你可能体验过、也或许没体验过这些裨益之处，但是你可能体验过其他的好处。不过留心不要过于渴望某些好处，因为这样会强化你头脑中习惯于索取的思维惯性。只要默默练习数年就好了，因为你无法预测未来会发生什么，以及这些益处如何找上你。

记住，衡量这一练习的进展程度只有一个尺度，即平静。如果你练习的方法正确，你就会更加平静。这一定会让你与其他人的关系更加和谐。如果你没有感受到更加的平静并与你身边的人更加和谐，你就需要做出某些改变和纠正。

冥想与大脑

冥想就像给大脑重新接上电线。从神经科学的角度看，恰好也是如此。"神经可塑性"（neuroplasticity）是指大脑通过改变其结构进行学习的能力，我们在学习一项新技能，如运动、乐器、一门语言或冥想时，都是大脑重新给自己连线的过程。我认为从另一个角度来看待科学如何解释冥想这一点很有趣。我这样做的目的是为了从另一个角度来向世人呈现冥想，并减轻你认为冥想可能与一些神秘或宗教的事情有关而带来的恐惧感。它只不过是一种修行、虽然是一种令人难以置信的、有价值的修行，但仍只是一种修行。

接下来我总结了练习冥想后大脑发生变化的几个方面（全部列举出来是绝对不可能的，见表 11.1）。我选择了全神贯注式的冥想作为研究对象，这是一个遗传学上的术语，表明这种冥想方式与内观静心很相似，即保持平静地了解身体的各种感觉。[5]

表 11.1　全神贯注练习打坐后大脑中发生的某些物理变化及带来的相应好处

物理变化	效果
海马脊椎变得更大了	情绪调控能力得到改善 抑郁风险减少了
颞部顶骨连接部位变大了	更富有同情心了
扁桃腺变小了	紧张感减少了，情绪化的反应减少了
前额皮质变厚了	注意力更集中，决策力得到提高
延缓皮质老化	记忆和思维能力维持的时间更长
与默认模式的网络再连线	思想开小差的次数减少了，幸福感提高了

在经过至少 8 周、每天 30 分钟的打坐练习后，大脑灰质在体积和密度

方面都会发生明显的变化。[6] 打坐者的左半部海马体（hippocampus）会呈现明显的增加，而这一区域与情绪调节、认知和记忆紧密相关。[7] 相反，情绪低落沮丧的人海马体明显变小。[8] 把上面两个事实合起来看，就可以表明打坐可以防止抑郁——这一假设从其他的研究中也已得到证实，[9] 而我个人的经验也的确支持这一点。[10]

而与共鸣、同情和自我意识相关的位于身体右半部的颞部顶骨连接点变大了。[11] 与紧张焦虑相关、负责做出“逃跑或战斗”反应、作为“恐惧中心”而为人所熟知的扁桃体，在打坐后灰质也变小了，而灰质区域的变小与紧张感的降低有关。[12] 肾上腺皮质素，一种紧张时分泌的荷尔蒙，在经过一段时间的打坐后，其在血液中的水平也会下降。[13] 最后，与大脑高级功能如意识、注意力及决策相关的前额皮质，随着冥想的进行也会变厚。[14] 随着我们年龄的增加，大脑皮质通常会缩小，这就是为什么当我们变得越来越老时，会感受到记忆力衰减和思维困难。但是冥想者通常不会表现出随着年龄增加，在皮质层厚度上有任何的缩减，这说明冥想可以阻止大脑随着年龄的增长而萎缩。[15] 而且还有证据表明冥想能够阻止与年龄相关的认知衰退。[16]

打坐还可以影响到大脑的“默认模式网络”，这是一个负责管理人大脑意识中默认行为的神经网络，其默认行为是溜号或开小差。[17] 其他的研究也表明思想不集中与不幸福相关。[18] 而在经常打坐者的头脑中，默认模式网络的主要节点就没那么活跃，不管是在打坐时还是没有打坐时。也就是说，打坐使大脑发生的变化可以持续很长时间。新的网络则反而变得活跃了，它将大脑中与自我调控和认知控制相关的部分（后扣带回、前扣带回及背外侧前额皮质层）耦合起来。[19]

研究人员通过研究已经显示，打坐可以减轻痛苦、[20] 治愈失眠、[21] 改善免疫系统，[22] 还可以降低血压。[23]

一种不一定适合所有人的普适方式

尽管任何人都可以练习内观静心，但不是所有人都会觉得它很有吸引力。这是因为许多人不想改变他们自己，从而走出痛苦过上一种和谐的生活。

其他的人则寻求其他的途径。

确实有其他的方式也可以让人们变得平和、富有同情心和提高幸福感。能达到这种效果的也是好的练习方式。如果这种实践能让你以富有同情心的爱提高对付其他人的负面情绪的能力，且与其他人的关系变得更和谐，那么这种练习就是有益的。

打坐与我们面临的困境

生活在这样一个越来越热、人口过剩，且时时刻刻都在快速变化的世界里，进行内观静心式的打坐就是我应对这些的最基本方式。由于是我每天日常工作的一部分，我可以直接观察到全球变暖正在发生，以及它的发生对地球居民所带来的后果。打坐给了我力量和勇气，不逃避这一正在发生的事实。因此，制定积极的改变策略不仅是要应对这一现实，而且这一过程还必须尽可能让它保持快乐和有效。

打坐激发了我改变自己的能力。因为打坐，我的消费欲望大幅降低了。我不再有任何过度的物质欲望，不管它是度假别墅、运动跑车还是私人飞机，我都没有欲望了。只要足够生活我就会很满意。

由于感受到万物都相互关联，因此我最不希望看到的事情就是故意伤害其他生灵；由于体验过所有行为都会带来正面或负面的影响，因此我希望只从事那些对我、对别人、对生物圈有益的活动。打坐已经是，并且仍将继续是让我的行为与做人原则保持一致的关键活动。

有能力看透事物的本来面目，而不是按照我的主观愿望看待它，让我可以欣然接受我自己，这进一步引出正确的行为模式。当我们处于危险之中时，在我们能够以最符合自己利益的方式采取行动前，我们必须正确地认识这一危险。如果我们自欺欺人，否认危险的存在，抱着不切实际的希望，或者按照以往的心态看待当前的情形，则我们的行动就会出现偏差。

打坐练习能培养感激之情，这正是工业社会中十分缺乏的。当我将食物、水、能源、社区及时间看作十分珍贵的事情时，我就充满感激之情。于是我主动地寻找各种方法来避免浪费，但这是一个令我感到愉快的任务。

打坐练习还能培养同情心，这对于解决我们目前的困境非常有意义。例

与你一样，我是宇宙中的一个褶皱，它在一段时间内一直保持着人类的形状，并且会改变，就像海面上的泡沫一样。

如，如果我们对石油公司的执行官们怀有敌意，或者仇视超级富豪，我们仍是在播种仇恨的种子。如果我们想通过暴力、贪婪、无知来改变社会结构，那我们的行为只会造成更多的暴力、贪婪和无知。因为历史总是会重演。

最后，打坐练习还能减少和降低冲突，这样就使得生活在社区中更加轻松自如。随着全球变暖的加剧及全球体系的崩溃，我们会越来越依赖我们的社区。通过观察和控制我们的本能反应，打坐练习可以促进在不同意识形态间开展讨论，这一点比以往任何时候都更重要。与他人保持沟通和互动、避免出于人性自私的不具建设性的自我陶醉，这种能力无论对于家庭成员还是国家元首来说都同样有意义。

真正的幸福和爱不是奢侈品，我们每个人随时随地都能在私底下感受到。但是它总是受到强烈的"自我"杂音的干扰，这些杂音还包括恐惧、愤怒、自私、嫉妒、仇恨、遗憾、无望和索取。如果这些杂音存在，就不可能有真正的爱。只有当我们中有足够多的人知道如何爱所有生灵的时候，我们才能走出历史的梦魇。

历朝历代的圣人都教导我们要"互爱"。但是如果没有一种实际的练习，没有一种简单管用的技巧，这些说法就会流于空话。而内观静心就是这样一种简单的、具体的练习，所有人都可以参与，它真的可以让我们走出自私和仇恨、让我们走出"自我"的幻觉。这是多么神奇！

当我在练习中直接地感受到自己身体和心理在不断变化时，我的自私就渐渐消散了。当我的自私淡化后，我的万物互联的感觉就更强烈了。我体验到没有"我"，只有流动。我还体会到我只不过是有夸克和轻子这些亚原子构成的一种形式，而物理学家认为这些粒子最终只不过是振动。这种形式最后还要分崩离析。与你一样，我是宇宙中的一个褶皱，它在一段时间内一直保持着人类的形状，并且会改变，就像海面上的泡沫一样。看上去曾经显得坚固和永恒的东西实际上是流动的物质，取决于我们吃的食物，取决于我们的双亲、取决于生物圈的存在、取决于恒星的存在。

然后，当分离的幻觉消解以后，就只剩下爱了。这是一种没有依附的爱，完全源于宇宙中一种微小的、有意识的部分；这是一种无私的爱，散发着善良、同情、欢乐和平静。

第 12 章　重新关注地球母亲

忘记如何挖掘地球及如何照料土壤就是忘本。

——圣雄甘地（MAHATMA GANDHI）

生活在工业社会的大多数人往往既不知道、也不关心我们人类的最基本需求——吃的食物、为我们遮风挡雨的房屋及喝的水来自何方，或者我们制造的废物去了哪里。我们这个社会的基础设施和信仰体系创造了这样一种错觉，即我们与自然界互不相干，即使我们人体本身就是由小到原子水平的粒子构成的。很多人认为我们人乃是事物的化身、生物圈中的哺乳动物，我们呼吸空气、喝水并且吃食物。

作为一个在芝加哥郊区长大的人，我从来就不清楚食物是怎么来的？我也从未考虑过这件事，甚至在吃饭的时候也没考虑过。但是我现在明白人与食物之间的联系对于思考人类在生命网络中的位置是多么必要。

1900 年时有 41% 的美国人种植粮食，2000 年时这一数字下降到不足 2%。[1] 或许本章可以激励你再次操起农活（从而把两手弄脏）。

种粮食（即将）

种粮食很快将成为一种革命性的行动和技能。如果工业文明退却，那么这种技能会信手拈来。它还是我对生活所做的最满意的改变之一。在第一次种了西红柿后，我就被这种劳作迷住了。

我直到 35 岁左右时才开始认识植物，因为我的父母不喜欢种花草。当我离开家上大学时，我都是在大都市旅行，住在世界上一些最大都市的小公寓里。我感到与世隔绝，跟地球的联系割裂了。

但当我们搬到加州后，我立刻感到自己跟这种高大、繁茂、可以给我们的房子遮阳的鳄梨树密不可分了。这种树是渐渐吸引我的。起初，我像前任房主一样，继续向从事割草和吹树叶（mow-and-blow）的工人支付薪水。每两周，他们都会带着噪声很大的机器来到家里，并填满绿色的垃圾桶。但是我喜欢清静胜过吹树叶的声音，所以我叫停了这些园艺工人的工作。然后我在鳄梨树下支起了吊床，盯着树叶看。

我有 3 个邻居是很有经验的园艺师，当我开始了解植物的时候，我家街道对面的两个邻居吉米（Jimmy）和阿普里尔（April），非常慷慨地跟我分享他们的园艺知识。他们是我们所住街区里第一批拔除草坪并且在自家前院种上作物的人，他们的种植技艺也令我感到鼓舞。我每天骑车上班前都会花一小会儿时间看他们怎么做。

而我的隔壁邻居鲁本（Ruben），看上去与卡洛斯·桑塔纳（Carlos Santana）[1] 长得一模一样，很擅长养花弄草，还养了一群小鸡。他搬走时赠给了我两只小鸡及一些盆栽植物。一夜之间我变成了养鸡人，所以我必须要弄清楚怎样让这些植物健康成长。

现在，许多年过去了，我将这些植物看作小生命。无论我从这些植物上摘下一片叶子还是一颗果实，甚至刨出一粒种子，我都带着尊重和感激的心情万分小心。每一粒种子都是珍贵的，虽然体积很小，但却承载着超乎想象的复杂的基因图谱，经过数十亿年的演化，变成了创造奇迹的植物生灵——成为我们可以吃的有营养的食物。

几种我最喜欢的植物

做园艺工作要求你尊重你所在地方的土地和你所在地的气候。我在阿尔塔迪纳种植的方法未必适合你。所以多跟其他的花匠或园艺师讨论，搞清楚你所在的城市适合怎样的园艺，然后种你喜欢吃的东西。

记住上面这些忠告，也允许我向你们介绍几种我最喜欢的植物。

首先，果树。从曼哈顿来到加利福尼亚，我惊喜地发现这里果树遍地。

[1] 系墨西哥裔美国音乐家，成名于 20 世纪 60 年代末和 70 年代。——译者注

当搬进新家后，我发现自家的院子里就有 9 棵果树，但我很快就把李子树和桃树养死了。这促使我不得不学习树木养护的基本知识，我还通过邮寄的方式订购了一些裸根植物并种上了它们。现在在我仅有 1/20 英亩的土地上已经种上了 20 多棵健康生长的果树。我最喜欢的是鳄梨树，但是我也喜欢橘子树、无花果树、石榴树、油桃树，这些树都能开出艳丽的花朵。这些树还能结出我从未尝过的最好的果实。例如，柠檬树结果期可以长达半年左右，其间我们天天用柠檬炒菜。

我非常高兴能够吃上自家种的时令水果，然后在下一个种植季节来临之前可以休息一段时间。当水果第二年又回来时，那种满足感更强烈了。这种季节性的往复循环也正是自家种粮食能够带来的快乐之一。

因为我还是一个比较懒的园丁，所以也喜欢四季常绿的蔬菜。在我们的前院有几株漂亮的洋蓟树，年景好的时候，每一株都可以长到差不多一辆大众甲壳虫轿车大小，结出 20 颗洋蓟（在橄榄油、白葡萄酒、柠檬汁、蒜汁中慢慢炖绝对是一道美味）。在春天和初夏时芝麻菜就成为我们院子里的主要植物了，我认为它可以算是一种常绿植物，因为它可以自己反复播种，我喜欢它清新的香辣味，特别是用在三明治上的时候。

所有自家种的食物都比你能买到的味道好，对土豆来说尤为如此。把自家种的土豆烤一下简直就是给老天准备的食品。我种的土豆和西红柿相对来说都容易生虫，因此健康、完整的土壤免疫系统对于生长出强健的植物非常关键。作物轮作可以防止过冬的疾病等问题。除上面说的作物外，我还喜欢种食用甜菜、大蒜、芥末、甘蓝、卷心菜、茄子、甜土豆、胡椒、迷迭香、芦笋、黑莓、南瓜、大黄。而高粱是一种可以自行生长的粮食作物，煮起来像米饭一样好吃。[2]

过去的这些年，我有成功也有失败；但我不会由于失败而过于紧张。我依然能从在我们社区花园工作的园丁那里学到智慧。

> 如果所有人都去从事农活，那就再理想不过了。
>
> ——福冈正信（MASANOBU FUKUOKA）

氛围：轻松地去做

如果你不加以控制，做园艺工作也能让

你变得劳累过度。如果说到园艺技能，可能最重要的是要有自我意识。

节省体力的园艺实践活动

我第一年的园艺种植活动包含了许多本可以避免的失败和挫败。下面是我从实践中得到的一些教训：

- 灌溉：滴灌对于像南加州地区这样炎热、干旱的地区是非常必要的。不规律的浇水会让植物承压，降低产量。休假则会对花园造成致命的影响，不管临时照看花园的人有多么良好的愿望。出人意料的是，安装滴灌系统比预想的要简单。就像园艺中的大部分事情一样，滴灌系统可以从小规模开始，根据需要再扩充升级。
- 四季常绿植物：我的常绿植物能年复一年的保持生长，而我几乎不用做什么。除了树和常绿蔬菜外，[3]我也喜欢一年生植物，它们可以自行播种。搬到新家后，我首先开始种多年生植物，几年之后它们就变成熟了。
- 覆盖物：铺上一层厚的木屑、碎叶或稻草，这些土壤上面的覆盖物看上去就像一面盾牌。有了覆盖物后，水的消耗量差不多可以减少一半。它还可以减少杂草丛生和增加土壤的肥力。我喜欢覆盖在多年生植物周围的 4 英寸厚的盖层。当我需要盖层的时候，我就会向在附近社区工作的树木栽培家要一些木屑，这倒省了他们送到垃圾场要走的一段较远的路程；同时这还省了填埋垃圾时的排放（这是一个三赢的局面，一个三方受益的礼物）。
- 一层薄覆盖物：有一个简单的办法可以为种草和播种做准备：那就是用园艺叉弄松土壤，然后将纸板盖在草上面，最后再将覆盖物盖在纸板上面。保持湿润。
- 地区的特殊性：果树结果前要花费数年时间，所以只种适合在你所在的地方生长的植物。多跟你的懂园艺的朋友交流。
- 保持空间：树木和其他植物都需要足够的空间，新手常犯的一个错误就是种植得太密。
- 耕种和二次挖掘：一些人对此深信不疑，但我不在乎。太多的工作可能会伤害土壤群落。
- 节省种子：我可以省下某些特定品种的种子，节省金钱，还可以大量的节省下来赠人。节省种子比你想象得更重要——在世界范围内它都是建立一个有活力的社区的关键。可以考虑启动一家种子图书馆。

开始时，我觉得园艺是一件很费时费力的工作。似乎所有的小动物和害虫都跳出来跟我作对，地里却什么东西都长不出来。最后，我只好怀着感激争；他只看到了舞蹈。

福冈正信就没有看到这样的战

之情看待土壤，我变得不再那么纠结于是否能获得收成。作物来也好，去也罢，都是自然规律。有时它们会获得好收成，有时就不会，我顺其自然。

我对饥饿的小动物也倾注了更多的耐心。因为这片土地属于我，也同样属于它们。它们吃我的鳄梨或掘开我的花坛并不针对任何人，像我一样，他们仅仅是为了谋生。松鼠喜欢在每只鳄梨上都咬一口，但我不介意。我只需要在给成熟果子削皮时把被咬过的部分切掉就可以了。

我注意到如果我被这些小动物搞得心烦意乱，不仅我自己不好受，这些小动物似乎还会搞更多的破坏。但当我对它们怀有同情心的时候，我反而不难受了，它们破坏的程度似乎也减轻了。

有一件事很重要，那就是认识到并避免不必要的工作，与大自然进行合作而不是跟它对着干。这既节省时间、精力，也能减轻后背的疼痛。福冈正信，这位“永久培养之父”，倾其一生都在完善大米、柑橘、蔬菜和冬季谷类作物的种植，在其 1978 年出版的书《一根稻草的革命》中，他详细描述了自然耕种的原则：不犁地、不施化肥。[4] 福冈正信依靠正确的时机（在收获夏季水稻前播种冬季作物）、绿色施肥（三叶草）、稻草（除了地里的收成外他会归还所有的东西）及少量家禽粪便（用于帮助分解稻草且弥补收获的谷物）。

福冈正信让生命网络自己去做这些重要的事情，结果年复一年，他的土地的产出可以与日本任何工业农场的产量相媲美。既然如此，为什么不能每个人都像福冈正信一样耕种呢？首先，自然公众需要有一个长远的眼光，因为要让（收割完后的）自然系统重建和恢复稳定需要花费几年的时间，对于追逐利润的农场来说，要完成这样的转变显然是困难的。

从事福冈式的自然耕种还需要对土壤和生态系统有一个深入的、直观的理解——特别是对于杂草、昆虫和昆虫的捕食者。福冈正信经历了许多年的尝试和失败后才摸清在他那块独一无二的土地上怎样耕作才能获得好的效果。他写道：“我大概比日本其他任何人都更加清楚，种植农作物时什么地方容易出错了。”[5] 而在工业农场及其他许多家庭的后院花园里，人们都对此缺乏深入的理解，而简单地以化石燃料技术取代了事。这看上去似乎更方便：因为在当今时代，谁有时间去仔细观察生命网络呢？但是如果不观察，我们

种粮食应该被列入小学课程大纲中，与阅读、写作和算术平起平坐。

就可能破坏这一脆弱的网络，从而使农民陷入使用大量重型机械、化学品和转基因种子对抗自然力量的艰苦斗争中而无法自拔。

福冈正信就没有看到这样的战争，他只看到了舞蹈。但是他的舞蹈需要有耐心和花时间去学。

最后，没有必要一开始就把整个花园都种满，我的花园也是经过多年后才逐渐长成现在这样的。当我想在花园里干活时，我就去干；当我不想做时，我就不干。当我心情好时，我愿意照看这片难看的和长满杂草的土地。春天的时候，我喜欢每天暴雨过后除一次杂草，这时候地表比较软，杂草也刚长出来不久。而在晴朗的天气里全神贯注做这些的时候，我却很少知道有像除草这样有益于身体健康和身心放松的活动。

我自己种粮食就可以养活我的家人吗？

我花了大约 5 年的时间才成了一名合格的有机园艺师。如果需要的话，我可以利用我学到的这一技能养活家人吗？

如果我在阿尔塔迪纳镇有 1 公顷土地，并且全年都是生长季，种植粮食和保存食品是我最重要的任务时，我可能会这样做。但是这必须以能够获得以下这些资源为前提：可靠的水源，成熟的果树及其他常绿食用植物，以及一个多元化的社区，其中生活着专业的园丁，这样我就可以跟他们交流知识。

我的经验与福冈正信的说法相符，他曾写道："如果每个人都被赋予 1/4 公顷的土地，对一个五口之家来说就是 1.25 公顷，这对这个家庭的一整年来说已经足够有余了。如果实行自然耕种，则农民就有足够的时间进行休闲和参加村子里的社会活动了。我认为这是使这个国家成为一片幸福、愉悦之地的最直接途径了。"[6]

要掌握这些技能并把土壤整治成人需要种粮食的地方，需要花费数年的时间，并且不获得所在社区的强有力支持是不可能的。如果开始种粮食是因为你将会面临饥饿，这与你已经跳出飞机，因此开始编织降落伞是同样的道理。

过去我对全球工业粮食系统有一种盲目的信仰。现在我相信我们有责任教育我们的孩子如何种庄稼，这样做既可以帮助他们过上满意的生活，又可以增强社区的活力。园艺在我们的学校里应该与阅读、写作和算术处于同等重要的地位：让学生获得有关食物、植被和土壤的基本知识。

用施肥来增肥土壤（反哺）

我正在学习将植物和土壤作为一个系统来考虑。当土壤土质好的时候，植物就会生长得好；当土壤不好的时候，害虫和疾病就很容易乘虚而入。[7]

记得我刚开始在花园里种花养草那会儿，我家后院里的土壤是贫瘠的。但是去花园商店买些四处打补丁的塑料袋并把它们拖回家又显得很疯狂。当我第一次听说“人粪”的时候，看上去似乎很疯狂——但如果不试一下似乎又过于理智。将我自己的排泄物作为肥料不仅能降低 CO_2 排放，而且能节省用水和减轻污染。

> 嗯，让大型动物像人一样寻找肥料？
>
> ——纳慧夫·霍金斯（JOSEPH JENKINS），《人性手册》

植物对我们人类很慷慨：给予我们阴凉的树荫、美丽的森林、建筑材料、燃料、清洁的空气与水、可以吃的食物。可以不夸张地说，我们的生命都拜植物所赐。作为回报，我们则给予它们我们非常乐于给予的礼物：粪便和尿。生物圈确确实实是个美丽的系统。

将自己的粪便做成肥料是一个经过深思熟虑的做法。这与视而不见、一时心血来潮的疯狂想法完全不一样。这让我想起自己也是一种动物，虽然让人感到有些颠覆，但正是这点让人感到很有趣。[8] 我这么做已经很多年了，这已经成为我生命中非常自然、轻松的一部分。

起初，把粪便做成肥料就像另一项工程，给我生命中多增加了一项任务。不过现在我认为它简化了我的生活。我从生活中减去了抽水马桶、我也省去了购买土壤添加剂的需要。现在，每星期一次，通常在星期天的早上，我都会把一揽子粪便倒入粪池堆中。当我这么做的时候，我就想到了炼金术。

怎样将人的粪便做成肥料

在将粪便做成肥料的过程中，真正起作用的是微生物。粪肥不需要化石燃料、所需要的水不到抽水马桶的 5%。[9] 我遵循约瑟夫·詹金斯（Joseph Jenkins）在其《粪肥手册》[10] 中所描述的系统。马桶就是安装在一个胶合板盒子上面的标准马桶座下面的一个桶。[11] 安装一个就是几分钟的事儿。

“抽水”（flushing）则用几把叶子（最好是碎叶子），马粪（最好是干的），或任何其他比较精细的覆盖物（通常指棕色的材料）。詹金斯用的是当地锯木厂的锯末，这对于居住在宾夕法尼亚西边的他来说很容易得到。只要用足够的土质材料覆盖在新堆起来的粪便上，就不会有气味。

除了桶外，该系统还需要 2 个粪肥堆：一个用于累积粪便，另一个用于成熟发酵。

一年后，我用专用的干草叉将第一个堆中的粪移到第二个，即发酵堆。在那里肥料再发酵一年。

两年后，大粪就变成了富含营养的肥料。我将其用于花园和果园，放置在花坛的上面。施于任何需要额外营养的植物。

清洁卫生

为了安全，人的粪便必须正确地处理。在实践中，就意味着必须将其加热到足够高的温度以杀死病菌。

值得注意的是，即使是在近代的美国和欧洲，霍乱也是生活中一个无法回避的存在。当下水道污物污染饮用水源的时候，这种疾病就很容易流行，霍乱在 19 世纪和 20 世纪曾夺走了数千万人的生命。即使在今天，每年仍有 10 多万人死于霍乱。而全球变暖被认为有利于霍乱病菌的生存和流行。[12] 而且霍乱还不是你从排污物中获得的唯一病菌，患病的人的排泄物也可以传播其他细菌，如寄生蠕虫、原生动物及病毒。

然而，对人的粪便进行正确的处理就可以消除这些危险。只要对其加热足够的时间，排泄物中的病菌就可以被杀死。粪堆之所以能热起来是因为有能生热的喜欢热量的微生物的存在。粪堆温度越高，杀死病菌所需要的时间就越少。如果粪堆的所有部分能维持在 144 ℉（62℃）达 1 小时，122 ℉（50℃）

超过 1 天，115 ℉（46℃）超过 1 周，或者 109 ℉（43℃）超过一个月，则“就可以保证所有病原体被彻底杀死”。[13] 这是粪便的一条金律。

在累积阶段，不管我把温度计插在哪里，我的粪堆温度稳定地维持在 110 ～ 120 ℉（43 ～ 49℃）。更重要的是，两天后新增的 5 加仑肥料的温度攀升到 135 ～ 140 ℉（57 ～ 60℃），并且能维持一个星期或更长。[14] 事实上，维持这一温度 3 天以后，基本上新增粪便中的所有病原菌就都被杀死了。时间越长就越能保证这一点。[15]

事实上，将这些粪便材料从堆积粪堆移到发酵粪堆相当于对它进行了二次加热杀菌。我曾经注意到，在把粪便从累积堆移到发酵堆 2 天以后，新的发酵堆的温度就攀升到 155 ℉（68℃），然后有一个多星期的时间维持在 152 ℉（67℃）以上，在 145 ℉（63℃）以上再维持 4 天。[16] 实际上，将粪便移到发酵堆以后，原先处于表面的一些材料就与内部较热的粪便混合在了一起，这样就确保整个粪堆的温度都保持较高的水平。

当第一个粪堆晾在那里几个月之后，我用鼻子检查了一下。由于我们的嗅觉是直接与微生物界相关联的，令人不愉快的气味通常就意味着有某种东西会让人致病。自从我把第一桶粪倒在那里已经有 5 天了，目前它有 4 英尺长、3 英尺宽和 2 英尺高，没有令人作呕的苍蝇飞来飞去，只有泥土的味道。

我用一柄长的干草叉一直插到土壤里。这一堆粪肥的核心，由于放在那里已经有好几个月了，因此与最近刚添加上去的粪便相比颜色较深，无论看上去和闻起来都与通常的肥料没有二致：就像深黑色的碎叶，散发着浓浓的泥土味道，一些虫子在周围急匆匆地爬着。不仔细看看不出是人的粪便留下的，即使将鼻子凑到离它几英寸的地方也闻不到刺鼻的气味。我走过去，从肥堆的底部抓了一把这些肥料，它看上去、摸上去、闻上去都像是尘土。这些粪便真的已经变成了肥料。

人的粪便的两大好处再怎么强调也不过分：①它简单且便宜，只需要一只桶、一只温度计、一点点相关知识、几家共有的一小块土地就可以了；②它将可以致病的粪便变成有价值的、健康肥沃的土壤。只要全球发展的技术还在进步，则很少有事物能像人粪一样让世界上的穷人受益。

从全球范围来看，每 3 个人中就有 1 人——大约 24 亿人——无法去一个体面的地方如厕。其中有 10 亿人还在随地大小便——躲在灌木丛后面，甚至在街道上。余下的人则首先排在一个桶里，然后将桶里的粪便随意倾倒；或者使用非常简陋的所谓厕所（在地上凿的一个洞；或者是用几根柱子在屋外撑起来的一个简易厕所，地面上同样有个洞）。[17] 另外的 10 多亿人则只能使用“改进”了的坑厕，而坑厕本身就是地下水的主要污染源，随着气候变化引发的洪水增多，这一形势会变得更加严峻。[18] 事实上，这种状况还相当致命，被污染的饮用水每年直接导致的死亡人数差不多就有 30 万，同时还是大规模疾病流行和营养不良的元凶，特别是对于儿童来说。[19] 在印度，超过半数的地下水和 80% 的地表水都受到下水道污物的污染，而这个国家辍学的女孩儿中有 40% 认为，她们之所以选择退学是因为学校里没有厕所。[20] 而把人的粪便做成肥料则是一个非常卫生的办法。并且由于受过教育的妇女倾向于少要孩子，所以把人粪当作肥料甚至最终还能够对控制人口过剩有所帮助。

人类粪便比通常的废物处理起来要安全

与印度相比，美国的情况虽然在某些方面要好得多，但还远谈不上完美。美国有 20% 的家庭使用化粪池（septic tanks），[21] 这种设施收集家里的和个人的废弃物，经过短时间沉淀及最简单的厌氧分解后，这种并未经彻底处理、仍然含有大量病原体的污水，就被简单地排入到土壤中或“沥滤场”。像坑厕一样，这样的系统也会缓慢地引发地下水污染。[22]

在美国，另外的 80% 的废弃物通过管道输送到污水处理厂，但这有时也会出现问题，特别是在遇到暴雨时处理起来很困难。例如，在洛杉矶，下雨后一些海滩会经常关闭，就是因为大量的未经处理的污水的排放。

即使所有事情都正常进行，这一过程也会产生数以吨计的有毒污泥。在处理厂，微生物仅在大约 95 ℉（35 ℃）的条件下被放置处理了 2 周左右——无论时间和温度都不足以杀死病菌。随后这种“生物固体”就被卖给农民和市民。我父亲过去就经常把这种肥料施于草坪上。首先，它闻起来像粪便，这能说明一些问题；其次，大部分这种生物固体都属于“B 级”，这意味着它们含有大量的病原体。

进入污水处理厂的原料中还包括洗涤剂、工业废弃物、无法分解的药品，如铅和镉这样的重金属，以及其他毒素。这些不易分解的药物和重金属会在土壤中累积，而某些作物很容易吸收它们。[23] 要修复这些土壤就有必要把被污染了的泥土用卡车运走，越远越好。所以，我个人是不会用这样的生物固体来给我的土地施肥的。

抽水马桶使用起来的确方便，但我们也付出了高昂的代价。

禁忌

在我们的文化中，粪便其实是一个禁忌，[24] 这是有充分和合理的理由的：因为它携带病菌。但是在经过恰当处理后，粪便就不再是粪便了，不管是看起来还是闻起来都不再像粪便了。即使它们进入你的食物和饮水中，你都不会觉得恶心。

然而，禁忌的力量来自它带有强烈的感情色彩。仅有事实证据还不能使一些人信服，继而摆脱禁忌。但是随着时间的推移及熟悉程度的加深，人们可能会摆脱这种禁忌。目前，我把人粪作为化肥使用已经有好几年了，我可以拍着胸脯说这对我来说很快就不是什么大不了的事了。但是我太太莎伦却为此忍受了我的怪癖达 3 年之久，然后突然有一天，她也开始使用叶厕了。

人的排泄物

时间飞逝，地球在变暖、企业帝国的垄断在强化，战争在肆虐。但我却在这里不厌其烦地描述人的粪便。我如何向别人证明我不是在浪费时间呢?

我是哺乳动物，同时也是一个人，这个人要照看他的花园，要回归他的地球。好的事情要成长和普及总要花费时间。我只能尽我所能做我能力范围之内的事情，并且尽可能快地去做。我岁数已经不小了，我懂得耐心比惊慌失措效果往往更好。

事实上，我认为人粪肥料与我们正在面临的困境息息相关。除了抽水马桶引发的生态问题外，它们还是我们不知不觉间与自然界割裂开来的一个有力象征。由于技术让人类超越了自然界的某些限制，我们就只管忙我们的生意，好像我们已经不是动物了。但实际上不管我们发明了什么，我们永远是自然界的一部分。

把自己的粪便变成肥料使我想起是什么在供养着我及我在自然界中的位置。它还让我想起我从哪里来，还将到哪里去。

没有粪便的肥料

或许你还没有为人粪肥料做好准备。不用担心：没有人粪也可以做并且维持一个最基本的肥料堆。或许某一天，你会试一下人粪。我就有一个箱子用来装虫子，这并不困难。每天看看虫子我会感到很高兴。

其实关于基础肥料和虫子肥料的介绍随处可见。但对我自己来说，我认为把人粪做成肥料是一种更有深度和远见的实践活动。

关于人粪肥料的一些实用小窍门

如果你决定试一下人粪做成的肥料，下面我学到的这些或许能对你有所帮助：

- 挑选一块阴凉的地方用来放置粪堆。
- 准备一个用来测量肥堆温度的温度计。
- 准备一个单独的干草叉用来整理你的肥堆，不要用它做别的事情。
- 厨房和院子里的废物也可以扔到粪堆里。与一些施肥中形成的教条不同，我可以把任何东西都当成肥料：肉、奶制品、动物死尸、宠物粪便。为了不让动物靠近，可以用1/2 英寸的布把肥料堆圈起来（如果你不想让老鼠进来，可以用 1/4 英寸的布）。
- 厕所手纸、面巾纸及餐巾纸都可以做成肥料；如果每次只加一点儿的话，撕碎的纸及纸板也可以成为肥料。
- 甚至木棒都可以做成肥料，但首先要把它们掰成小片或小块。
- 仔细留意水果和蔬菜上的塑料标签，这些塑料从来不降解，也不会腐烂，这确实让人感到不可思议。但在观察肥料堆时确实能看到这一点。
- 如果你的肥料堆不会自行升温，那么你的确需要找出原因并且纠正这一问题。可能会有以下这些原因：太多的碳元素，没有足够的氮元素；水分不足；氧气不足。当然也可能是由于你的肥料堆体积不够大——热量的产生似乎需要一定的临界值。经过实验后你就会发现这类问题。做出改进后，通常需要 1 ～ 2 天才能看出温度的变化。

鸡

> 我不准备写颂歌，那会令人沮丧。可是我要像黎明时分的雄鸡一样，在栖木上引吭高歌，只为唤醒我的邻居。
>
> ——亨利·大卫·梭罗，《瓦尔登湖》

我们还养了一群母鸡，这给我们带来了很多乐趣。我的大儿子布雷德尤其喜欢它们。养了这么多年鸡后，我依旧喜欢从巢箱中捡拾鸡蛋。

每只母鸡下的鸡蛋都是不同的：有棕色的、蓝色的、红色的和白色的。有些蛋又大又圆，有些蛋又长又细。看到母鸡将吃进去的厨房残羹剩饭、花园种子及各种虫子变成了鸡蛋，就让人联想到炼金术。而且这些鸡蛋很美味：这是有机的、“放养”的鸡生的蛋，与商店里买来的平淡无味的鸡蛋形成了鲜明的对比。

喂鸡

大多数在自家后院养鸡的人都用商店里买来的谷物饲料喂自己的家禽，辅之以牡蛎壳来增加钙质。除此之外，我们家的鸡还吃厨房的剩饭及院子里的虫饲料。[25]

在郊区的自家后院养家禽遇到的问题是让我成为免费素食主义者的原因之一。有一次，在采购了一些杂货后，我偷偷地看了下那个商店用来盛喂鸡的饲料的大垃圾桶。出乎我意料的是，我看到了一整箱完好无损的茄子。这实际上对鸡并不好，反而很适合于做一大盘“巴巴加诺什”（baba ghanoush）[1]，后者我经常会跟朋友和邻居分享。而当前我们家的母鸡大概有1/4的饲料来自人们扔掉的食物——奶制品、生菜莴苣、少量的面包，甚至偶尔会有些肉。

我也在春天给我的母鸡喂草和杂草。我开始发现母鸡最喜欢杂草，肥美的青草和蒲公英可以作为第二作物。（很高兴看到“杂草”让园艺变得更加愉快。）鸡不吃的东西成为鸡宿的一部分，所有这些东西最终会进入我的堆肥堆。

---

[1] 是原产于地中海东部的一种食品，用捣碎的茄子配以芝麻粒、橄榄油及多种调料煎炸而成。——译者注

就像所有的生命一样，不管是植物、动物或者其他的，鸡也需要完整的膳食才能长得茁壮。健康的鸡一定是活泼好动的，产的蛋也一定有美丽和坚韧的外壳；羽毛也是光滑而美丽的。除非恰好处在换毛期间，如果是这种情况它们看上去会令人忍俊不禁。

生与死

养鸡改变了我对于生和死的看法。就像人一样，鸡也处于生生死死之中，来到这个世界上后，又很快死去。然而一方面，鸡的这种生死看上去更加明显，因为整个过程更快更短，并且也远远没有我们人类那么多的感情依恋和纠结；另一方面，我们人类与鸡完全一样要受到自然界生命循环的制约，先出生，然后在这个世界待上一段时间，再化为其他的东西。

就像我曾经说过的，我们的头两只小鸡是邻居鲁本搬家时送给我们的礼物；布雷德分别给它们起名叫“冰激凌”和“果派”。“果派”是一只漂亮的、自我保护意识很强的、来自罗得岛州的红公鸡。公鸡不仅在黎明时分打鸣，只要高兴它们在任何时候都可以叫得很欢。虽然我很喜欢活泼的鸣叫，但那个搬进鲁本原先住的房子的可怜的家伙快要疯了。所以我当然只能把“果派”叫回家了。

这至少有一部分是文化上的原因。和鲁本一样，住我家对面的另外两个邻居也是西班牙人。他们告诉我公鸡让他们想起了他们自己的童年，因此他们很喜欢。但是刚搬过来的这位新邻居，虽然也是一个和善的人，但在这件事上却非常生气地问我：“什么样的人会养公鸡？！”很显然，我们怎样对待我们邻居家的公鸡取决于我们把什么视作正常。

公鸡离开后母鸡通常还能继续下 2 ～ 3 个星期营养丰富的蛋，因此我借了一只孵化箱并且试着孵化几个出来。我选择了“普利茅斯岩石鸡”（Barred rock hens）“战利品”下的几个蛋。普利茅斯岩石鸡与罗得岛州红公鸡生出了“黑星”的小鸡：因为孵化出的小母鸡完全是黑的，而公鸡们的头部则有一个白色的印记。考虑到孵化场的现实情况，只有母鸡很重要，白色则被视作死亡印记。

鸡蛋在孵化器里要静静地待上 21 天。为了发育，鸡蛋必须维持在恒定的 100 ℉（约 38 ℃）。如果放在冰箱里，则受精卵无法发育成胚胎（而许多人认为可以，这就是一个我们已经变得与我们的食品如此割裂的突出例子）。

一天早晨，我发现其中一个鸡蛋破成了两半，散落在一只浑身脏兮兮的小鸡旁边。这是一只没有白色斑点的黑色母鸡。其他的鸡蛋都没有孵化。可能是“果派”离开后我等得太久了，终于等到了这么一只，所以我们在饲料店给它买了只棕色的“马勃”（puffball）做伴儿。我儿子布鲁德分别给它们起名叫“巧克力”小鸡和“奶油糖果”。

小鸡在长到足够大，被引入鸡群之前，必须单独饲养 3 ～ 4 个月，这是一个需要建立起新的啄序的过程。在这段时间，这两只小鸡就生活在我的厨房里，整天叽叽喳喳的，然后再跑到垃圾桶里。12 月时，小鸡融入鸡群中很顺利。然后 1 月的一天晚上，温度突然降到冰点以下，对阿尔塔迪纳来说这是很少见的寒潮。

但是第二天早晨，我们突然很奇怪地发现“巧克力”斜躺在笼子里的地板上，死去了，身体冰冷。我当时震惊了。这是一个彻底的意外，但是片刻以后，我就不觉得那是意外了。

前一天晚上，我把它放在鸡笼的地面上。可能是害怕成年鸡，它没有像“奶油糖果”那样跳过去跑到鸡窝里跟其他家禽依偎在一起。相反，它自己跑去睡到地板上，从此再也没有醒来。是否有一刻它突然侧翻在地？其他的母鸡注意到这点了吗？不管怎样，布鲁德、赞恩和我一起把它深埋在了肥料堆中。

工厂化养殖

我们这个社会与我们赖以生存的食物来源几乎完全隔绝。我们从超市里购买不带血的、用压缩塑料袋包装好的商品化的鸡腿，但我们从不考虑这些肉是哪里来的，我们也不想知道。缺少共鸣和同情心让我们心甘情愿——甚至是十分渴望地——加入残忍对待其他生命的体系里（我相信是类似的隔绝和冷漠让人们走向战争）。

如果是在自家后院养一小群家禽，你可以清楚地了解你养的母鸡是否是健康和快乐的。但如果是在工业农场里，数十万只家禽挤在一个屋檐下，母鸡在可怕的环境里过着短暂和悲惨的生活。就像我们的工业生产系统中出产的家畜一样，这些家禽不被看作有生命的个体，而是被看作从中可以攫取财富的原材料。这些母鸡在产蛋大约一年后就遭到屠宰，被碾碎成为宠物食品，因为此时它们的产蛋量减少了。这样的财富攫取体系与生物圈格格不入。除了残忍外，这样的系统还容易崩溃。

不管鸟还是其他牲畜，如果饲养空间太拥挤或太紧张时，它们都容易染上疾病，因此饲养员就用注射抗生素的方式来维持它们的生命。狭小的鸡舍、不良的健康状况，乃至抗生素都使得工业农场成为新的病毒菌株和多重抗药细菌的滋生温床。而且这些细菌和病毒偶尔还会传播给人类。[26] 2015年，一场突如其来的禽流感暴发夺去了5000万只母鸡、火鸡和鸭子的生命。家禽堆积如山，整个禽类加工业都神经紧张，[27] 担心还会有下一场流行病来临。流行病学家和公共卫生专家同样紧张，但是他们担心的原因却更加让人不安。[28]

我自己家后院的家禽也曾受到过工厂化养殖带来的间接伤害，它们患上了“马莱克氏病”（Marek’s disease），这种病最明显的特点是在家禽的神经系统中长出肿瘤，导致鸡腿和鸡翅麻痹，并且无法治愈。直到最近，家禽才被定期注射疫苗来对抗“马莱克氏病”，但是这种疫苗似乎有些“遗漏”：因为被注射了疫苗的禽类，虽然主动地摆脱了这种病毒，但似乎又弱化了基因库，强化了这种病毒。

我不是反对疫苗——那些反对的人如果看到了患有天花的小鸡的照片，或了解了本杰明·热斯蒂（Benjamin Jesty）[1] 的生平，会在这件事上做得更好——但是这种疫苗对于我的家禽来说简直就是个诅咒。我所在地区的人们已经不再接种疫苗了，但是我们家的、已经完全长大了的母鸡却在散布这种病毒。于是我被迫对几只染病了的小母鸡实施了安乐死。

---

[1] 英格兰农民，是最早使用牛痘对抗天花的人之一。——译者注

养鸡的几个实用小诀窍

养鸡相对来说比较容易，也比较容易获得回报，下面是一些小技巧：

- 必须确保鸡的居住环境是安全的，能够防止食肉动物的侵扰；人类并不是唯一喜欢吃鸡肉的物种。对浣熊来说，细铁丝网就可以拦住它。

  我造了一个围栏鸡窝，完全封闭在镀锌的硬布中、放到地下 1 英尺的地方，这样的话我就不用劳神劳力地一大早就打开鸡笼，傍晚再去关上它了（这对于晚上约会和睡觉都是好事儿）。
- 我把草垫铺得比较深——用大约 6 英寸厚的稻草和花园废物铺成——放在鸡窝里面。铺得深可以消除鸡粪便的味道，否则在下雨天这就是个问题。大约每年我都会把草垫换一次，把用过的草垫做成粪堆。
- 我有一个谷物排种器和给水装置，这可以让母鸡连续存活 4 天而无须人的干预，这点很管用，尤其当我们背着包出去旅行的时候。如果我们出去很长一段时间，还可以委托邻居帮我们检查食物和水，并把鸡蛋收起来。
- 给鸡喂的任何食物在黄昏后都不能让老鼠轻易得到。我把饲料放到一个镀锌的金属做的饲料盒里，上面有一个盖子，只有当母鸡走到踏板上时，盖子才会打开。毕竟防止老鼠进入还是容易一些，一旦它们进去了，想把它们赶出来就没那么容易了，特别是当你不愿意杀死它们的情况下。
- 在某些时候，你需要对小鸡实施安乐死。我建议用醋、小苏打和一只 5 加仑的小桶。当然，操作时要带有同情心。

蜜蜂

> 和蜜蜂一起工作就是为了克服恐惧。蜂巢是爱的化身。蜂巢是通向新世界的窗口。
>
> ——萨姆·康福特（Sam Comfort）

石兰科的灌木（manzantitas）正在随风飘拂，我躺在下面吸吮着花蜜的芳香，感受着阳光的温暖，并聆听着头顶上方蜜蜂们不绝于耳的、但又让人感觉很舒服的鸣叫。这是在内华达山脉（Sierra Nevada）山脚下的早春 2 月，我已经在此打坐了 7 天。我的头脑很清醒，因为它在每一个连续的时刻都可以停留相当长的时间，我感觉自己的身体完全就是躺在家里，因为就在这个地球上。

我驾驶着我的梅比走在回家的路上，穿过加利福尼亚的中央峡谷（California's Central Valley），穿过高速公路旁的一簇簇蜂箱，而此时杏仁树刚开始开花。养蜂人用卡车装载着这些蜂箱走遍整个国家，有些甚至是从澳大利亚空运过来，由此杏仁产业能够利润最大化。

倒退

我是一个落伍的养蜂人：我养的蜜蜂属于当地比较凶猛的品种，我不用任何农药和杀虫剂，也不用抗生素或做任何处理。野生的蜜蜂确实比驯化了的蜜蜂要凶猛一些，但是它们并不坏。

我第一次与这种蜜蜂的近距离接触是在圣莫尼卡（Santa Monica）消防部门训练场地上一辆拖车下面的狭小空间里。当时我正在剪开一个蜂箱：给一群野生蜜蜂重新找个家，否则它们就要被消灭。数万只飞舞的蜜蜂愤怒地围着我不停地嗡嗡叫着。空气中的味道闻起来像是香蕉，这是蜜蜂分泌的警告性信息素在起作用，是自卫的信号。我的本能告诉我不能待在这里，我做了个深呼吸，遵从了要我逃跑的命令。我的新制防蜜蜂服似乎起了作用。

这一蜂群组成了我养的第一个蜂箱，我与两位经验丰富的养蜂人密切合作，苏珊（Susan）用一把小刀从拖车的底部切下来一片过滤梳蜂巢并递给我，这块蜂巢的两边都布满了蜜蜂和流淌着的蜂蜜。当我用戴着手套的手轻轻地拿着这块蜂巢时，我能感受到蜜蜂在我的手指下面像一个个微小的活力弹簧般不停地振动，这种振动感觉很奇特。我把每一片过滤梳都递给保罗（Paul），而他就站在外面，用橡皮筋将过滤梳梳子固定在木头框架里，这样他就可以依次将一片片过滤梳放进 2 个木箱内，一个个叠起来。这对蜂巢来说就是做外科手术，但总比灭绝它们更好。

晚上的蜂箱

又过了 2 天，天黑后我回来把蜂箱带回家，这是我的第一个蜂箱！我在离蜜蜂挺远的地方就把车停了下来。我穿上防蜜蜂的衣服，拿着手电筒、油漆搅拌器、布基胶带，以及棘齿胶带走了过去。天黑以后，所有觅食的蜜蜂都返回了蜂箱，蜂箱就是它们的家——此时正是把蜂箱封起来搬走的好机会。我颤抖着用油漆搅拌器打开蜂箱盒子，并开始用布基胶带封住它。但是我犯了个错误，胶带缠到了一起，并且粘到了我的手套上。愤怒的蜜蜂开始像液体一样涌出，肾上腺素顿时涌遍了我的全身。

我的心怦怦直跳，我跑回我的车那里重整旗鼓。在这么一个漆黑的夜晚，又是在一个陌生的地方，我被蜂箱弄得狼狈不堪，就在篱笆外面的高速公路上各种车辆呼啸而过，更使我心情烦躁。但是我必须完成自己的任务。

过了一会儿，我鼓起勇气强迫自己走了回去，此时，数百只蜜蜂在入口处爬来爬去。我告诫自己"一定要封住出口，衣服会保证你没事儿的"，结果我做到了；我又自言自语"用两个棘齿胶带绕过蜂箱盒子把它们绑在一起"，我也做到了；我又给自己鼓劲说"把蜂箱搬到车里去"，我也确实这么做了。在开车回家的一路上，我都很小心，我仍然穿着蜜蜂服装，而愤怒的蜜蜂一直在汽车里嗡嗡嗡地飞来飞去。

蜂群

获得新的蜂箱的一个简单办法是收集一大群蜜蜂。一个蜂群大概有几千只蜜蜂，其中之一是蜂后，它们一直在搜寻新家。我最近就从阿尔塔迪纳一个朋友家的花园里收集了一群蜜蜂，我是在黄昏时分过去的，不过我仍然可以看得比较清楚，蜜蜂中的侦察兵却因为天快黑了就会飞进蜂箱。这些蜜蜂吊挂在洋蓟叶上，我把附近的一些叶子剪掉，然后在蜂群下方放置了一个硬纸盒，[29] 我开始慢慢地剪这些叶子（叶子上面有蜜蜂），随后小心轻轻地放低叶子让蜂群进入盒子，最后用胶带把盒子封好。

在这令人陶醉的春日里，新的工蜂开始孵化，花蜜也在流淌，如果蜂箱里一切都正常的话，它就应该充满蜜蜂了。工蜂负责养育蜂后，它们给它喂一种富含蛋白质的幼虫。然后，在某个时间，老蜂后与它生的数千个"女儿"离开旧蜂巢，它们会在附近的树枝上挂几天，经验丰富的蜜蜂此时会出去搜寻一个新家。

蜂群搜寻新家的过程可以说是自然界中发生的最神奇的故事之一。[30] 此时蜂群中的大部分蜜蜂都进入了一种休眠的模式以节省能量，但有几百只侦察兵会飞到各个方向，它们会飞行数英里去寻找潜在的筑巢地点：一棵中空的树木、一只空的蜂巢盒、行将腐烂的屋檐。当一只侦察兵蜜蜂发现了一个潜在地点，它就会飞进去，丈量内部的大小。一般来说，蜜蜂喜欢内部黑暗、有一个小出口的防水洞穴，洞内部的容积大约 0.5 立方米。如果侦察兵蜜蜂对它所看到的地点感到满意，它就会飞回蜂群，通过在睡眠的蜜蜂背上跳一种摇摆舞来兴奋地通知对方它的发现。舞蹈还会告诉其他侦察兵朝哪个方向飞及飞多远，这样其他的侦察兵也可以自己去看。如果这只侦察兵蜜蜂重复它的舞蹈很多次，那更多的侦察兵蜜蜂就会去查看。如果它们也喜欢那个地点，它们就会飞回来加入这种舞蹈。每只侦察兵蜜蜂就是通过是否加入这种舞蹈，以及跳多长时间来为某个蜂巢地点投票。

起初，有许多侦察兵为不同的地点跳舞，但是过了一段时间，共识就达成了。一旦达成统一意见，它们就通过嗡嗡地煽动其翅膀上的肌肉来唤醒整个蜂群，然后整个蜂群的所有成员都飞向新地点。蜂群的生存取决于它们选择的蜂巢的质量，但它们很少做出错误选择，它们的决策是无私的，是真正的“蜜蜂式民主”。

回到我家的后院，在破晓前的一个凉爽漆黑的夜晚，我把我捕到的蜂群转移到一个只有 5 个隔框的小型蜂箱盒里。我把硬纸板盒子的胶带拆开，在地上狠敲了一下，以便把蜜蜂敲下来（它们挂在盒子顶部），结果这些熟睡的蜜蜂立刻爆发，进入一种嗡嗡嗡的警报状态。几乎在同时，我打开盒子，把蜜蜂倒进了它们的新家，我的身体四周立刻被香蕉的气味包围，但马上我就把盖子盖上了。

第二天，我看到工人们把花粉带到蜂箱里，颜色鲜艳，有红色、橙色、黄色和蓝色。蜜蜂用花粉喂养它们的后代，这意味着蜂王开始下床，蜂箱也计划留下来。这个蜂箱原来很结实，很有生产力。[31]

多样化和适应性

与平常的养蜂人不同，我很重视蜜蜂基因库的多样化，因为多样化意味着生命力强。那些所谓的“包裹蜂后”，即仅由屈指可数的几个美国人喂养，然后通过邮政系统运送到各地。实际上在美国的 250 万个商业化蜂巢中的大部分——其中养育了大约 1000 万只蜜蜂——都是这有限几个蜜蜂王后的子孙后代。[32] 因此，基因的多样性非常糟糕，缺乏对所到地区的适应能力，这使得疾病和寄生虫更容易染上身。因此一般的养蜂人利用化学品、抗生素和抗真菌剂等来维持他们的蜂箱内蜜蜂的存活。这样导致基因的生命力进一步恶化。这是一种渐进式的恶性循环。

如同我们的身体一样，蜂巢是由数量未知的共生细菌、真菌及其他生命形式组成的一个复杂的社区。我们知道蜜蜂依靠有益的微生物来保护自己免受病原体细菌的危害，同时还消化花粉中的蛋白质成分。因此，当一个怀有良好动机的养蜂人往蜂巢里倾倒杀真菌剂及抗生素的混合物时，会对蜂巢内原有微生物的平衡造成何种影响，目前还不得而知。因为我们还不了解蜂巢内生物的复杂性。但是我们的确知道这会对病原体细菌产生何种影响：它们会逐渐发展出对抗生素和杀真菌剂的抗药性。

而这样无知地插手充满活力和复杂的自然系统正是当代工业社会思维模式的特征。根据我自己的及其他诸多成功的野生养蜂人的经验，这样的介入实属没有必要。

自然系统在多样性中找到了稳定性和适应性。从你的肠道内部到大的牧场再到整个生物圈，这在任何尺度上都适用。即使大面积种植单一作物的农场主也力图运用人工的手段来创造和保持稳定性，如用化学品或利用转基因种子。

对于需要蜜蜂授粉的作物来说，如果只种植单一作物，则意味着需要用卡车或飞机把蜜蜂运进来。因为蜜蜂是无法与单一作物共存的：当一种作物开花的时候，可能有那么几天蜜蜂有食物吃，但一年中的其他时间则什么吃的都找不到。因此，即使在加利福尼亚中央山谷一大片盛开的扁桃树（杏仁树）中间，你可能也找不到哪怕一只蜜蜂，除非是出于商业目的从远处运来的蜂箱。

商业化养蜂会在地面上仍有积雪的情况下，就要唤醒蜜蜂，给它们喂食玉米糖浆和抗生素，然后把它们运到半独立式住宅或飞机上，飞行数千英里去给充满了各种杀虫剂的杏仁树授粉。为什么要把生活搞得这么艰难？

如果我也有个果园

与其他大多数环境问题不同，蜜蜂的消失让人们肝肠寸断，没有蜜蜂传粉的花儿毫无疑问是没有光彩和无法繁殖的。

“蜂群崩坏综合征”（colony collapse disorder，CCD) 是对于商业化的养蜂人和他们传粉的工业作物的一种担忧。CCD 发生的原因可能是农作物杀虫剂、养蜂人投放的化学制剂、玉米糖浆饲料、基因不够多样化及蜜蜂蟹螨（varroa mites，是一种寄生在蜜蜂身上的螨虫，使用人工蜡制作的蜂巢可能助长了这种螨虫的生长），用卡车载着蜜蜂全国到处跑从而与各种蜜蜂杂交混合，由于大气 CO_2 浓度增加导致减少了 1/3 的蛋白质授粉，[33] 或者是上述所有原因综合造成的——因为既然任何事情都有可能相互关联。这些工业活动削弱了蜜蜂的免疫系统，扰乱了蜂巢中微生物的平衡。CCD 种群剩下来的残余部分含有大量的病原体，这说明免疫系统被侵蚀和弱化了。[34]

如果我自己有个果园，我就会种不同种类的树木，以使得花期尽可能地长，不施化肥，用有机的方式培育它们，将耕地和农田与野生的、长着杂草的空地间隔着种。我会让蜂箱一整年都派得上用场，不闲置，这样虽然我可能挣得不算太多，但我能养育快乐、健康的蜜蜂，这会让我比仅仅在银行里有更多的存款感到更快乐。

不是蜂蜜

我养蜂的最大乐趣不是为了蜂蜜。仅仅观察蜜蜂就给我带来许多快乐。我曾经在我家厨房的窗户下面放了 2 个朗式蜂箱（Langstroth hive）[1]。我喜欢从窗户里看蜜蜂在晨光中的飞行线路及享受花蜜飘进厨房里的芳香味道。[35]

它们真是神奇的小生灵，并且这种感觉变得越来越强烈。我看着它们在养蜂箱中互动并且为自己的事情忙碌着、操劳着，它们清扫、建蜂巢、养育幼蜂。我还看到蜂后躺在那里，被一群扈从包围着。在蜂箱外面，我甚至能看到当它们喝水时伸出的舌头。我观察它们把花粉带回来，看到它们在花丛中觅食。如果我早晨喝咖啡时能有一只蜜蜂飞过来停留在我的手背上，那我会很高兴，因为我可以更近距离地观察它了。

---

[1] 是当前世界上许多地方使用的一种标准蜂箱。——译者注

可以理解的热情

我过去认为任何人都可以养蜂，但我现在不这么认为了。洛杉矶一个叫“后退养蜂人”（Backwards Beekeepers）的组织曾经极力宣扬他们的工作并且欢迎所有想加盟的人。这使得一些本不该养蜂的人也获得了蜜蜂，但他们并不能就此克服自己的恐惧。结果，他们的蜂箱经常遭到忽略，蜂箱也变得更大了，也变得更吓人了。有经验的养蜂人必须干预。

只想“占有”蜜蜂而不是“养”蜜蜂——即放任蜂箱内的蜜蜂疯长而不监督，蜂箱内的环境会变得拥挤不堪，蜜蜂也会变得脾气暴躁——这在都市环境中就是极度地不负责任，并且很危险。愤怒的蜜蜂会让被拴着的狗和关在笼子里的鸡遭大殃。

蜂蜜

当整个蜂箱的顶部充满蜂蜜的时候，我们就不会匮乏了（这里指不开花的季节，炎热夏季的几个月），我会取一些上面沾满蜂蜜的框子，使劲摇几下，把上面残留的一些蜜蜂甩掉，然后把框上的过滤梳取下来放到一个桶里。回到家后，我用力压这些过滤梳，然后通过一个油漆过滤器（paint strainer）过滤这些蜂蜜，在下面用瓶子接住。能从自己养的蜂箱中获取蜂蜜真是一件大快人心的喜事，我把剩下的蜡做了处理制成了蜡烛。然后把蜂蜜送给了别人。

一份大礼

当我最初开始养蜂的时候，我感到有些恐惧。但从那时起我学会了观察了解自己的恐惧。也就是在我能够客观地看待我的恐惧的那一刻起，作为一个局外的观察者，我开始变得平静和快乐了。因此，蜜蜂以这样的方式送给了我一份大礼：一个设法努力克服对死亡的恐惧的机会。

我已经学会了热爱这些小生命，它们原本是不太可能存在于这个宇宙中的。这些小生命从中空树干的花中吐出香甜的金子（即蜂蜜），并用它们那小小的蛰针对抗着来自各方面的危险来保护它们栖息的树木。大自然安排了如此多的力量可以对这些小生灵造成伤害，但是，尽管有这些艰难险阻，它们依旧顽强地活着，不知疲倦地给花朵授粉，并在它们消逝前孕育出新的生命。

其实跟蜜蜂一样，我们人类也是永远在刀尖的生与死之间保持平衡。跟蜜蜂一样，我们也有固执和坚持不懈的品质，但是我们酿造了什么样的蜂蜜呢？我们人类在讲故事和创作音乐方面的能力确实令人印象深刻，但是我们真正能够酿造的蜂蜜其实更好：那就是对所有生命怀有富有同情心的爱。可就在我们有幸存在于这颗可爱的地球上短短的几十年间，我们干了什么？我们让纯粹的爱变味儿了，我们向其中注入了仇恨、愤怒和恐惧。只有当我们真正爱的时候，我们对自然界才是真诚坦白的，就像蜜蜂酿造蜂蜜时一样。

第 13 章　跳出崩溃的系统

当我们看我们的财富、我们屋子里的家具，以及我们所穿的衣服时，是否意识到我们已经在我们所拥有的这些财富中播下了战争的种子。

——约翰·伍尔曼（John Woolman，1720—1772 年）

我们的困境是我们生活在其中的大规模工业—商业体系作用的结果，这可以从很多方面看出来。因为这一体系将几乎所有事物都进行了系统的化石燃料化。它用金钱和债务代替了人与人之间的交易，它将分布式的自然循环变成了线性的、集中化的及货币化的能源和资源的流动——而这正是亿万富翁们梦寐以求的东西。

它就好像是人类与土地的周期性关联被工业系统的剪刀给剪断了。然后我们自己也把自己陷入这一迷魂阵中，于是就不得不依赖于这一系统生存了。

我的部分应对方式是选择退出这一破坏性的系统。这种选择带给了我从消费者变成生产者的满足感。这种转变可能很好玩，也可能让人很愉悦，有些时候也可能令人害怕，不过最终它将让人获得成就感。选择退出实际上是另一种形式的与地球再关联。因为当我减少了对全球现行的商业企业系统依赖的同时，我自然就需要选择融进当地的生物圈系统。

当然，即使在我思索如何退出之际，我也不可避免地要深陷于与现行工业体系的纠缠之中。因为毕竟当我骑自行车时我也要使用公路。不过这我还能接受，因为这毕竟是一条转变的路，是必须要经历的道路，以此为起点可以通达所有的目标。

本章讲述了我这些年参与探索的一些试验，可以说是讲述如何退出这一系统的方法的大杂烩。当然，还有无数的其他退出方式。你可能会选择走得比我更远。听着，要陶冶情操，坚持自己的原则——做能给自己带来快乐的事情。

跳出物质的枷锁

现代工业文明如此依赖物质，但大多数物质很快就会被送到垃圾填埋场。物质真的能让我们快乐吗？

可喜的摆脱

> 你已经被物质奴役了。
>
> ——泰勒·杜登（TYLER DURDEN），查克·帕拉尼克（CHUCK PALAHNINK）所著《搏击俱乐部》中的主角

远离物质可以解放心灵，还可以腾出物理空间，但是摆脱物质的羁绊可能比获得它们更难。在初夏的热浪中，我决定把我们家中卧室里4年都没有开过的窗式空调卖掉。但是让我感到奇怪的是，当我坐下来把这个信息贴到网上准备售卖时，我的第二个念头立马就冒出来了，因为我感到害怕了：如果热浪来了我们该怎么办？以前没有意识到，我其实在精神上已经离不开这架老式空调了，毕竟这是一条高能的安全毯。

我列了个单子，列出第二天要来拜访的人。既然窗户上没有了空调，卧室就显得对人更有亲和力了。自那以后，我们确实遇到过好几次强烈的热浪，但我并没有想念那架空调。[1]

我有一辆很大的老式摩托车，占了我车库很大的空间。但我很少骑它，所以没有太多理由留着它。更糟糕的是，不经常骑它却买了放在那里，这让我感到很羞愧。卖掉它不仅给我的车库腾出了空间，还让我的精神轻松了不少。

在现行的工业资本主义体系下，我们都变成了囤积者、购买者。的确，作为人，我们需要一些物质才能生存，但是大多数人拥有的超出了我们的需

要。我过去也喜欢囤积物质，但现在我更愿意扔掉它们。

（自己）修理

（自己）修理可以省钱，可以减少向垃圾堆里扔废料，减少向空气中排放二氧化碳。它还能实现我自己作为一个人的深层次满足感——它或许并非仅仅指人作为一个物种。不过当我问我的太太莎伦修理东西是否让她感觉更像人时，她却说，没有感到有什么特别的。

在我早期开着我的梅比（这是一辆利用废弃的植物油驱动的轿车）冒险的旅程中，我更换了用来收集植物油的泵的铝质把手。[2] 这个活并不难，但我还是骄傲地向我的小儿子炫耀说："这是美国造的，是你爸爸造的。"

为了修理某些东西，我需要先对被修理的对象进行通盘考虑，我需要弄清楚它的各个零件的工作原理及它们之间是如何相互作用的。只有这样，我才能想出一个恰当的修理策略。这一过程本身是动态的，它给我带来与物质世界的某种和谐感。

我修过漏水的龙头、晃晃悠悠的马桶、漏雨的屋顶、互联网路由器、邻居家扔掉的独轮手推车及我们原本要扔掉的吹风机上的螺线管。我甚至修理了梅比上的 100 多个零件，从它的巡航恒速控制器到交流发电机，从它的前悬挂架到后车轴及这二者之间的几乎所有部件。这就是让一辆 1984 年的老车能继续在路上颠簸所需要付出的代价。

表面上看修理这些东西说明了离不开它们，但我发现其实恰恰相反。所有制造出的产品——无论是汽车、膝上型电脑还是陶瓷碗——最终的命运都是分解。在修理期间，我深切地感觉到修理对象的无常是很明显的，因此我对它们的依赖是越来越弱。因为事物总是来去匆匆。

恰当的技术（低耗能技术）

我们人类是技术型的动物，技术在我们应对困境的过程中将会扮演重要的角色。可再生能源取代化石燃料就是最明显的例子。

但是还有一种类型的技术被忽视了，虽然可能没有那么令人眩目，但这类技术不使用或只需要很少的化石燃料。像手推型割草机、太阳能灶、脚踏式缝纫机及自行车等，还有像果树栽培、有机园艺、自然建筑和植物药等。这些技术都是经过时间检验的，相对简单、容易维护，并且很容易上手。

我并不是建议所有人都退回到自己酿造啤酒和养蜂的年代。但我个人发现使用这些低耗能的技术令人感到满意和愉快。例如，你没必要在自己的后院里搭个锻造炉，你完全可以委托当地的铁匠造些烛台。这种远离消费主义的转型，转而面向当地的、以人为本的生产型经济需要我们更多的人成为生产者。这可能会创造出有意义的工作岗位，生产出更美味的食品，建立起更多的社区，从长远来看可以让我们更快乐。

家具

我需要时会自己做家具。至于这样做的原因你可能会觉得很奇怪：因为我觉得做比买更容易。花上一整天去逛家具店，精挑细选后确定出至少不那么可怕的家具，花上一笔不菲的钱，还要弄清楚交通线路。与这相比，我宁愿花上同样的时间，经过简单的设计和构思后自己做一个。例如，我自己做我们需要的床架子（在商店里买不到）和跟它搭配的床头柜。在我忙这些时，我儿子在旁边玩电钻，这样一起度过的时光很有趣。除此之外，我还自己制作我们的咖啡桌及厨房用的储藏柜。

制作一张简易的加利福尼亚大号床（California king bed）

先准备好以下木料：6 块 4 英寸 ×4 英寸 ×15 英寸（用作床腿）；14 块 1 英寸 ×4 英寸 ×72 英寸（板条）；2 块 2 英寸 ×4 英寸 ×66 英寸（床架的头和脚）；3 块 2 英寸 ×4 英寸 ×73 英寸（床架的右、中、左三部分）。再准备些 1 英寸的螺钉、2.5 英寸的螺钉及 24 个 3 英寸 ×3/8 英寸的方头螺栓。

把整个床架子铺在一张平整的表面上，短木条放在外面，所以床架的尺寸大小就是 66 英寸 ×76 英寸。第 3 块 73 英寸的木条是可选的，主要是放在床架中心用于加固（如果你不要它了，那么你就只剩 4 条腿了）。用几个 2.5 英寸的螺丝将床架紧固（钻一些小的导向孔），然后将床腿放在床架的四角，用方头螺栓拧紧（每个接触面用 2 个螺栓；先钻 3/16 英寸的导向孔）。现在你就有了一个颠倒放置的床架，把它翻转过来，将板条放在上面，保持空隙均匀，然后把它们拧紧到床架上。

为了节省时间，我又多花了几美元让当地的一家木材商店把木头切成需要的尺寸。用方头螺栓拧紧需要承重的连接处，用星形头的螺丝固定其他部分。我尽力做到物尽其用，不浪费材料。例如，4 英寸 ×4 英寸规格的床腿就已经足够坚固了，并且我喜欢它们的样子。

莎伦和我都认为这是我们睡过的最舒服的床，我们用的是最基本的 5 英寸厚的乳胶床垫。请尽力找一张没有用有毒的火焰燃阻剂处理过的床垫。或者自己制作一个。[3]

衣物

莎伦和我从便利店和朋友及亲戚处拿一些他们不要的衣服。人们丢掉衣服的原因多种多样，不过一般不是因为它们穿旧了。[“退欧”大师乔恩·琼代（Jon Jondai）就很好地阐明了这一点。[4]] 衣服对我来说似乎很珍贵，所以我特别注意使它们经久耐用。

衣服是我们区分经济阶层和群体身份的媒介，所以学会拥抱朴素的及别人转给我的衣服对于化解虚荣、挑战压迫性的社会体制结构是一种很有价值的实践。而且这一实践活动可以走得更深更远。

考虑从零开始做衣服也是一个很有趣的想法。你需要自己养绵羊、种植纤维或去打猎获取兽皮，然后还要纺纱、织布、晾晒和裁减。这一在头脑中设想的试验有力地证明了真正的自给自足其实是不可能的，建立社区和施行专业化分工很有必要。

当然，历史上圣雄甘地曾经自己在家纺织衣服（这种衣服称作“khadi”，一种印度土布），这是他实践活动的基石。对圣雄甘地来说，khadi 完美地体现了他的个人转变、建设性项目和非暴力抵抗运动三者的完美结合。因为我自己有过在家种粮食的经验，我能想象这种与地球重新建立紧密联系所获得的巨大满足感和快乐。我很乐意有朝一日也试一试。

电

2011 年 12 月 1 日，阿尔塔迪纳经历了一场猛烈的风暴，吹倒了许多树木。我太太莎伦从公路上下来的几秒钟后差点被掉落到车道上的一根树枝砸到。电也因此停了 3 天。

但是与我的朋友不停地抱怨停电相反，我却挺喜欢这种情况的，不仅夜晚更安静了，我也很喜欢这黑夜的美丽。我们借着烛光看了会儿书后就早早地上床睡觉了。我还补上了我以前缺的觉。

本书的目标之一就是讲述住在郊区从而渐渐地远离化石燃料，并过上一种正常的生活。远离化石能源，不仅能减少我们的碳排放，还有可能迅速地建立起联系，远离化石燃料甚至还成为建立一个新社会的种子。

“可能性联盟”（Possibility Alliance）是由伊桑（Ethan）和萨拉·休斯（Sarah Hughes）于2008年在密苏里州东北地区成立的一家国际组织。他们不用电也不用化石燃料，晚上就点燃自家做的蜂蜡和蜡烛照明，而且他们不把这样做视为一种牺牲，因为他们喜欢这样做。当地的一户居民亚当·坎贝尔（Adam Campbell）说：“这里没有任何教条的东西，我们只是很高兴过一种不同的生活方式，而且我们觉得这种生活方式绝对更好。因为它让人之间及人与自然之间联系得更紧密、更负责任、更健康、更有活力。它还让人的参与感更强、更有乐趣。外来参观者给我们的反馈是这确实所言不虚。[5]

我在奥克兰和平之家（Casa de Paz，西班牙语）的朋友，受到“可能性联盟”的启发，也开始拥抱黑暗了，晚上也用蜡烛来照明。拜访他们回来后，我也同样受到鼓舞，我的家庭也开始试着每周来一次这样的生活。在“烛光夜晚”，我不工作，也不用盯着发光的电脑屏幕。相反，我和莎伦陪着孩子们一起玩做游戏。能亲身体验不需要化石燃料也能生活得很令人鼓舞。

土制建筑

> 大多数男人似乎从来没有考虑过房子是什么，而且实际上，他们一生都没有必要地贫穷，因为他们认为他们必须像邻居一样拥有这样的房子。
>
> ——亨利·大卫·梭罗《瓦尔登湖》

我有幸在当地的一所学校的花园里待了3天时间，其间我跟随土坯工匠大师Kurt Gardella制作了一个烧木材的土制烤炉。我们先在地面上铺了一层碎石，然后用风干的土砖搭了个基座（土砖是就地用表层下的泥土烧制而成的），在上面铺了一层啤酒瓶作为绝缘层，烤炉的底部用置于沙子中的砖制成。我们用雕沙和泥石膏（用泥和稻草做成的石膏）铺在炉顶上，等

当我抬起腿翻过铁丝网时，E说：“你这样进去很危险。”我犹豫了一下，还是进去了。

泥石膏干了后，我们再把沙子挖出来。

用土搭建建筑是一种能让你在晚上睡得很香的工作，是一种很令人满意，让人沉思，也给人鼓舞的体验：想象一下用自己的双手搭建一个适合人大小的建筑。

既然我已经垒起了一个简单的烤炉，那么造一个简易朴素的房屋似乎也不是遥不可及的了。土房子可以说是一件艺术品，首先在自己的头脑中构思好，再用自己的双手建造，既能充分体现自己的个性，同时又完美地融入周围环境中。土房子夏天凉爽，冬天舒适，而且建造过程中不产生温室气体。

总有一天我会建造一个土制房子，我会在设计时将“火箭质量加热器”[6]（rocket mass heater）考虑进去，这种加热器几乎能 100% 地利用燃料中所释放的热能，而这些燃料可以是废弃的生物质材料，如松球和小木棍。这意味着整个工作中有一小部分是切削木材。

自制土制房屋还可以防止贷款、欠债。乔恩·琼代只用了 3 个月就建造了一个，每天只需要工作 2 小时。与某些人要花 30 年还房屋贷款相比，乔恩·琼代“额外多出了 29 年零 10 个月的自由时间”。[7]

不选择工业食品

食物方面实现自给自足是一个具有革命性的行动。在第 12 章，我讨论过照料果树、蔬菜、土壤、小鸡和蜜蜂。在本章，我详细描述了其他几种退出工业粮食系统的有趣方式，因为这种系统行将崩溃。

免费素食主义

我告诉妈妈，她过去教导我不要浪费食物这一点教导得很好，以至于我现在经常去翻垃圾箱找食物。能够在被倾倒到垃圾场之前拯救这些有价值的食物感觉真好；不用花钱也能得到食物的感觉也很棒；而能够成为地下垃圾场的一部分则感觉很有趣。

一个感恩节的早晨，两个经常翻垃圾桶的老手给我展示了他们的绳子。[8]那天才刚刚 7 点钟，街道上行人很少，显得很荒凉。但我仍然只是晚起来了

10分钟，此时两个翻垃圾箱的人，在这里暂且称呼他们为E和M，从一辆小型的白色两厢车中走了出来。我感到很紧张，好像我来晚了，就会错过一场革命似的，但是E和M却热情地向我打招呼。

这些大垃圾桶都用带钩的铁丝网围着，上面标着“非请勿入”的字样。但是这个铁丝网有一面背靠着一座小山，从它的一个后角处很容易翻进去。当我抬起腿翻过铁丝网时，E说：“你这样进去很危险。”我犹豫了一下，还是进去了。

进去后，E非常灵活地从一个大垃圾桶的边上撑着就跳了过去，然后递给我一个蜡做的盒子，并对我说：“你永远不用自己带盒子。”然后他又从一个垃圾桶的上方递给我一个白色的塑料袋。就在这个垃圾桶里，我看见了好几盒鸡蛋（每一个盒子里都盛有10～11个完好无损的鸡蛋）；以及一大桶铝箱密封还完好的酸奶，只是最上面的塑料包装有些破损；一些皮塔饼面包；10多个土豆、红薯；一些橙色甜椒。此外，还有一些面包圈和奶油芝士。我还找到了一些黄瓜并把它们递给E。他却问我：“这些黄瓜是有机的吗？”

事实上，免费素食主义者在吃的问题上并非不加选择，他们通常头脑都很清醒。E和M也不例外。他们很乐意从垃圾桶里翻捡食物吃，只要这些食物是有机的。或者换句话说，他们会去吃过了保质期的食物，因为保质期往往是人随意规定的，但他们通常不会去吃标签上标有毒素的食品（如含有除草剂、杀虫剂、除真菌剂的食品）。[9] 我发现它们的观点很有道理。

E和M不再去杂货店购物或买鸡饲料了，他们每周都去垃圾桶翻一次食品。他们把自己需要的留下，剩余的则捐出去。

我现在每两周跟当地的一家超市进行一次合作，把超市丢弃的“次品”分发给慈善组织，同时也带一些我们家需要的商品回去。[10] 在一个把40%的食品都浪费掉了的国家，[11] 依靠从垃圾箱里捡来的食物生活，并把更多的这类食品分给其他人，让人感觉很美妙。

免费素食主义当然只是权宜之计，可以让人在一个崩溃的系统中优雅地活着。它提醒我每一口食物都是上天赐予的礼物，当我充满感激地留意每一种食物来源，并精心吃的时候，我意识到食物是一种神奇的燃料，它让我的头脑和身体运转良好，这样我就能够服务他人。

包装

在当代社会中，人们喜欢用塑料袋来包装食品。甚至可以说，塑料瓶和塑料袋贯穿了我的一生。对于垃圾箱那么快就能被塑料瓶和塑料制的托盘塞满我也感到很惊讶。甚至我们的垃圾几乎全是塑料袋，一个套一个，小的塞到大的里面，塞得满满的。我们的技术已经到了如此先进的程度，为什么食品包装袋不能降解成为肥料呢？

我要么自己种粮食，即使买谷物和豆类时也是大批量购买，总之尽量减少食品包装袋的使用。

素食主义

我不吃肉，我确实能做到这一点（因为我很幸运能吃到很多种蔬菜），而这恰好跟我的做人原则相一致，即尽可能减少对其他生命的伤害及尽量减少温室气体排放。

> 寻找和采摘野生食物是我所知道的最愉快、最平静的消遣之一。
> ——罗宾·戴维森（ROBYN DAVIDSON）《铁轨》

现代工业化的肉类加工体系既不人道，也与生物圈格格不入，这是一个不争的事实。而我们吃肉时很少意识到或意识不到它的来源则说明现代生活是多么冷漠和无情，且其无论在广度还是深度上都达到了前所未有的地步。不过，我并不认为素食主义或完全的素食主义就一定比吃肉好。在这里做这样的总结和下这样的结论是没有意义的。就像让因纽特人变成吃素食的人有意义吗？有天生就吃素食的土著部落吗？住在荒凉的蒙大拿州东部的人以捕猎当地生物圈唯一能吃到的麋鹿为生，因此他们的生活方式也理应受到尊重。

果酱

时不时地，我就会收获一大批自家种的或素食的水果，所以我可以把它们做成果酱。1 磅水果大约能做 1 品脱果酱。的确，果酱里含有糖，我有些朋友躲避糖就像躲避瘟疫和天灾，但是我认为含一点糖是好事——特别是在果酱里（这是走中庸之道，是不是？）。

我制作出一整冰箱的果酱（如果要想省去既费时间又费能源的消毒步

骤，就必须放置在冰箱里）需要花费大约 1 小时，包括事前的准备和善后的清理。

但是第二天早晨，当看到一整排漂亮的、装满果酱的坛子后，我就感觉所做的一切都值得了。[12] 自家制的果酱远比你能买到的要好，把它当作礼物送人会让人感到很高兴。

到野外去觅食：吃“野草”

对我来说，有些植物看上去就很值得作为食物一试，而有些植物需要花费太多的工夫。这是一个一生都在尝试的活动。下面是几种我最喜欢吃的植物。你所在的地区可能有它自己的植物品种。

- 橡子（acorns）：橡子素菜汉堡的味道值得你花时间去采摘、剥皮和过滤。跟快餐食品不同，这里的风气精雕细琢，会使得菜肴更加令人满意。我一般是在骑自行车上下班（从家到喷气推进实验室）的路上从沿路的海岸槲树（coast live oak）上摘一些橡子，用切肉刀把壳碾碎，伸直手臂用力压。
- 石兰科草莓（manzanita berries）：石兰科灌木生长在圣加布里埃尔山脉（San Gabriel）和塞拉（Sierra）丘陵地带。这种莓外面的果肉鲜美、风味独特。与橡子一样，这种草莓也是当地的丘马什人（Chumash people）的主要食品。
- 刺荨麻（stinging nettle）：如果你从地下采摘这种植物的叶子并将其对折，它们就不会扎到你的手指头和嘴。这种叶子富含维生素、矿物质和蛋白质。用来泡茶的话是一种极好的饮品。
- 野生芥末（wild mustard）：这种植物沿着我家附近河床两边的郁郁葱葱的河岸到处生长。在南加州这种植物被认为极易生长，是外来物种，但它确实美味。
- 马齿苋（purslane）：一种生长迅速的野草，生吃味道鲜美，含有欧米茄 -3 最多的绿叶蔬菜。我一边除草一边吃。
- 矿工莴苣（miner’s lettuce）：这种莴苣跟野生芥末一样长在同样的河床边，但它是土生土长的物种，喜欢长在阴凉的地方。用来做沙拉很美味。
- 蒲公英（dandelion）：在我的院子里，蒲公英就像野草一样到处生长，有些人喜欢这种植物的绿色部分，但我觉得它们太苦。不过如果与白色蚕豆、大蒜及柠檬汁放在一起油炸，会觉得很美味。
- 阿罗约柳树（arroyo willow）：我用它的叶子泡成了一种沁人心脾的土茶，这同时还是一种止痛药。

父亲的根汁汽水

酿造根汁汽水（root beer）是我儿子最喜欢做的事儿。做法是先沏一杯黑色和浓香的根茶（root tea），加入糖和酵母，然后装瓶。这种茶可以根据个人的口味进行调整，这也正是它的有趣之处。我将这些统统装入用过的塑料“赛尔脱兹”瓶子中（seltzer，德国赛尔脱兹的天然汽泡矿泉水。如果你选用玻璃瓶子，请小心瓶子别爆炸）。最终产品最好在外面缓慢地打开，我呷完第一口后：“哇，太爽了！”

如果你找不到檫树（sassafras），或是担心其中所含的黄樟油精（safrole），[13] 那么你也可以不用它，而增加冬青（wintergreen）或黑松沙士（sarsaparilla）作为替代和补充。

- 14 夸脱的水
- 8 杯糖
- 半杯糖浆
- 3/4 杯黑松沙士根，剁好的
- 半杯黄樟根，剁好的
- 1 根剁好的香草豆荚
- 1/8 勺的肉豆蔻
- 40 颗（左右）杜松子
- 半勺盐
- 3/4 杯冬青叶，剁碎
- 1 包酿造用酵母
- 7 个八角茴香
- 1/2 根肉桂条
- 半杯葡萄干，剁碎

把准备好的水取一半倒入一个大壶中，加热；把除了冬青和酵母以外的所有调料都倒入其中，在火上炖 1 小时左右。这是一个用含碘的消毒剂给瓶子消毒的好机会。然后加入冬青和剩余的另一半（冷）水。在加水时可以边尝边试以调节整体的味道和甜度。我喜欢味道比较浓的——便于慢慢地呷。一旦气温达到了体温，加入酵母，然后用过滤器装瓶。把瓶子置于室温条件下，当里面的东西变硬时（大约三四天以后），把它们放入冰箱中以防止发酵。这样可以制作大约 14 夸脱。

小君茶：摆脱工业饮料

有天晚上，一位朋友给我撂下了一盆细菌和酵母的共生培养液（symbiotic culture of bacteria and yeast，简称 SCOBY）。我以前从未听说过红茶菌，但是 SCOBY 看上去非常恶心，我知道我必须试一试。我煮了些绿茶，把没有加工的蜂蜜加入其中增加些甜味，放凉后，把它们一股脑倒入 SCOBY 中，几天后，我鼓起勇气尝了第一口，它主要还是有些甜，也有些酸，总之不是很坏。

后来，我就开始煮小君茶（jun tea），这是一种含有蜂蜜的发酵过的绿茶饮料，我喜欢它甚至胜过普通的红茶菌。我吹着泡呷了一口小君茶，而不是啤酒。

制作时，我使用容量 1 加仑的泡菜坛子，为了防止果蝇的侵扰，我用箍着橡皮筋的布盖在上面。SCOBY 在液体上面生长，这很像醋。当酸度达到令人满意的程度时，我就把小君茶倒入苏打水瓶中，以便嘶嘶地产生气泡。有时我还加入一些薄荷、姜、石榴或白色鼠尾草，调调味道。

摆脱金钱体系

> 培养贫穷就像花园里的草本植物，像圣人一样……金钱并不需要购买灵魂所必需的东西。
>
> ——亨利·大卫·梭罗《瓦尔登湖》

我还在使用金钱，但使用时非常谨慎。我们的金钱体系实际上是鼓励割裂的，金钱让我们与粮食、与我们生活于其中的生物圈及我们彼此之间都割裂开来。它让人之间的互动变得毫无生气、把人变成了“结账之人”（the checkout person）。金钱的这种容易让人上瘾的特性甚至让我们与自己都割裂开来。

如果你真的仔细观察，你就会意识到金钱是一种集体的错觉。

戒掉不正确的生活方式

我曾经也迷失在激烈竞争的商业环境之中，作为一个在华尔街工作的年轻人，作为一名电脑程序员，当时可悲地梦想着金钱。就这样过了 3 年，我在帮助富人变得更富这方面已经超出了预期。我当时想：“如果我继续这样下去，那就是浪费生命，这样当我临终前躺在病床上的时候，我会感到遗憾的。”因此，我申请了读物理方面的研究生院。后来，我意识到我想要一份能直接帮助其他人的工作。于是在一个不断变暖的世界上，我转学了地球科学专业。

在我们的一生中能够不断地检视自己的生活是十分重要的。“我的工作有意义吗？它能让我快乐吗？它帮助到其他人了吗？”在工业社会中，我们都以一种特定的方式工作，我们工作的方式与其他人类社会中的人们的工作方式明显不同，数年的学校生活带给了我们独特的世界观、对人生的期望及职业道德。然后，资本主义的文化逼使我们工作更长的时间，尽管从事的通常是重复性的、不令人满意的工作。我们变成了工作狂，我们为了赶上邻居或“争先”承受了巨大的压力。我们还按照银行存款数额来评判自己和彼此。如果我们的思维如此狭隘，我们就丧失了去过更好生活的机会。

我们可以有意识地摆脱掉那些伤害自己或伤害他人的工作。我们也可以摆脱那些制造没人需要的产品的工作或者让人上瘾的工作，或者对生物圈造成不良影响的工作。我们还可以选择离开酒精饮料店或武器试验室的工作。相反，我们可以寻找能够帮助他人的有意义的工作。

远离大银行

在2011年“占领洛杉矶”（Occupy Los Angeles）运动的那些令人头晕目眩的日日夜夜，以及我在洛杉矶市政厅门前的台阶上与抗议者们开展的多次谈话，引发了我对我们的金融系统存在问题的担忧。这期间，我走到附近的一家美洲银行支行网点并且关闭了我的账户。这让我感觉格外良好，我把钱转移到了当地的一家信用合作社。

然后，我把我的大银行的信用卡剪碎。我有2张，其中包括1张含有“常客飞行里程”（frequent fliermiles miles）积分的卡。如果存在一种符号能象征我们面临的困境，而且它在我们的社会、技术和金融系统中深刻存在着，并且相互关联，那它一定是“常客飞行里程项目”（frequent flier programs）。位于印度古吉拉特邦的客户服务代表把我转到位于佛罗里达州的客户服务代表处，后者向我亮出了一大堆保留账户有好处的理由。但我最终还是说服她帮我关闭了账户。[14]

使用现金

使用现金是我太太莎伦想出的主意。莎伦说：“我喜欢将现金贴在信用卡上。”我知道它们一直在那里等着，等着我偶尔错过还款。你认为你一直在等着及时还款，但银行有精算师，他们一直等着你的银行账户里存款数目发生变化，你的支付无法进行。

用现金支付还能帮助当地的企业。我打电话约我的朋友乔恩（Jon）到阿尔塔迪纳当地一家卖素食和保健品的商店（Oh Happy Days）见面。乔恩说，当顾客用信用卡支付时平均要多支付 3% 的手续费，因此他称信用卡产业为“无照经营者”。

购物挑战

莎伦想看看如果不买任何东西的话（杂货除外），我们是否能坚持 46 天[15]，当然我们仍然买些吃的及紧急的维持生活的物品。我觉得这主意简直棒极了。在这一“购物挑战”期间养成的习惯已经变成永久性的了，因为我们很享受这样做。

为了节省燃料，我把孩子们放在自行车后面的拖车上，然后骑车把他们送到学校。而莎伦为了到她所在的加州大学尔湾分校上班，先骑自行车到地铁站，然后换乘通勤列车，最后再骑自行车到校园。在典型的工作日里，我们根本就不开车——并且这一习惯我们一直保持着。

我们适应了。我们把需要开车去，但又不必要的约定取消掉。如果买午饭需要走很远的距离，我就把午饭带到工作单位，比平常吃更多的水果，这样下午还不会感到肚子胀。现在这些习惯已经变成永久固定的了，每年能给我们节省数千美元。

“购物挑战”带来的一大副作用是我们与朋友在一起的时间增多了——社区的感觉得到了提升了。例如，第 2 天，我们依然认为需要加点汽油，因为前一天我们忘记了加满，轿车的油箱几乎空了。于是我给一位朋友打电话，他同意用汽油换我们的鸡蛋，因此我们就邀请他们家人过来一起吃晚餐。餐后，他和我用虹吸管从他的车里吸出了一些油。由此可见，寻求帮助还增进了邻里之间的关系。

以下就是除了食品杂货以外我们采购物品的全部清单：自行车刹车垫（10 美元）；给我儿子布雷德合买的药品（眼药水，13 美元）；6 株西红柿幼苗（15 美元，节省了种子）。当然，我们还得支付水电费和房屋贷款，此外，我骑车的次数也比平时多——每星期 70 ～ 80 英里，我正常情况下一般是 50 ～ 60 英里。所以这一“购物挑战”很有趣，我强烈地向大家推荐。

摆脱化石燃料

这个世界早晚要远离化石燃料；投资于此显得越来越不明智。虽然一些无知的人们和政治家不可避免地会阻碍这一进程，但是随着全球变暖的影响日益加剧，抛弃化石燃料这一进程会随着时间的推移加速，目前（化石燃料的）替代手段也已经有了进展。化石燃料企业将被迫处理掉它们长久以来就打算卖掉的库存燃料，这将会降低它们的价值。2015 年世界最大银行之一的汇丰银行建议客户不再使用化石燃料，并说那些不这么做的人“某一天可能会被视作行动迟缓的人，站在历史的错误一面”。[16]

在写作本书时，我的雇主加州理工学院就拒绝抛弃化石燃料。而且加州理工学院并非唯一：大多数高等院校目前为止都拒绝这么做。我感到很奇怪，这些表面上宣称为人类和年轻人服务的高等院校却继续支持应对全球变暖负责的元凶产业。你可以说我疯了，但为了些许利润就破坏生物圈的行为似乎才是真的错了。

抵制战争

当今的金钱体系存在很多问题，但我尤其不喜欢为战争买单。美国大约 45% 的收入税被花在了军事上。[17] 虽然我不介意交税，但我的确介意我交的钱有将近一半被用于资助有组织地谋杀，这完全背离了我心灵最深处的做人原则。此外，美国军方比世界上其他任何机构都燃烧了更多的化石燃料。我非常真诚地感激退伍军人个人（为国家）所做的奉献和牺牲。但作为机构，没有谁将“用暴力维持一个不公正的全球现状，而这一现状正在迅速毁掉我们的生物圈”这样的话说得像美国军方一样天花乱坠。

2013 年，在经过充分的讨论后——莎伦有了保留——我们成了战争税的抵制者。此外，我还在 W2 表格上接受了另外几项减免，所以从我的薪水中可以少扣一些联邦收入税。[18]

4 月时，我用一张支票支付了我们 2013 年的联邦税，但支票上的余额只剩下我们应付税的 55%，另附上了一封信件解释我的原则（希望这封信能逗弄一下无聊乏味的美国国税局官员）。我把剩下的应付款存进了一个由教友会教徒（Quakers）运营的第三方账户中，[19] 只有当它不被用于战争时才能激活释放。

我们明白这只是一个象征性的行动，国税局很快就会得到剩余的部分。大多数拒绝交战争税的人顶多其银行账户被扣款以补交所欠税款，但是也有一些人被迫在监狱里服刑了数年。

对抗这样的权力机构是令人恐惧的。在对抗战争税时，我们瞄准的是这一社会系统的命脉——金钱——但是这样做我们就把自己完全暴露于这一法律机器之下，即有可能受到暴力的惩罚。但我必须说，以这种方式站起来捍卫自己的原则，让我感到十分有活力，更多的人即使仅为此原因也应该一试。

当我们开始接收到美国国税局的威胁信函时，我依然毫不动摇，坚信他们会抓住剩余的资金来处理妥当的。但是莎伦变得越来越紧张了，最终她再也受不了这种压力了，于是我们还是把税付了。

美国在军事上的开支超过了排在其后的 10 个国家的总和，这引发了巨大的不幸。[20] 主要是因为维持庞大的军事机器需要使用大量的化石燃料——而按照我的意见这些钱最好花在其他地方——如转向无碳能源。我同样相信目前正在开展的“反恐战争”使我们更不安全了。在 2013 年的一次全球民意调查中，全球 24% 的人说美国是对世界和平的最大威胁，而排在第 2 位的巴基斯坦，比例只有 8%。[21]

有些人会批评我“不爱国”。然而，基于以上原因，我相信对美国动不动就诉诸战争行为的支持才是真正的不爱国。支持美国的战争机器就像给酒鬼再递一杯酒精饮料。这样的两种行为除了导致不幸没有任何益处。因此，抵制战争税实际上是最高程度的爱国主义。

金钱和生产资料

大学毕业后，莎伦在蒙古国的一个乡间小镇教了 2 年英语。传统上，游牧的蒙古牧民一直远离城市生活，他们不需要钱来满足他们的需求。他们的动物可以给他们提供食物、燃料、衣物和庇护所。但是气候变化使蒙古的草场出现干旱，迫使许多牧民迁移到首都乌兰巴托的贫民窟。由于这样他们被迫与自己熟悉的生产资料割裂开来，于是不得不依赖金钱，被降低到依靠出卖劳动力来维持基本生存的境地。所以，当代的金钱体系人为地取代和割裂了人和土地间的联系，使一些人更容易被剥削成为金钱的奴隶。

我在这里不是说我们都应该变成放牧者，我是说与生产资料（如土地、资源和信息）间维持直接的联系是有价值的。亿万富翁们肯定知道这一点。

远离金钱

有一次，当驾驶着我的梅比穿过犹他州时，为了与丹尼尔·苏洛会面，我们在一个叫摩押（Moab）的地方停留了一下。苏洛（Suelo），这个名字的字面意思是“土壤”，自2001年之后他就不依靠金钱生活。他不花一毛钱，也不用物品去交换别人的物品，他不接受任何不是免费赠予的东西。很多天晚上他都在山上的洞穴里睡觉，他翻垃圾箱找吃的，搭便车旅行。他是我遇到过的最快乐的人之一，比他过去用钱时要快乐得多。

> 这是你的神。
> ——在约翰·卡朋特（JOHN CARPENTENTER）的电影《他们活了下来》中，美元钞票上的信息

你认识的典型的无家可归者肯定非常渴望金钱，但苏洛不是一个典型的人。他做出的远离金钱的决定是明智和自愿的。下面就是他如何描述他把自己所剩的最后30美金充到电话亭中后的感受：“这是一种彻底解放了的感觉，我感觉就像温暖的水浇过头顶，这种彻底的放松，就像无论去哪儿都回到家一样，也像是无论去哪里都找到了工作一样。整个宇宙就是我的雇主。感觉起来就像一直待在家里并且一直有工作一样，这是一种强烈的安全感。”[22]

我找到苏洛时，他正在摩押的公共图书馆里收发电子邮件，等他弄完后，我们走到一个城市公园里一起吃了顿饭。莎伦和我用西红柿酱、马苏里拉奶酪（mozzarella）及橄榄油在野营用的炉子上做了玉米粉圆饼皮萨，而苏洛拿出了一些素食的玉米片和三文鱼罐头。他把食物与我们分享（我的孩子们由于不是素食主义者，他们只喜欢鱼罐头），我们也把食物与他分享。住在摩押的居民经常停下来拥抱他并与他攀谈。所以苏洛给予的礼物远比金钱珍贵得多：他让人们感到快乐。

我认为苏洛真正理解了事物的某些真谛，我能预见到自己有一天也会遵循他的足迹。但是如果没有钱还能与小孩子们生活在一起，就需要一个强大的不用金钱的社会；没有钱也不可能从事地球科学，即使是当我感到要去做的时候。在可预见的未来，我仍然需要用钱，但是我没必要热爱它。

摆脱和心态

选择跳出全球消费主义的心态帮助我跳出了在第 6 章描述的旧的思维模式。我摆脱得越多，感觉就越好，我就越想退出。

荧光屏

美国人平均每天看电视的时间超过 5 小时，这相当于在 40 年的时间里看 12 年的电视——而电视内容有 1/4 是广告。[23] 这使得每个孩子每年看 25600 个电视广告。[24] 从一个敏感和易受影响的年龄开始，广告就让我们成了驯服的消费者。电视让我们变得更被动和更易服从权威。[25]

电视屏幕还占用了其他活动的时间，如培养能力、追求兴趣、锻炼身体、与他人交谈等，这些活动往往最终更令人满足，也更有意义。只要少看点电视，打坐的时间就挤出来了（把原先看电视的时间用来打坐是一个开始清晰思考的好方式）。此外，删除了我的脸书账号后，我就可以集中精力于这本书的写作上。我是 2010 年选择退出脸书的，自那以后我就从未再想念它。

2016 年年底我在旧金山湾区乘坐 BART [1] 轻轨时遇到一件怪异的事情：几乎所有人都在盯着屏幕看，另外他们的表情看上去明显不快乐。这让人感到很虚幻、与世隔绝，像是从阴阳魔界出来的东西。那些小屏幕让人精神颓丧，[26] 可又使人上瘾。[27]

风险

我有个朋友，曾经是加州理工学院喷气推进实验室的航天器系统工程师。他的业余爱好是焊接，于是我请他为我的梅比焊接一个拖车挂钩。

---

[1]　旧金山湾区快运。——译者注

开始时他非常热情爽快地就答应了。但是1小时后，他打电话过来说他改变了主意。他戴着他的工程帽子仔细想了一下，最后决定如果答应了我的要求，而后我在高速公路上出了危险状况，那么他自己动手做获得的满足感和乐趣就不值得一提了。虽然我认为他的决定相当有智慧，但是这却引发了一个有趣的哲学命题。在现代商业社会，我们制造出了大量个人责任，这已经深深地渗透到了我们的思维模式中。我们用金钱是将风险注入我们所购买的商品和服务中，这是件非常好的事情。（我很高兴大多数人没有焊接他们自己的拖车连接）。但我们是不是走得太远了？有隐藏的成本吗？

我的一些行为确实蕴藏着风险。蜜蜂可能会非常致命，人粪如果处理不当也会带来疾病。一辆以废弃植物油为动力的、经重新改装的老式柴油车可能会在高速公路上抛锚。当我承担这样的风险时，我是完全知晓的。我尽量通过多了解情况管理这种风险，避免投机取巧的引诱，必要时寻求专家的帮助，当自己无法承担时就坦率承认。

我认为如果是为了培养技能和提高灵活性或适应能力，承担一些可控的风险是值得的；基于同样的原因，我也愿意承担冲浪和滑雪的风险：因为它们有趣。

生物圈主义与法律

消费型社会有它自己的处世方式，选择跳出这些方式可能会与法律体系迎头相撞。例如，在自家后院养蜜蜂在阿尔塔迪纳是非法的（尽管这很快就会改变），抵制战争税也是非法的。同样，在前院种粮食，在空地种粮食，把废弃植物油（WVO）用作燃料，把人的粪便用作肥料，在自家后院养鸡，私藏种子；以及使用洗衣机里出来的洗涤水都是非法的。

但爱大于法。法律会变化，它反映的是占统治地位的社会阶层的利益。法律制度已经被用作终极暴力和镇压的工具。实际上，美国的根基就是建立在对土著居民的种族灭绝，以及对奴隶制的合法化基础上。所以无论何时当爱与法相冲突时，我都会选择爱。

尽管道德上很明确了，但探求有心的生物圈主义（biospherism）仍然让人心存敬畏。除了有些时候会与法律相抵触之外，有时也与社会规范、道德准则相左。我曾经就面对过来自朋友的强烈排斥，因为他（或她）不想考虑全球变暖问题，也遇到过希望我把草坪弄得又大又整洁的邻里。在“占领洛杉矶”运动中，我站在警察一边的立场都被认为是“错误”的。当我有一次外出时，由于有人抱怨我们养蜜蜂引得警察找上门来，搞得莎伦烦恼了好几个月。由于写作本书我感到我作为地球科学家的职业生涯都面临危险。

按照我个人的观点，考虑到概率的话，这种风险是可控的。如果只有我了解情况的话，我还愿意这么做。全球变暖是一种不同于“民权运动”或“印度独立”的挑战，因为这里没有明显的压迫者。罗莎·帕克斯（Rosa Parks）[1]可以仅仅因为在公共汽车上拒绝让座位就引发一场革命；甘地（Gandhi）也可以仅仅因为烧掉了他的身份证卡片而引发一场革命。上述行为需要勇气，但是它们很简单，而且整个行动的过程是清晰透明的。

而在全球变暖中我看不到类似的非暴力不抵抗行为。如果真有的话，我一定会去做的。[28] 全球变暖的发生我们都有份，我们选择燃烧化石燃料，但并没有法律强迫我们这么做。因此，相应的“做什么”（例如，停止燃烧化石燃料），也就不属于非暴力反抗或不合作主义。如果我决定不再开车了，警察不会来逮捕我，它也不会上晚间新闻。

自给自足的谬误

但是选择逐渐地退出工业系统可以减少我对它的依赖。我们越是生活在工业经济系统之外，我们就越是能够更多地拿回我们的生产资料，我们的适应能力就变得越强。尽管这最终不会带来物质安全（实际上宇宙从来没有给我们承诺这种安全），但是选择退出让我感到比囤积金钱更安全。毕竟银行账户里的数字不能当饭吃。

而且，选择退出并不意味着我对其他人的需要少了。实际上它增加了我对所在社区、朋友、邻里及亲戚的依赖。我看待社区的方式也改变了。我过去仅朦胧地把社区看作居住在一个地理范围内的人们，现在我将社区视作我可以指望的人们。我知道我能指望他们的原因是他们能指望我。我们在互相帮助方面很有经验，因为我们信任彼此。

---

[1] 美国黑人民权运动家，因拒绝在公交车上执行种族隔离政策而闻名。——译者注

第 14 章　集体行动

气候变化是世界所见证过的最大的市场失灵的结果。

——尼古拉斯·斯特恩（NICHOLAS STERN）[1]

改变我自己，能够让我探索并向他人示范没有化石燃料的生活是什么样子，这一过程让我感到快乐。然而，仅靠人们改变自己是不够的。如果我们希望快速降低全球碳排放，并阻止日益灾难性的气候变暖，则必须采取大规模集体行动。在我们改变自己的同时，我们也可以探索，如何最好地利用我们日渐增长的意识、获得的能力与相互之间的联系来促进共同的改变。

老办法

1997 年，世界上的发达国家（值得注意的是，这其中不包括美国）达成一致意见，将在 2012 年之前将温室气体的排放从 1990 年的水平降低 5%。当时，《京都议定书》被认为是很温和的承诺，几乎不足以延缓危险的气候变暖。尽管如此，《京东议定书》仍然被认为是伟大的第一步。[1] 然而，美国、中国和印度没有签署这一协议。后来的事实也证明，没有国家真正把这个协议当一回事。截至 2013 年，与 1990 年的水平相比，全球温室气体排放增加了 60%。[2]

2015 年的《巴黎协定》源自另一次联合国会议，同时也是另一系列的承诺。好消息是，与《京都议定书》不同，美国、中国和印度都加入了《巴

[1] 前世界银行首席经济学家，全球气候变迁政策奠基人，气候经济学之父。

黎协定》。坏消息是，《巴黎协定》的承诺是没有约束力的，可能会受到政治领导人更迭带来的影响。由于各种因素（其中尤其重要的是美国国会内否认气候变化人士的存在），即使是通过协商达成没有约束力的协议也是一个微妙棘手的议题，以至于这几乎是不可能做到的。即使各国能够遵守这些没有约束力的承诺（而这似乎不太可能发生），这些承诺的效力也不可能将气候变暖保持在 2 ℃以下。[3]

正如我们在第 3 章所看到的，二氧化碳排放量以每年 2.2% 的速度呈指数增长。这意味着，每过 32 年，排放量将翻一倍。迄今为止，我们希望驾驭气候变暖的努力已经轰轰烈烈地失败了。不仅如此，如果我们继续沿着现在的方向努力进行尝试——做出更多虚假的外交承诺，我们还会继续失败。也许我们应该尝试些新的努力方向。

更好的新办法：碳排放费用与红利

全球变暖是一种市场失灵。使用化石燃料将会给社会带来巨大的负担（主要是因为导致了全球变暖和呼吸道疾病的产生），而这笔费用并没有计算到燃料的价格中。解决这一市场失灵问题至关重要，因为假如社会仍然大力鼓励这一行为，我们中的大多数人都不会自愿停止使用化石燃料。

这种市场失灵是系统性的，即造成市场失灵的原因是相关信息缺乏（这里缺乏的是价格信息）。没有这一关键性信息就不可能形成稳定的负反馈环。因此，大部分经济学家认为，解决气候变化的最佳方式就是收税或者收费，通过这种方式直接确定温室气体排放的价格。[4] 我们对温室气体的排放者(包括你我)收费，这种收费是获得扰乱气候的“特权”的代价。通过这种方式，我们就能解决市场失灵问题。

对碳排放收费或者收税直接确定了碳排放的价格。我们可以以每排放一吨二氧化碳的收费为单位标出碳排放的价格；不过更好的方式是以每排放一吨二氧化碳当量的收费为单位（这样一来就包括了其他温室气体的排放价格，并能够解决甲烷气体的逃逸性排放问题）。应该在经济活动的上游地区即在第一次进行销售时确定价格，如在矿山、矿井或者港口。排放价格应该逐步提升：既要给社会经济活动足够时间，能够将化石燃料换成不含碳的替代品；又要保证最终化石燃料会比别的燃料贵得多。

根据定义，如果政府截取部分或者全部的收入，那么这种收费就属于税收；但如果征收的款项全部返还给了人民，这就是费用。这种区别不仅是语义学上的：我们会发现，碳排放税收通常是一种经济负担；而对财政收入没有影响的碳排放费用能够促进消费并创造工作岗位，因此通常能够促进经济发展。而且，税收总是不受欢迎的。所以，与税收相比，有关费用的规定更容易被制定成法律。

如果对排放的每吨二氧化碳当量征收 30 美元的费用，则每加仑汽油的价格会上升 34 美分，[5] 但是每年每人能够分得的红利可达到 600 美元。[6] 你排放的碳越少，获得的红利就越多。假设 7 年以后，每吨二氧化碳当量的排放费用提高到 150 美元，则每加仑的汽油价格会上涨 1.69 美元，每年每人可获得 3000 美元红利（或者说每个四口之家可以获得 12000 美元 [7]）。我们可以逐渐增加碳排放费以达到减排目标。红利应该以可兑换支票的形式发放给每个公民，而不是以税收减免额度或是在工资单上进行调整的形式。支票提高了政策的及时性，从而使该政策获得更多的公众支持。我不知道你会怎样选择，但是如果每加仑汽油多付 1.69 美元就能使我每年获得一张 12000 美元支票的额外收入，我会非常开心的。

这是一套简单但收效长远的解决方案，能够解决所有使用化石燃料的产品与服务的价格问题，并公平地解决第 9 章讨论过的 7 种碳排放的问题。碳排放费用会导致机票与天然气价格越来越高，使用化石燃料生产的电的价格也会越来越贵，从而促进向可再生能源的转变。这套方案还会提高汽油与柴油的价格，促使经济活动中燃料的升级换代。人们会更多地选择拼车或者骑自行车。与在生产供应中大量使用化石燃料的食物相比，慢慢地，消费者会更容易负担起当地的、未经加工的食物的价格；相似的系统性变化也会发生在其他产品和服务上。碳排放费用甚至会吸引人们收集垃圾生产沼气，从而减少垃圾填埋处理量。每个人都会意识到，化石燃料的价格会在未来持续升高。因此，所有人（包括个人、公司和机构）都会自然而然地更换设备并进行投资。

平等地发放红利对那些较少使用化石燃料的人有利。在实践中，这种影响将会具有社会进步意义，因为富人通常拥有更大的住宅，会更多地乘坐飞机，因而他们会比穷人更多地消耗化石燃料。在美国，20% 最富有的人排放了 32% 的碳，而 20% 最贫穷的人则只排放了 9% 的碳。[8] 一半以上的人将会获利，即他们获得的红利会高于化石燃料价格上涨带来的额外花费。[9]

如果不发放红利，则该笔收入可以被用来降低已有税收。然而，这种方案更加复杂，且将对富人更有利，并可能给工薪阶层带来难以持续承受的负担。假如通过这种造成社会退步的方式维持财政收入的平衡性，碳排放费用会越来越不得人心。

对于来自没有按比例计算碳排放价格的国家的商品应该征收边境调节税，这将有助于保护国内的企业并防止工作机会外流。向这些国家出口商品的出口商将获得国家退回的该部分商品的碳排放费用。这种费用调整将以评估出的这些商品中所含的碳排放量为依据。[10]

总量限制和配额交易[1]

总量限制和配额交易是另一种确定碳排放价格的工具。在这种机制下，排放总量受到限制，排放者之间可以交易碳排放限额（即排放一定量二氧化碳的权利），交易价格由市场决定。之后排放限额总量逐年减少。

总量限制和配额交易听上去是一个不错的主意：如果你的目标是控制碳排放，为什么不干脆控制碳排放的总量？但在实践中，总量限制和配额交易机制本身有严重的问题，所以大部分经济学家更倾向于征收碳排放费用。[11]

第一，总量限制和配额交易机制十分复杂，而且很容易被利用。市场可以交易排放限额，但在这之前，首先需要将限额分配给排放者，而这些限额的数量通常是根据对历史上碳排放量的计算来确定的。这样一来，该制度反而会对碳排放量最大的污染者有利，促使他们在分配限额之前努力排放污染物。配额计算过程的不明确性与复杂性可能会为利益冲突、舞弊和腐败打开大门。

第二，总量限制和配额交易机制运行费用很高。这一机制需要投资银行家、交易商和律师的参与。这些人会从中获益，[12] 而这笔费用最终又会通过

[1]　原文为 cap-and-trade，该词有多种中文译名，如“限额与贸易”等。

更高的能源价格转嫁到民众头上。

第三，配额交易商自然会（用各种合法手段，有时用不法手段）利用市场进行投机。这会增加化石燃料价格的波动性，阻碍投资流向可再生能源，降低效率并伤害低收入家庭的利益。

第四，与合理的模式相反，总量限制和配额交易不能鼓励人们减少碳排放。假设总量限制和配额交易的一些参与者进步很快，购买配额量下降，则配额的价格就会下降。而这会鼓励其他参与者排放更多的碳。不仅如此，这种固有的波动性趋势还会被游说者利用，成为他们反对其他气候政策的论据。论证过程如下：如果另外一些气候政策有效降低了碳排放量（如通过提高能源利用效率），配额价格会下降，碳排放交易体系就会崩溃。

以上的一部分问题可以通过总量限制与配额拍卖制度来解决。在总量限制与限额拍卖中，碳排放配额会直接通过拍卖出售给排放者。由于配额不是通过贸易的方式出售，华尔街式的投机行为将得以避免，容易形成腐败的分配过程也不复存在。在我看来，总量限制与配额拍卖制度具有如此多的优势，以致正直善良的总量限制支持者应该只会考虑这种制度。但是总量限制和配额拍卖制度并没有解决波动性问题。换句话说，自动减少碳排放会降低配额的价格，从而导致事与愿违的结果——参与者不愿意减少碳排放。

《蒙特利尔议定书》涉及的破坏臭氧层的氟氯烃的问题要简单得多。总量限制与配额交易制度在解决这一问题时确实起到了效果，但是这一制度从未对解决碳排放问题起到作用。例如，欧盟的排放交易制度（Eurpopean Union emissions trading system，EU ETS）就遭遇了我前文中提到的所有问题，最终对减少碳排放起到了很小的作用，甚至没有起到作用。[13] 而根据《京都议定书》建立起的国际碳排放交易制度规定，一个国家只要按照价格支付给其他国家费用，就可以超过其配额进行排放。这种制度鼓励人们使用更多的化石燃料，而不是更少。

支持总量限制和配额交易机制的人们认为，该机制在政治上比碳价机制更具有可行性。[14] 也有人认为，简单、公平、易于理解的碳排放费用和红利计算方式会比复杂的总量限制和配额交易机制获得更多的公众支持，但由于缺乏证据证明这种观点的正确性，所以人们对此持怀疑态度。不可行的政策就算“在政治上更具可行性”，但它仍然是不可行的。

从这个角度看，我们可以同时制定总量限制和配额交易及碳排放费用这两种机制。但是，我认为，我们最好仅推行碳价机制。为发挥总量限制和配额交易机制的作用而努力，会使我们分散注意力，额外浪费时间。而且与总量限制和配额交易机制或者总量限制和配额拍卖机制相比，已经有确切的证据表明碳排放费用机制产生了一定的效果。

碳排放费用的效果

降低排放

2008 年，加拿大不列颠哥伦比亚省（British Columbia，BC 省）采取了与收入无关的适度的碳排放收费方式。通过降低税收来达到收入中性。如今，BC 省不仅是加拿大地区征收个人所得税最低的省份，也是北美地区征收企业所得税最低的地方之一。[15] 起初，每排放一吨二氧化碳征收的碳税价格为 10 加元，随后逐渐增加，到 2012 年增长到 30 加元，这个价格一直持续到 2016 年。尽管只是实行了较低的碳税，2008—2012 年 BC 省的化石燃料人均消费量还是下降了 17.4%，而加拿大其他地区上升了 1.5%。[16]

最近一项模型研究表明，如果从 2016 年开始，全美实行碳排放费用和红利（CFAD）机制，对每排放一吨二氧化碳征收 10 美元的费用，而且每年以 10 美元的速度增长，到 2025 年，这将会使美国碳排放量降低到 1990 年水平的 69%；到 2035 年降低到 1990 年水平的 50%。[17]

经济效益

征收碳税时不与财政收入相挂钩这一特征并不是可有可无的。在政策制定者协商碳排放价格的过程中，难免会有些人考虑将征收的碳税收入用于这个项目或那个项目。无论环境保护主义者对资助这些项目的兴趣有多大，都必须避免这种情况的发生。如果我们要实现基于科学的排放目标，那么燃料成本的增加必然会损害低收入家庭的利益，除非让低收入家庭获得全部的红利。

模型清楚地表明，征收碳税时不考虑收入中性会使普通大众的钱袋子获得实惠，会促进经济增长，从而在各行各业创造就业机会。[18] 如果模型让碳税收入用于政府财政支出，那么经济就会丧失增长动力。

对现实世界的观察结果与模型显示结果相同。通过对碳排放收费，2008—2013 年，加拿大 BC 省（不列颠哥伦比亚省）的经济增长了 1.8%，而加拿大其他地区的经济增长率为 1.3%。[19] 虽然这不是促进经济增长的有力证据，但它有力地证明，征收碳税并未损害 BC 省的经济。

鉴于政治制度都是为了推动经济增长，令人高兴的是，CFAD 方式并不会阻碍经济增长。否则它就没有实施的可能。

两党的支持

在理性世界里，碳排放费用和红利（CFAD）方式得到了美国两党强有力的支持。许多保守派的确想解决气候变化问题，但他们倾向于采用无须额外税收或无政府调控的自由市场方式。CFAD 机制非常符合他们的世界观，也许他们正在慢慢意识到这一点。例如，2008 年加拿大 BC 省碳排放费用方案得到了中右翼政党的支持。在美国，前众议员鲍勃·英格利斯（Bob Inglis）、前国务卿乔治·舒尔茨（George Shultz）与詹姆斯·贝克（James Baker），以及哈佛大学经济学家格雷格·曼昆（Greg Mankiw）[20] 等高层次共和党人都支持征收不与财政收入挂钩的碳费方案。持自由论观点的尼斯卡宁中心（Niskanen Center）的成立，按照该研究所的观点，从某种程度上就是为了消除保守派对征收不与财政收入挂钩的碳税的拒绝态度。[21] 对于自由主义者来说，碳税制度比其他法规更具有优势。

2016 年，佛罗里达州众议员、共和党人卡洛斯·科贝罗（Carlos Curbelo）与民主党人泰德·多伊奇（Ted Deutch）共同组建了气候变化工作组，目的是探索和推进美国国会众议院的气候政策。工作组由共和党和民主党构成，每一位想要加入工作组的民主党人士都要拉进来一位共和党伙伴。[22] 如果共和党的力量仍然很强大，这可能不失为一种推进碳税的方法。

随着越来越多的保守派领导人逐渐接受碳排放费用和红利（CFAD）方案，希望保守派投票者能够逐渐认识到这实际上与其世界观是一致的。这有望改变共和党政策制定者的游戏规则：否认气候变化的事实逐渐会变得不值得了。在协商碳排放费用和红利方案时，自由主义者的明智之举是支持减少部分碳排放法规，这反而会有助于实现这些碳排放法规的目标。

可预测性和稳定性

碳税决定了将来的碳价会升高，这使得人们会愿意投资于无碳的替代方案。由于认识到这一点，6 家大型石油和天然气公司呼吁世界各国采纳碳税制度。[23] 他们意识到在不久的将来人们必须要为全球变暖做些事情，可能的选择方案就是实行碳税，碳税可以提供最可预测的和最稳定的框架。

这些公司在 2015 年 5 月 29 日致联合国的一封公开信中写道："我们需要世界各国政府为我们提供清晰、稳定、长期和雄心勃勃的政策框架，这将会减少不确定性，并有助于以恰当的方式刺激对适用的低碳技术和资源的投资。我们相信碳排放价格应该是政策框架的关键要素。"[24]

一些绿色环保组织认为，大石油公司的支持是为了掩饰他们对碳排放费用的反对。这种看法非常没有远见。人类需要能源，而不是化石能源。如果能源公司开始逐渐淘汰化石燃料，并在未来投资能源系统，那将是一件很美好的事情。正如经济学家艾伦·布林德（Alan Blinder）所说："我迫不及待地想目睹因碳排放收费问题所引发的讨论。"[25]

不后悔

如果说全人类需要在一件事情上达成一致，那么应该是能呼吸新鲜空气是一件好事。如果能够采取碳排放收费方式，即使那些不在乎全球变暖的人也不会后悔。

在全球范围内，化石燃料燃烧造成的空气污染致使每年数百万人死亡，每年造成的损失达数万亿美元。[26] 仅在美国，每年就有 20 万人因空气污染（主要来自道路交通运输和发电）而过早死亡。[27] 在不造成经济亏损的情况下，碳排放费用和红利（CFAD）方案将逐步解决严重的空气污染问题。空气污染严重的国家，如印度等可能会使用 CFAD 方式来推动国家从不清洁能源向可再生能源转变。

通往国际行动的途径

如上所述，CFAD 方案的实施将包括对没有计算或者仅计算很小部分碳排放价格的国家的商品征收边境调节税。假设没有碳排放价格（称为不清洁制度）的国家想要在美国市场销售一个小部件，根据美国碳排放价格，这个部件碳税为 1 美元。为了跨越美国边境销售这个部件，这些国家将需要额外支付 1 美元的关税。

然而，现如今，制造同等价格部件的美国公司有了创新动力，逐渐使用可再生能源。这使得部件的价格下跌，不清洁制度国家的部件就会失去市场份额。由于美国是全球最大的消费市场，所以不清洁制度国家仍然需要采纳碳税以维持竞争力。

迄今为止，虽然各国在全球气候变暖问题上仍然不能协调一致地采取对策和行动，但 CFAD 方式为国际合作提供了一个以市场为基础的有效途径。

个人的作用

此刻，对碳排放征收费用或许是我们维持地球宜居的最佳方式，为了宜居的地球，我们公民要去呼吁。最终要由公民为政策制定者创造采取行动所需的政治空间。支持这种做法的政策制定者的政策空间可能会变小，而对于持反对观点的决策者可能需要采取更大规模的运动，甚至迫使其离职。无论是支持和反对观点的决策者都需要公民为其创造政治空间，并对此做出回应。

到目前为止，我以 3 种方式支持碳排放费用和红利（CFAD）。首先，我加入了本地的美国公民气候游说组织（Citizens Climate Lobby，CCL）。CCL 是一个倡导对碳排放收费实行中间路线的国际志愿者组织。CCL 倡导对碳排放收费。在美国，我们的主要目标是为政策制定者（尤其是共和党人）创造空间来支持碳排放定价机制。我们游说州及国家的众议员，并发表倡导 CFAD 的信件和文章。[28] 这个组织有能力将本地倡导者团体连接成为智慧的国际组织。这让我觉得我不再是孤身一人：首先，我还有团队；其次，我在我的社区发表讲话，这样的机会有很多，我相信你们的社区也是如此；最后，我写了本章内容。

我对这些倡导行动很满意。的确，我个人的力量很微薄，而且我也几乎无法控制集体行动的成效。但是即使如此，我仍然希望自己能做得更多，尽我所能为比我自己还重要的事业贡献自己的力量。

只是（真正的）第一步

也许，正如你读到的那样，美国已经颁布了全国碳排放收费标准。但是碳排放费用和红利本身不足以转变为地球上的生物圈模式。为了解决我们共同的困境，对碳排放征收费用将只是我们采取措施的第一步，我们需要继续前行。

正如我在第 5 章中讨论的那样，人类文明的可持续发展要求我们向不依赖增长的经济体系转型升级。我们还需要找到一种方法，将人口稳定在地球可承载的范围内。不管怎样，无论是通过规划还是通过突然瓦解的方式，物理学都要求我们必须改变目前基于增长的系统。

作为个人而言，为了改变这种状况，也许我们能做得最好的事情，就是为其他人讲述一些新故事——生物圈意识的故事，采取不依赖化石燃料的生活方式，并且可以选择性地退出工业消费主义体系。当我沿着这条路前进时，我的机会增加，也增强了改变系统的能力。个人和集体行动之间存在着很深的、非线性的联系。我们没有理由不积极参与到个人和集体两个层次的行动中。

不久的将来，各国将开始选择明智的碳排放定价模式，我对此感到很乐观。但是还有哪些方法呢？接下来会发生什么？在这里，我会集思广益其他一些我认为可能有用的想法。有些想法可能很容易实现，而有些想法从政治角度可能不具有可行性，但我仍然会把这些想法都说出来，就像播种种子一样。

减少能源消耗

2015 年，[29] 美国通过发电产生的二氧化碳排放量占所有与能源相关二氧化碳排放量的 37%。如果我们认真应对全球变暖问题，我们就应该制定减少电力消耗的政策，同时尽可能快地提高我们的清洁能源发电能力。

2013 年，美国发电量为 4070 太瓦时（TWh）。[30] 其中 2760 太瓦时（TWh）来自化石燃料，其余的来自清洁能源。[31] 相对于美国人的平均用电量（见第 9 章），根据我自己的用电情况，我认为如果我们对这一目标采取明智的政策举措，美国则可以将总体用电量减少一半。[32] 这应该是可行的：英国的人均能源使用量还不到美国的一半。[33] 需要明确的是，我讨论的不只是提高效率的问题，我主要讨论的是改变政策、规范和行为。

如果电力消耗量减少了一半，每年需要用清洁能源替代化石燃料的发电量减少为 725 太瓦时（TWh），而不是 2760 太瓦时（TWh）。[34] 换句话说，我们只需要 1/4 的清洁能源电力基础设施，就能更快地实现 100% 无碳排放。

提升清洁能源发电能力后，我们就可以将运输和建筑供热与冷却领域的能源供给由液体燃料和天然气转变为电力。

取消化石燃料补贴

化石燃料补贴是政府人为提高化石燃料相对于可再生能源的价格竞争力的普遍措施。在全球范围内，化石燃料补贴总额在 7000 ～ 10000 亿美元之间。[35] 其中一半是“消费者”补贴，即政府购买汽油等燃料，并以低于市场价的价格出售。另一半是“生产者”补贴，即政府本质上是提供土地和水资源、受政府资助的研究和调查，以及优惠的政府贷款。我所说的不包括保护化石燃料资产的军事成本，也不包括因呼吸系统疾病和全球变暖所实际产生且外部化的费用（2015 年估计为 4 万亿美元）。[36] 这种情况最好通过碳排放收费来解决而不是通过政府干预。

当然，大量的化石燃料极力地争取到补贴，在增加利润的同时也抑制了可再生能源发展。但作为纳税人，我们正在向世界历史上最富有的行业发放救济金，而此时此刻，我们迫切需要向相反的方向前进。在这样一个发人深省的社会背景下，我们提出了气候变化的国际协议：如果我们的政府继续不正当地推动化石燃料行业的发展，那么他们将如何致力于应对气候变化?

在法庭上斗争

孩子们正在起诉美国政府，理由是美国政府有宪法义务保护未来几代人的环境。[37] 这起诉讼是在 2015 年提起的，当时的 21 名青年原告年龄在 8 岁到 19 岁之间。这些孩子的律师是气候科学家詹姆斯・汉森（James Hansen）[1]，来自一个名为“我们的孩子的信托”的组织，他也是原告。

在孩子们提起诉讼的几周后，化石燃料行业加入了政府的阵营。代表该行业的行业团体采取了干预措施，理由是该诉讼将“损害”埃克森美孚（ExxonMobil）、英国石油（BP）、壳牌（Shell）和科氏工业（Koch Industries）等公司的利益。[38]

原告起诉的一个关键部分是，政府知道自己在伤害他们，还继续故意这样做。事实上，美国政府已经意识到 60 多年来气候变化的危险。例如，在 1955 年，美国海军研究办公室将燃烧化石燃料与上升的大气二氧化碳水平、上升的温度和不断增加的飓风频率联系在一起；1979 年，美国国家科学院（National Academy of Sciences）的一份报告警告观望政策可能意味着等待，直到为时已晚。[39] 从这个角度看，尽管政府对危险有明确的认识，但它仍然选择支持、补贴和加速燃烧化石燃料，这是令人震惊的。

孩子们的诉讼远非无聊之举。2015 年，荷兰一家法院裁定，减少温室气体排放是国家的义务。[40] 两名美国法官裁定原告胜诉。美国总统奥巴马和化石燃料行业的介入者对此不予理会，但美国地方法官托马斯・科芬（Thomas Coffin）下令禁止他们的行动。然后，在 2016 年 11 月 10 日，联邦地区法院法官安・艾肯（Ann Aiken）不仅确认了这一命令，而且完全驳回了被告的反驳。该案将于 2017 年开庭审理。

如果孩子们在法庭上的开创性斗争取得成功，美国政府将在法律上受到限制，以减少温室气体排放，这也会迫使国会寻求一种有效的、经济上可行的方法去实现减排。这可能会导致 CFAD。

---

[1] 美国气候科学家，1988 年，汉森在美国国会听证会上向议员们警示燃烧化石燃料等人类活动可能导致的全球变暖风险，成为第一位拉响全球变暖警报的科学家，被尊为“全球变暖研究之父”。——译者注

重新分配财富

如果想获得稳态经济[1]，我们就需要重新思考财富和权力的概念。

例如，一个人需要多少钱才能活得好？对于任何一种哺乳动物来说，真的需要 1000 亿美元吗？对最富有的 62 个人来说，他们所拥有的财富超过了 36 亿最贫穷的人，这又能怎么样呢？[41] 如果这些囤积的财富公平地分配，世界会是什么样子？对资源的垄断远远超出了个人实际需要的现象在生物圈中随处可见。然而，这是反生物圈的。

亿万富翁的财富从何而来？我认为，究其根本，只有两个来源：拥有和开采地球的自然资源，拥有和榨取劳动（这里劳动指的是在成为亿万富翁的情况下，其他人的劳动）。[42] 在过去的几十年里，工会已经被解散，[43] 机器人、电脑和其他技术的生产力也大大增加，其不成比例地增加了社会财富。[44] 这些技术革新倾向于更有效地从自然资源中提取财富，更有效地消除了对人工劳动的需求。

社会上同时存在多名亿万富翁和连基本的医疗保健都负担不起的贫困工人，这是不合理的。我们需要找到重新分配这些财富的方法，并通过工程师的检查和调控来防止这些财富积累在少数人手中。

从政治中赚钱

允许无限的财富积累会对社会造成非常危险的扭曲。正如我们在第 5 章中讨论的那样，集中的财富会使权力结构（统治阶层）在一个失控的循环中集中更多的财富。

当我在 2012 年开始写这本书的时候，从政治中赚钱是少数统治者持有的一个边缘想法。他们创造了思想萌芽，现在这已经成为主流的讨论。企业对政客的控制一直是应对全球变暖行动的巨大障碍。我们需要制定严格的新竞选财务法：不允许企业参与政治活动，任何形式的组织都不应被允许。我们需要一个系统，在这个系统中，政客们接受捐赠者的资助是不被期望或允许的。而企业游说也应是非法的。[45]

---

[1] 稳态经济由赫尔曼·E. 戴利明确界定为：人口与财富维持稳定状态，并且人类的累计生命和物质资本存量持久利用最大化的经济。

反思全球贸易

为了促进第二次世界大战后的经济增长，以美国为主导的世界各国创建了世界银行、国际货币基金组织（IMF），并最终成立了世界贸易组织(WTO)。这些机构代理国际贸易事务，视经济增长高于一切；法律上推翻了被视为“贸易壁垒”的环境和社会保护；扶持债务沉重的国家的发展；发挥使穷人致富的财富泵功能——这些都是表面上看起来很高尚的目标，比如提高发展中国家的生活质量。[46]

德内拉·梅多斯（Donella Meadows）写道，全球贸易“是一个由企业设计的规则，由企业管理，为企业带来利益”。它的规定几乎不包括任何来自社会其他部门的反馈。[47] 这些协议帮助企业倾其所有推进他们的增长目标，但这对全球的穷人和生物圈都是毁灭性的打击。

虽然国际贸易是一方面，特别是在碳收费体系下对气候敏感的国际贸易，但强盛的地方经济也应占据一席之地。我建议我们首先应该考虑一下当地的需求来源。这样，我们就与社会互利共赢，协调发展。贸易主要应该造福于人民，而不是企业。

实现人口稳定

我们还需要鼓励废除人口增长的政策。我认为，无论是男性还是女性，无论他们多么贫穷，都应该普及避孕药具知识和接受适龄性的性教育。在全球范围内，40% 的怀孕是意外怀孕；这不仅刺激人口增长，而且对公共卫生来说是一个巨大挑战。[48]

我还认为，所有人，包括女孩，都应该完成高中教育，并且应该全面地享有平等的权利。这不仅是一件公平的事情，而且受过教育和获得权利的女性生育的孩子也会越来越少。不幸的是，这些政策面临着来自保守派和世界主要宗教的强烈抵制。[49]

最后，我们应该考虑粮食生产和人口之间的关系，这是人口增长的根本原因。例如，如果我们采取的政策是：农业用地逐渐从生产中移出，并归还给我们生物圈的非人类（“野生”）部分，那该怎么办？这将减少全球粮食产量，导致肉类消费减少，或许还会形成一种分层的食品价格结构，使全球穷人的支付金额低于富人。

这听起来可能有些疯狂，但在接下来的1000万年里，它难道比导致第六次物种灭绝和严重的生物多样性减少更疯狂吗？（生物多样性是对生物圈稳定的最好衡量）

半个地球

再进一步说，如果我们把地球一半的地表留给非人类，那该怎么办？爱德华·威尔逊（Edward Wilson），是世界上最杰出的生物学家之一，也是生物圈需求方面的专家，在他的书《半个地球》中提出了这一点。[50]威尔逊主张，为了维持生物多样性，要保留一半的土地，这取决于土地面积。（作为一个数学规则，岛屿越大，它的生物多样性就越多。）[51]

最近的新闻充斥着关于极度濒危物种的报道，实在令人沮丧。这些故事往往围绕着环保主义者的英勇努力，虽然值得称赞，但却力量薄弱、为时已晚。物种灭绝正在呈指数增长，而工业社会的思维模式则忽视了解决根本问题的有意义的解决方案。相反，社会更倾向于投机性的技术修正，就像DNA银行。我担心这是一种迷惑人的思维。

作为一项政策目标，在一个满是人类的星球上，半个地球的概念似乎非常大胆。但就在几代人之前，甚至不是一眨眼的地质时期，想象我们这个物种能够主宰这个星球，也同样令人惊叹。半个地球的目标超越了部落和国家，它的实现需要仔细的规划和合作以确保公平。半个地球概念将在全球范围内解决“就业或非人类世界”的错误二分法，并将其与人口增长和财富公平分配紧密联系在一起。而且这并不是不可能的，随着人类越来越多地体验到自身对生物圈的依赖，我们将会清楚地看到，半个地球不仅仅是对非人类而言，而是对包括我们在内的地球上的众生而言。

国际合作

人们常说应对全球变暖需要像“二战”时那样的努力。但实际上，我们需要的不仅仅是那种合作水平：我们需要全球合作。毕竟，在第二次世界大战期间，世界上一半的人都在与另一半作战。人类需要找到一种方法来抛开部落主义，共同应对全球变暖和人口过剩问题。

值得注意的是，以作为自由和开明的灯塔而自豪的美国，正将世界拖入气候灾难的深渊，而中国抓住了领导全球的主导地位，正在尽其所能。52 我很想看到我深爱的国家不断壮大，或者至少在某一点上有所作为。但似乎我们正在经历民主的失灵时期，在没有更糟的情况下，作为一个国家，我们甚至不能就基本事实达成一致。或许，脸书（Facebook）和推特（Twitter）[1] 让民主变得病态。我对它的脆弱有了新的认识。

从长远来看，人类需要从竞争的、凶残的民族主义中解放出来。这是我们所面对的进化挑战，它将要求人类不应将生活视为一场零和博弈（zero-sum game）[2]，不再那么害怕。然而，从短期来看，真正的国际合作最有希望的途径可能是通过碳排放收费体系。

倾覆点

集体变革有时发生得很快。虽然个人和集体变革之间的确切联系仍不清楚，但很明显的是，集体变革能够也确实意外地发生了。

为了全面解决我们更广泛的困境，我们在这个由大多数人类组成的社会体系中，需要一个范式转换（Paradigm shift）[3]，即从增长、消费和分裂转换到可持续性、宜居和联系。在这一变革大规模发生之前，个人首先需要在自身进行这种转变。然而，以我自身经验来看，分离的观念是如此强烈，它只能通过一种练习来驱散，如冥想，它可以修身养性，不再以自我为中心。

与此同时，是一个有用的权宜之计，因为它甚至可以在现有模式下降低排放。即使没有冥想练习，个人也可以开始探索没有化石燃料的生活。远离

[1] 美国的主流社交网络服务平台。——译者注

[2] 又称零和游戏，与非零和博弈相对，是博弈论的一个概念，属非合作博弈。指参与博弈的各方，在严格竞争下，一方的收益必然意味着另一方的损失，博弈各方的收益和损失相加总和永远为“零”，双方不存在合作的可能。——译者注

[3] 又称范式转移、典范转移，这个名词最早出现于美国科学史及科学哲学家托马斯·库恩（Thomas Samuel Kuhn）的代表作之一《科学革命的结构》里。这个名词用来描述在科学范畴里，一种在基本理论上对根本假设的改变。这种改变，后来亦应用于各种其他学科方面的巨大转变。——译者注

化石燃料将导致我们放慢生活速度，质疑现有的体系，让我们朝着更广泛的转变方向前进。

做科学家的拥护者

在本章，我是从普通人而不是从科学家的角度来阐述我的观点的。虽然我的工作是研究科学，但作为一个普通人，我就像其他人一样，有足够的权利毕恭毕敬地表达我的意见。我这样做是为了均衡我在书中其他地方对个人行为和减排的强调。

也许科学家有责任去倡导大家接受现状和采取行动。因为科学家们对现状有比着常人更早的认识。我们需要直面全球变暖及其对日常生活的影响，我们也知道它有多严重。当科学知识证明我们需要采取行动时，由科学家提出倡议是最合适的。

当我纠结于我是否应该将自己的观点表达出来的时候，我想到了数十亿没有发声的人，这些人是我认为的最脆弱的人。我还想起了我的孩子们。这些都是我将自己的观点表达出来的动力，于是我自然而然地就表达出了我的观点。

第 15 章　社区

哼！邻居只不过是互相帮助而已？

——史考特夫人（MRS. SCOTT），《草原小屋》

生活到底是什么？是积聚物质财富？还是吃好喝好，抑或是和快乐的人共度时光？社区是人之所以为人的一个基本要核，社区如此之重要，我甚至发现很难想象没有社区的人类生活是什么样子。

丛林

每一种动物都具有能在荒野生存的独特禀赋。鹿有速度和敏捷性。熊有强壮的四肢和敏锐的嗅觉。而鹰有强有力的翅膀和锐利的视力。

我曾经认为人类独一无二的禀赋是拥有一颗非凡的大脑。我们能够生存，归根结底，是依赖于我们的智慧和技术。然而，这只是真实图景的一个侧面。我们的大脑只是人类赖以生存的实际特征——社区的一个先决条件而已。

想象一下，你独自处于丛林深处，赤身裸体，也没有工具。即使你拥有一颗非凡的大脑，你也很可能无法生存，至于茁壮成长和追求幸福安康则更是难上加难。由此可见，仅仅依靠你那颗非凡的大脑是难以生存的。

有了工具和装备，你能过得更好。然而，从某种意义上说，此时你将不再是独自一人。工具和装备代表着社区凝聚成的物质形式。人们通过相互交流信息，从他人的错误中吸取经验教训，利用他人过往的创新基础，设计制造工具和设备并使它们不断得以完善。如果再拥有技能，你将会过得更好。

如果没有了社区，我们就如瞎了眼的老鹰。

如同你的工具一样，技能也是社区的一种形式，它们被凝聚成知识和神经肌肉技术，并且由人类社区得以不断发展、完善和传承。

现在想象你作为一个部落的一员。在一个夜晚，你听着周围数以百万计昆虫的鸣叫声，以及夜鸟的啼声、狮子的咆哮声。身边环绕着亲密的朋友和亲人，会让你感到安全。附近住处里一个小孩啼哭，得到了抚慰。你的生存取决于这个社区。在社区里，你学会了如何寻找美食，如何打造一个舒适的居所及如何利用植物保持健康。请不要把你的社区视为理所当然。赠予与收取礼物、微笑与欢笑是社区的常态，并且社区里还有许多庆祝仪式。以上种种保持着强大的社区，表达着人们的感恩。

我们是群居动物。如果没有社区，我们就如瞎了眼的老鹰。我担心我们的社区已经萎缩和退化了，在很大程度上被公司之间发的传真取而代之了（从而不用面对面交流了）。

简单的、适合当地的生活

作家兼博物学家亨利·梭罗（Henry Thoreau）对那些在白人殖民者到来之前的印第安人原住民非常着迷。受这些原住民的启发，他体验了简单生活，试图摆脱当代社会的经济束缚。令梭罗印象深刻的是，虽然佩诺布斯科特族（Penobscot）印第安人的小屋“最多一两天就能建成”，但却“像最好的英国房屋一样温暖”。相比之下，梭罗指出，他生活的那个时代的“劳动者需要花费 10 ～ 15 年”的时间来支付购买一所普通房屋的费用。[1]

于是，梭罗得出结论，认为他那个时代的人过得还不如那些原先生活在这片土地上的原住民。这些原住民的优势是具有成熟的社区，他们之间的关系非常亲密，能够适应他们所在的特定生物区域（bioregion）。像许多（也许是全部）原住民一样，佩诺布斯科特人将他们的适应当地生活的知识和技能一代代传递。相比之下，我们现代化的生活方式实际上在破坏和消灭生物区之间的差异：从休斯敦到安克雷奇，美国各个区域的划分惊人得相似。我们丢掉了父辈积累的生物区知识。相反，我们依靠全球化的商业。我们甚至比梭罗的同时代人受到更多经济上的束缚：在美国，我们通常需要 30 年才能还清购买美国普通房屋的费用，而不是 10 年或 15 年。

人为制造出来的郊区是化石燃料时代的一件奢侈品，化石燃料在其中提供了一种粉碎生物区特性的力量。由于有化石燃料，我们无须建造适合当地特性的住所，而是可以根据喜好肆意调整电力或取暖器。我们没有建立适合人类的、天人合一的社区，而是开着被称为“轿车”的由重金属和塑料制成的盒子在拥挤的“自由之路”（高速公路）上长距离行驶。当然，我们还从远处运来食品，而这些食品与当地生态没有任何关联。

一旦我们远离了化石燃料，向那些适合所在地特性的社区学习，我们就会做得很好，因为这样的社区在我们来之前就已经存在了——考虑到我们已经把这种社区消灭得相当彻底了，我们只能尽力而为了。能够适应所在地特性的强大社区可以让人们生活得更好，也更方便，因为适应所在地特性的生活不需要耗费太多的精力，也没有太大的压力。你仔细想想，花费 30 年的时间还清一个普通住宅的贷款是一件多么糟糕的事情。

文化的生物多样性为我们提供了想象和创造新故事所需的基础材料。不幸的是，就像多内拉·梅多斯（Donella Meadows）所写的那样：“人们对文明的进化潜能的关注，甚至还不如对地松鼠每种遗传变异潜能的了解。”[2]

索取和给予

为了实现低能耗的生活，我需要向别人寻求帮助。由于有很多事情要做，所以我每天或多或少要寻求帮助（况且还有很多事情没有完成）。例如：

● 我和一个朋友本打算在我们的共享社区花园见面，但不巧的是我没有时间或精力骑自行车，只能放弃。我让他从花园的果树上摘一些葡萄柚带给我。最后，他留在我这儿享用了晚餐，并且随后我们播放了一些音乐。

● 我们有一个朋友网，都是有孩子的，我们可以互相照看彼此的孩子。

● 我曾问过一位马赛克艺术家朋友是否能教我和我的小伙伴们如何在前院中拼砌破损的高位栽培床的混凝土墙。弄完后她同样留在我家里享用晚餐。

● 开始种植的时候，我发现没有西葫芦种子，所以我问邻居要了一些。

我的朋友也向我寻求帮助，并且我很乐意尽可能提供帮助。当他们向我寻求帮助时，我真的很高兴。有趣的是，感觉像是所有人都获利了一样。社区内发生的总效益大于各部分的总和。对此的可行解释是，我们在需要时倾向于寻求帮助，而当我们有富余时往往给予帮助。所以，获得帮助时，我们非常感激，这是很有价值的。当我们提供帮助时，这很容易做到。我称为不对称经济。生物圈就是这样运转的：一只鸟吃了浆果，吐出一粒种子，一棵新的浆果灌木就在其他地方生长出来。但是，不对称经济的运作也有人为的原因：当我们本着开放精神帮助别人时，我们至少和所帮助的人一样快乐。

寻求帮助、慷慨给予及敢于说不（当有必要说不的时候）是社区的 3 种日常实践。

社区意识，在骑自行车可达的距离内

一些人可能会认为这样与邻居互动是世界上最自然的事情，记录下来甚至可以说是愚蠢的。但是在 21 世纪的美国，社区似乎不会自动出现。在大多数情况下，我过自己的日子，我并没有这种互动。我发现我不得不体验基层社区，只有这样才能逐渐感到自然。

美国的典型情况是：我的很多邻居收看很多电视节目，却不经常外出。为了与现有社区结构互动，我首先必须找到他们——我必须培养一种社区意识。在骑自行车能轻松到达的距离内，我逐渐了解了许多志同道合的人，知道了他们的兴趣所在，他们如何与社区互动，以及他们感知到的什么是社区之所需。

当我认识一些人并建立信任之后，他们会把我介绍给他们的朋友。这样，我逐渐和现有网络联系起来。我已经成为一块布中的一条线，一个网络中的一个节点。我与其他节点（社区中信任与尊重我的人及我信任与尊重的人）联系起来，并且我影响他们，同时他们也影响我。我们一起决定我们投入时间和精力的方向。这是一个有机的、不精准的结构。

在社区实践的早期阶段，我尝试通过脸书与人们联系。但是我发现这并不令人满意。[3] 我个人比较喜欢面对面的互动。

社区网络

自然系统（从土壤到大脑、到人类社会）都从网络中汲取力量。当出现危机时，网络帮助我们渡过难关。没有危机时，网络让我们蓬勃发展。网络的深度和冗余转化为弹性。下面，我列出一些对我来说特别重要的东西。

公民气候游说组织

公民气候游说（CCL）是一个志愿者草根组织，致力于第 14 章中所描述的碳费和红利。我们的地方分会拥有 30 ～ 40 名活跃成员。这些人抚慰了我因为全球变暖而感觉疯狂的情绪，而几年前似乎没有人关心这个问题。

后院产品的交换

阿尔塔迪纳是坐落于洛杉矶东北部圣加布里埃尔山脉山脚下的一个小型的、不具有法人资格的社区。许多阿尔塔迪纳居民在后院种植水果、蔬菜和草药。鸡和蜜蜂是后院司空见惯的，甚至还有山羊。

我们一群人每隔几周在当地一个公园碰面，交换自家种的过剩食物。如果我家柠檬树的产量超过家庭所需，那么我会用一个袋子装上剩余的柠檬去参加农作物交换，换回一袋其他家庭种植的过剩食品。

我们称自己为居民时令产品交换（residential in-season produce exchange，RIPE）。作物交换是一个馈赠的奇迹，每个人用一些价值不大的东西（过量产品）交换一些价值较高的东西（各种自家种植的食物、蔬菜等）。换句话说，作物交换利用社区创造了价值，这确实是另一个不对称经济的例子。

我们还使用邮件清单分享园艺知识，组织裸根果树订购，以及提供不需要的东西等。最近，我调查了 RIPE 成员，找出谁家的果树种植成功了，谁家的未种植成功，我整理了这些数据并与社区成员分享。这个伟大的阿尔塔迪纳水果项目以有用的方式利用了当地的地方性知识。

我也使用 RIPE 作为现场知识交换。通过在我家组织免费修剪课（一名经验丰富的修枝师自愿授课），我学会了如何修剪。我还为我的园林废水处理系统设计了一个简单的污水处理装置[4]，我还把我的这个装置的制作转变为一个免费课程。我从帮助他人中受益，而我的帮助对象获得了知识和经验。

僧团（精神社区）

我觉得有必要建立一个精神社区,在类似的精神道路上与人们建立联系。这个社区或僧团给予我启迪，并且和我一起修行。这有助于保持我较强的修行力。

莎伦和我每周邀请当地的冥想者到我们家来集体打坐。这是我们加强内观修心的好方法。

我们也参加并帮助组织非正式集会“觉醒圈”（Awakin Circles），首先是 1 小时的接受性沉默（从任何传统或没有传统），接着是一圈共享和深度聆听，最后以一顿简单的素食餐结束。[5]我们体验到，所有人都是我们的朋友，没有人是我们的敌人。看到这种转变实时发生实在是太不可思议了。

在冥想中心服务（为冥想者烹饪、清洁和清洗盘子）也将我和僧团联系起来。

只要我们能感觉到，到处都是帮助和爱。树木、阳光和雨水、园中的植物、泥土中的虫子，还有山中的某些地方都是我僧团的一部分。我在这些东西中找到避难所。

社区花园

虽然我家有自己的一个花园,但我还是很喜欢成为社区花园的一分子,这个花园距离山顶 1 英里远。那里做园艺的气氛很棒，有许多经验丰富的园艺师，可以与他们交流想法，交换农产品和植物。园艺是一种很奇怪但却能够有效地将社区聚拢在一起的活动。我想人类可能本能地将园艺和社区联系在一起。

转变城镇

我有十几个朋友定期在“转变城镇”运动（Transition Towns movement）的支持下聚会，“转变城镇”是一个由当地团体组成的国际网络，探索一种替代化石燃料工业的生活。[6] 由一群充满了激情的活跃分子和实干家组成。这个“帕萨迪纳转变团”（Transition Pasadena），他们组织了旨在当地建立社区的一系列活动。尽管公民气候游说组织（CCL）活动的范围更为集中，但帕萨迪纳转变团涉及的覆盖领域更广泛，比如力推免费食品花园、自行车基础设施、本地艺术、聚苯乙烯泡沫塑料（Styrofoam™）禁令等，并为能提供覆盖物的修剪树木的人与需要覆盖物的房主牵线搭桥。我最喜爱的帕萨迪纳转变团提供的项目是修理俱乐部：人们带来损坏的东西，铁匠和裁缝志愿者进行免费修理。

教会社区

减少了我自己的碳排放量后，我现在热衷于在一个组织内帮助开创和推动类似的减排。我所在的街坊有 3 个教会组织表示有兴趣共同减少排放（其中 2 个是一位论派，1 个是圣公会）。与此同时，世界各地的教会组织积极呼吁为子孙后代保护好创造出的遗产，这些教会可能成为推动草根气候行动的强大力量。他们可以从远离化石燃料的转变开始，且这种转变可以计量。从我目前所见，这可以以一种充满创造性、颠覆性、神圣性和乐趣的精神来完成。

社区太阳能

我没有在自家屋顶上安装太阳能电池板，而是决定尽我所能争取整个洛杉矶县实现太阳能板供电。这样我就可以获得 100% 的可再生发电，且价格低于（自家安装的）屋顶太阳能，同时还可以帮助上千万人这样做。

这背后的机制被称为社区选择聚合效应（community choice aggregation，CCA）。在加利福尼亚州和美国其他一些州，社区在法律上可以联合起来组成一个替代性的公用事业电力公司。[7] 这样做可以精确选择电力的生产方式。现有公用事业公司需要向居民输送电力（并且可以收取合理的输电费用）。通过在当地安装可再生发电装置，CCA 也投资自己的社区，在当地创造就业和建设基础设施。它们还通过以合理价格购买多余的屋顶发电来支持居民安装屋顶太阳能。

加利福尼亚的马林（Marin）和索诺玛（Sonoma）县已经形成了成功的 CCA，可以以较低的成本提供更清洁的电力。[8] 幸运的是，洛杉矶县的 CCA 将很快加入它们。CCA 是迈向 100% 可再生电力的可行之路，加利福尼亚正在向全世界展示这一点。

足球

我的家人与古老又年轻的足球度过了一段美好时光。足球给了我的孩子们自信，教给他们社交技巧，使其保持健康，相互之间如兄弟般亲近，还拉近了与朋友的关系。它们所需要的只是一个足球，而他们会一起高兴地玩上几个小时。而且我喜欢给他们当教练，这是父母与孩子联系的好方法。

足球可以形成团体，也可以成为社区。它给所有年龄段、各种宗教和意识形态的人带来欢乐和联系，即使在最贫穷的地方和最危险的情况也是如此。[9]

成千上万的其他社区

在从我家骑自行车能轻松到达的距离内有成千上万的其他社团网络。有精彩的学校团体、教会团体、邻里团体、体育团体、市议会、新晋父母团体、死亡服务咖啡馆、聚会、舞蹈、家庭音乐会、街区派对、节日……整个人类社区的生物圈！你住的地方也是如此，但是如果你对某个网络感兴趣，而你所在的地区不存在这个群体，那就考虑创建一个吧。创办团队是为他人提供服务的良好机会。

种族、特权与环境平等

有趣的是，社区花园的种族差异性很大（那儿白种人只占少数）但是 CCL 成员中几乎 100% 都是白种人，这与国际转变城镇运动是相同的。气候运动必须设法吸引广泛的群体，跨越种族和社区人口结构。当达到这一临界值时，气候行动就成为必然。

作为一个群体，美国白种人所遭遇的环境质量下降比其他种族群体要轻微得多。例如，有色人种呼吸的空气平均受污染程度要高出 40%。[10] 那么，为什么主流的环保运动却如此彻底的全都是白种人呢？

也许其中的原因之一就是，环保运动中的大部分资源都由大型绿色非政府组织控制，它们的运营方式与公司一样，白种人首席执行官的薪酬与企业领导人一样。这些非政府组织中的许多人和他们的内部领导者对摇动这艘船并不感兴趣；几十年前，他们拔去自己的尖牙，支持复制主导的制度派结构，支持与公司权力保持一致而不是抵制它。[11]

但更深层次的原因是：特权和定位。首先是特权。在美国，黑人和西班牙裔家庭的平均财富只有白种人的 1/10——这种不平等令人震惊。[12] 对于这些家庭来说，气候行动主义者通常推行的“解决方案”，如太阳能电池板、太阳能热水器、电动汽车及在农贸市场购物，是遥不可及的。

恰好拥有思考气候的心灵空间是特权的一种形式，也就是说，这样做需要充分的身心保障，保证他们在某种程度上在解决更直接的事情（如租房）中有更多的自由对于许多包括白种人在内的工人阶级人士，考虑气候变化则是为了生活在需求层次相对较高的富裕的白种人。

即使这本书中我提出了许多建议，虽然不需要钱，但仍依赖于特权的其他形式。冥想需要花时间远离工作（或找工作）和家属。深圈积肥需要与一片土地持续接触。素食主义要求获得各种高质量的水果和蔬菜。从大型垃圾桶里取出美食会导致与警察产生冲突，这种事情可能对一些人来讲比我更危险。也许在这些变化中，我唯一不需要的两个特权，就是放弃飞行和改骑自行车。

其次是定位。考虑一下包容性通常是如何构成的：我们（特权白种人）如何才能让非白种人加入我们的运动？在这个问题中隐含的是，运动是白种人的运动，是从白种人角度运作的。为什么有色人种想要加入这样的运动？为什么工薪阶层的白种人想要加入其中？

对于这些问题，我并没有简单的答案——我怀疑不可能有简单的答案——只是，我的直觉告诉我，这些事情的进展对气候方面的提升至关重要。我们（在这里，我再次与我的白种人兄弟姐妹交谈）需要接触那些与我们不一样的人，花时间与他们在一起，倾听和服务他们，并赢得他们的信任。我们不需要让有色人种加入我们，而是我们需要加入他们。我们需要大胆但谦卑地进入他们的社区，在那里演讲，在那里种植花园，从那里自由进出。我们需要在那里投入时间，建立基础设施，争取自行车道和社区花园的优先进入，并在那里通过社区选择聚合带来就业和清洁能源。我们需要让他们体验气候行动如何改善他们的生活。一旦他们加入，我们就能取得双赢。

金钱与礼物

我的正式社区——我的城镇、州、国家和工作场所——对我来说有点不近人情。在很大程度上，我们已经扭转了当地个人社区的混乱情况，取而代之的是一个靠金钱和法律合同维持（最终由暴力支持）的伪社区。我能理解个中缘由：我们需要不受桀骜不驯分子的影响，持续的舍本逐末会给我们带来不便。尽管如此，我还是由衷地感到，我们为我们的高效、法律和非个人的社区付出了高昂的代价——这就是十分合法地在破坏生物圈。这其中也有折中的道路吗？

如果有的话，我猜想我们可以通过礼物来找到它：帮助别人，让他们高兴，同时真诚地不求任何回报。矛盾的是，我发现，当我自由地给予时，我得到的会更多。自由地接受一些东西（免费），会带来真正的感激；自由地给予一些东西，会得到真正的慈悲。生物圈依慈悲运行。[13]

金钱经济强调分离，礼品经济强调联系。即使礼品交易只代表社区经济的一小部分，也能催化我们的思维方式发生重大转变。

调解

要建立和维护一个社区，就需要调解人。在我们成为有效的调解人之前，我们自己必须平静。

自我是社区的障碍。我们的自我让我们认为我们就是正确的，并把自己凌驾于他人之上。任何时候，当一次争执演变成一场斗争，伴随着嫉妒、愤怒或仇恨的感觉时，根本原因总是自我。如果不加以制止，这些争斗就会演变成能够分裂整个社区的争斗。

除非这个社区完全由有经验的冥想者组成，否则即使是冥想的方式正确，也可能需要用一生的时间来消解这种负面情绪。因此，我们需要和平共处。

我发现，当我对某人产生负面情绪时。例如，当我感到轻蔑或愤怒时，最好的做法是对他人产生爱心（慈悲），并尝试从对方的角度看待问题。通常这样的行动就足够了。很多时候，负面情绪其实只存在于自己的脑海中。从另一个人的角度来看问题，通常可以化解负面情绪。

如果这还不够的话，下一步就是和那个人谈谈。这需要勇气。再一次，与那个人交谈之前和交谈之时，我试着去感受慈爱。在谈话的时候，我试着从他人的角度出发。如果愤怒或其他消极情绪开始出现，我就会试着跟随我的呼吸，让自己慢下来。这可以帮助我在回答之前暂停一下。不用心的回应通常会使情况变得更糟。人们善于感知自我，如果我从自我角度回应，问题只会变得更糟。

在我年轻的时候，我曾经有过敌人。对我来说最重要的事莫过于保持理性做正确的事。有时我会因为一次敌意而内心怀恨达数年。这使我成了自私的奴隶。几年前的一天，经过多年的冥想，我发现自己没有敌人，并有一段时间没有敌人了。所有人都是我的朋友。我现在看到，坚持寻求正确使我痛苦。放弃正确才是一种解脱。

倾听

好的倾听就像社区的减压阀，它让人们知道他们属于此地，还为社区解决自身问题提供了基础。

当我恰当地倾听某人说话时，世界上没有什么比那个人更重要的了。我的思绪不会徘徊。他们说话时，我不会去考虑下一步该说些什么才能让人听起来觉得我很聪明。如果我真的听了，我就不需要说话了。如果我真的说了，那我是时候找人去倾诉了，那个我要倾诉的人心怀慈悲。

我总是这样倾听的吗？不幸的是，我不是。但是当我这样做的时候，联系是极好的。这是一个艰难的实践，但回报是巨大的。我发现在谈话中通过呼吸或感觉保持身体意识是很有帮助的。

服务

能够帮助他人的机会是很珍贵的。当你遇到这种机会的时候，跳上去。

相反地，也要大胆地寻求帮助。如果你寻求帮助，你的需要就会得到满足——你也会给别人一个帮助他人的机会。

领导与支持

我曾经很想成为领导者，这种愿望不是去为社区做贡献，而是纯粹为了个人成功，这让我变得越来越自私。

而现在，我只想做配角，做配角让我感觉很好。我可以看社区里的其他成员会提供出多少东西。我可以看他们的好品质，欣赏他们，并感到同样的喜悦——对他人的成功感到喜悦。这会带来一种和谐和关联的感觉。

一旦到当领导的时候，就会是领导。以我的经验，至少，就想着去当领导，那结果往往是适得其反的。当它来了，必须谦卑地接受。最好的领导人是寻求为他人服务。当社区充满快乐时，领导者的奖励也是同样的快乐。

抗议

在我的一生中，我没有看到多少有效的抗议。游行来了又走；它们很有趣，把我们聚在一起，提醒我们自己并不孤单，但这种抗议什么也改变不了。

> 如果你想成为叛逆者，就和蔼一点。带着伟大的爱去反叛吧。
>
> ——潘乔·拉莫斯－斯蒂尔(PANCHO RAMOS-STIERLE)

当你研究这个难以想象的巨大而冰冷的空间时，就难以体会到地球的伟大。在这颗赐予生命的星球上，每一块土地都是神圣的。我们的美洲原住民兄弟姐妹了解文明来自于此，他们中的许多人仍然记得。从他们的社区中，一个新的抗议看板正在出现：非暴力根植于对一个地方的热爱，非暴力具有坚实的精神基础。抗议需要人们聚在一起，它不会在社交媒体上发生。抗议活动只是和它所建立起的社团组织一样，并不强大，因为离开了改变现状的土壤。

儿童

我们该如何对孩子们谈论我们的困境？我从来没有和我的孩子们坐下来说："孩子们，是时候让你们知道全球变暖了。"相反，我试图通过我对全球变暖的认识和接受程度来过一种符合我价值观的生活。如果我的孩子们问我什么，我会尽可能诚实地回答。当然，我从来不会刻意地去吓唬他们，但我也不骗他们。

庆祝

在工业社会中，我们是否忘记了如何庆祝？我们的现代假期往往注重消费——追求感官享受。但真正的庆祝并不是感官上的快乐。它是不再考虑小我，而考虑更大的事情的感觉。这种对更大的东西的感觉无法用语言表达，所以我们或许还可以把它叫作社区。

当我有了这种身在社区的感觉时，它似乎时常与人们演奏音乐和跳舞有关。全神贯注于这样的音乐和舞蹈中，看到每个人都在微笑，并且也陶醉于其中，对我来说，这就是庆祝。就音乐来说，充满活力是很重要的，如今我们有太多的艺术和音乐已经被殖民化、商品化了。不过令我激动的是，文化是作为礼物和关系好的象征出现的。

庆祝是神圣的，神圣是至关重要的。庆祝以某种方式将我与人类联系在一起，不管是那些早已死去的人，还是将在遥远未来诞生的人。这使得死亡看起来不再那么可怕了。至于那些此时此刻和我一起庆祝的人，我意识到我们都在同一条船上，死亡笼罩着我们，尽我们最大的努力去理解这种奇特生活的意义。这样，庆祝活动就产生了同情。

讲故事

仅仅改变我们自己的生活还不够，甚至参与社区的活动也不够。我们还必须学会讲故事。故事可以将社区紧密联系在一起，故事教导我们，激励我

我们都在同一条船上，死亡笼罩着我们，尽我们最大的努力去理解这种奇特生活的意义。

们，给我们一种把混乱生活过得有意义的方法。故事以强有力的方式指导我们的行动。讲故事能够抓住我们的想象力，而全球变暖正是世界所见过的最大的想象力失败的结果。

我们每个人都可以讲述这个与生物圈、彼此及与我们自己和谐共处的新故事。这是一个把化石燃料远抛其后的故事，是一个关于联系的故事，我们可以看到自己是在这个生物圈里，而不是凌驾于生物圈之上。

通过演讲、歌曲、诗歌或喜剧，还是通过教育孩子，或是竞选公职来讲述，这取决于你自己。但我可以保证，无论你选择如何讲述这个故事，你的第一步是让这个故事活起来。

第16章　爱

真正的伤害是由数百万想要“幸存下来”的人所造成的，是那些把精神缩蜷成极小球团从而就认为安全的人。安全？安全从何而来？生命总是处于死亡的边缘。我选择以自己的方式来燃烧自己。

——苏菲·萧尔（SOPHIE SCHOLL），不合作主义者（1921—1943年）

这本书是讲述转变的，是讲述从沉睡到醒来的过程的。这还是一个一只脚在工业文明中，另一只脚在未知未来中的故事。

写这本书就像是我在路途中停下来给自己拍了个快照，而其他人走得更远：他们正在证明，不需要任何金钱或化石燃料，生活依然可以继续进行，并因此而变得更快乐。实际上，在我自己的道路上，随着我不断减少金钱和化石燃烧的使用，我实际上感觉自己越来越充实。因此这是一条很好的道路。

当我沿着这条路继续走下去的时候，我离工业文明的核心越来越远。我在朝它的边缘走去。当我回头看的时候，我远离的东西看起来很糟糕。工业文明看起来已经使我们这个物种迷了路。当我沿着这条路走得越多，我越是能看清工业文明的本质：这是我们不得不经历的一个实验或阶段，但结果证明这是行不通的。

但现在结果已现。人类在呐喊：让我们停止燃烧化石燃料吧，别再互相残杀，别再戕害我们的星球了。让我们不要再只是空谈爱；让我们开始践行爱吧。这样，我们失去的只会是痛苦。

为了拥抱接下来要发生的事情，我必须让过去发生的一切过去。我的悲伤就像表演杂技的荡秋千艺术家一样，让一个秋千荡过去，飞过空中，然后抓住下一个绳架。还有些时候我会泪流满面。我哀叹这个我用整个一生去了解的世界，我为孩子的未来感到担忧，我痛心的是这一切本是可以避免的，我为这个奇怪而残酷的现实感到哀痛,我也为我自己醒来感到悲伤。我为每一次愤怒的打击感到哀痛，也为每一颗射出的子弹感到哀痛。我为所有将要离开我们，再也无法回归的物种感到哀痛。最后，我为这整个美丽的地球感到哀痛。

然而，流过这些眼泪之后，我接受了现实。不知何故，在远离泪水的另一边，我找到了前进的动力。挥手告别过去给了我空间去想象一些新的、更美好的东西，这是一个巨大的转变。如果你感到悲伤，那就让眼泪尽情地流淌吧。当眼泪不再流时，请环顾四周。你会发现奇迹就在你自己身边。你会感到鼓舞，会比超乎你过去所有的想象，更加努力工作。

让我们努力建立这样一个世界：每个人都把别人置于自我之上，每个人与生物圈和谐共处。在这样的世界里，没有战争、犯罪、仇恨或消极态度。这个愿景从根本上说有什么不可能呢？它打破了什么物理定律吗？在我还活在这个星球上的时候，需要花时间去做点什么，或许也应该为此而努力。努力的起点就是从我做起。

我希望你能加入进来。我们可以一起建设这个新世界，我们可以通过日常身体感觉来观察我们自己，我们可以从骑自行车开始。

我不知道结果会怎样，但我抱有希望。世界上从来没有见过如此大规模的、非暴力抵抗运动，不是寥寥几个，而是几百万。我们在唤醒自己的同时，也能够唤醒其他每一个人。认为我们自己做不到是错误的。我们可以做到——如果我们选择这样做的话。

爱与联系

由于各种原因，我们的生态困境给我们带来了许多挑战，其中尤其重要的是，它呼唤我们去审视自己的生活方式。它呼吁我们认识到，我们只是神奇生物圈中的一部分，不是在它之外或是凌驾于它之上，还要从内心深处真正接受我们终将死去，因为死亡也是这神奇生物圈的一部分。我们的身体产生自这个不断自旋的、燃烧的生物圈，当我们死的时候，我们会重新融回其中。所以没有什么放不下的，也没有什么可害怕的。

在我最黑暗的时刻，面对全球变暖这一不可改变的现实，我回到了我的身体。我感觉到了我呼吸的气息，或者说我体会到一种感觉，那或许是种轻微的疼痛。此刻，我意识到我在这个躯体里逗留的时间是多么短暂。人们所经历过的每一个时刻都蕴含着死亡——人生就是一场由不断逝去的时刻组成的宇宙接力赛。我意识到，不违背自己的原则生活，为更美好的世界尽我所能，这比安全更重要。

最深刻的精神启示在知识层面上都是微不足道的。例如，我是由物质构成的，你也是如此。我们都是由质子、中子和恒星爆炸后回收的电子组成的。这些基本粒子自然地组成越来越复杂的分子，不断产生，不断消失，从一种形式转变为另一种形式。数亿年来，这种信息编码为物质的基本原理应运而生。生物圈开始创造惊人的各种形态，生生不息，生育过数十亿物种——我认为在无数其他世界上，也在进行这样的过程。最终，在地球上，这条让人叹为观止的生命之河包括了第一批人类，接着是我的祖先，然后是我的父母，最后是我。

然而，这个“我”是什么呢？当我坐下来仔细、冷静地检视它时，它就蒸发不见了。我观察到组成我身体里的物质，它们只不过是一些存在于永恒河流中流淌、振动的原子，而别无他物。我又观察了我的意识和思想，它们也在不断变化。我观察到身体上的感觉只不过是这个心灵和身体的交互的集合体，当然，它们也会不断产生，不断消失。我看到了自己多么渴望愉快的感觉，我也看到了明白这种渴望是多么可悲、痛苦。在我平静观察的明亮灯光下，渴望不断干涸并随风而散。我无法控制。我没有创造自己。我只是一个坐在你所能想象的最大表演舞台的前排座位的冷静的观察者，这个表演舞台就是：宇宙本体。

当我看到这个图景时怎能不微笑呢？当我认识到我是如何形成的时候，我怎么会害怕呢？当我是大自然、是生物圈、是宇宙时，我怎能感到自己与世上任何其他存在能够分割开来呢？一旦我体验了所有存在都是相互联系的这个真相后，我怎能故意伤害这其中的任何一个存在呢？当没有“我自己”的时候，我怎能将自己置于其他存在之前，高于其他存在呢？

时时刻刻我们都要意识到，要经历的一切都是神圣的：我们呼吸的空气；

整个宇宙都是你的伙伴，木材堆里的蜥蜴是你的搭档。

我们吃的食物；星星和海洋；飞翔的鸟类和分解的细菌；新发芽的植物；热气腾腾的堆肥；我们走过的土地；你我的身体；以及此时此刻。

学会在生物圈内体面地生活是一项神圣的任务。学会相处是一项神圣的任务。学会如何让自己思想深处觉得快乐，在我们在世的短暂时间里觉得快乐，是一项神圣的任务。这 3 个神圣任务是紧密相连的。

我希望我能与你们分享平静和快乐，这些感受来自具体的相互联系的非我的体验。但这些只是直接的个人经历，我无法与你们分享，只能用言语笨拙地将它们指出来。

轻松地爱，轻松地生活

有一个观念简单而美丽，但它既违背了主流文化的神话，也违背了我们最深刻的心理习惯。那就是：不要害怕，抓住每个能得到的机会去传播爱。

不要害怕，甚至不要害怕死亡。我们为什么害怕死亡？我们是否细致地审视过这种恐惧？通过冥想，我体验了一个简单的真理，那就是每件事都在不断地变化，包括我自己的身体和意识。在不断变化的情况下，对某件事进行处理是没有意义的。当这种巨大的恐惧消失时，所有较小的恐惧也会消失。同样非常清楚的是，恐惧阻碍了爱的传播。

抓住每个机会去传播爱，每次遇到仇恨，都要挺身而出。这需要巨大的勇气：人类有一个可怕的习惯，就是杀死那些传播爱的人。我们的文化充满了恐惧，以至于传播爱对我们大多数人来说似乎是陌生的，对我们围墙内的故事来说似乎是陌生的，对我们来说是不够的。

这个故事是可以改变的。的确，我认为我们已经开始改变它了。对于你我来说，关键的是决定要这样生活，然后践行这样的生活方式。这样的生活开始运作了！当别人看到我们按照新的故事生活时，这个故事就会传播开来。我越是如此生活，就越是快乐；所以不管它是否流行，我都会继续这样做。

不管你选择去做什么，要以舞蹈的精神境界去做：轻盈、优雅、面带微笑，心中清楚地明白这支曲子就将结束，下支曲子也将会开始。整个宇宙都是你的伙伴，木材堆里的蜥蜴是你的搭档。享受它，并通过你自身的体验认识到它在不断变化。一切都在不断流变，包括所有的物质和所有的思想。一个夸克、你正在变老的身体、星系组成的超级星系团，一切都在流动，都是一场舞蹈。一切都是如此美丽，充满了爱。

愿所有人都幸福安康。

注 释

第 1 章 觉醒

1. 我喜欢用“全球变暖”（global warming）这个词来指代近几十年来全球平均温度不断上升这一现象，以及由此引发的地球系统的诸多改变。例如，降雨量的变化。但严格地说，“气候变化”才是更普遍的现象，如今所说的全球变暖只是其中的一个例子。在地球迄今已存在的 45 亿年的历程中经历过多次气候变化。

2. 你静静地站在一棵漂亮的树旁边，或站在凡·高画的树前面，或以其他方式都可以感受到植物也是一种生命。

3. 如果你 2023 年后再读到这篇文章，届时地球上的人口可能已经超过了 80 亿。

4. 我知道很多人还意识不到这些，因此我冒险把它大声地说出来。但我知道这是真的。

5. Mohandas Gandhi. *The Collected Works of Mahatma Gandhi*, Vol. 13 (1913), Ch. 153, page 241. [online]. gandhiserve.org/cwmg/VOL013 .PDF. Emphasis mine.

第 2 章 超越绿色

1. The film *An Inconvenient Truth* directed by Davis Guggenheim and featuring Al Gore, 2006, DVD; or Bill McKibben. *Eaarth: Making a Life on a Tough New Planet.* Times Books, 2010.

2. 四处游荡的掠夺者将被藏匿的食物和弹药所吸引。一个更好的安全策略是帮助建立一个强大的社区，并培养相应的技能和关系，使你成为不可或缺的人物。

3. Juliet Elperin. “White House solar panels being installed this week.” *Washington Post*, August 15, 2013. [online]. washingtonpost.com/news/post-politics/wp/2013/08/15/white-house-solar-panels-finally-being-installed/.

第 3 章　全球变暖：科学

1. 你可以下载第 5 次评估报告（AR5）：Intergovernmental Panel on Climate Change. "Assessment Reports." [online]. ipcc.ch/publications_and data/publications_and_data_reports.shtml#1. 政府间气候变化专门委员会分为 3 个工作组：第 1 工作组（WG1）为全球变暖和地球系统发生的变化提供了物理证据；第 2 工作组（WG2）介绍当前和未来的影响及人们的适应战略；第 3 工作组（WG3）介绍了我们在科学、技术、环境、经济和社会方面对减缓气候变化的理解，并对缓解途径进行量化。例如，在人类可用的各种路径下发生变暖的程度有多少。WG1 评估和总结科学文献，而 WG2 和 WG3 总结科学和社会经济方面的文献。每个工作组提供 30 页决策者摘要（SPM）。 随后的引文使用这些缩写来标识本报告中的部分。

2. 以下是为读者深入阅读提供的进一步介绍：(1) Yoram Bauman and Grady Klein. *The Cartoon Introduction to Climate Change*. Island Press, 2014. (2) The 36-page overview US National Academy of Sciences and Royal Society. *Climate Change: Evidence and Causes*. National Academies Press, 2014. [online]. ap.edu/catalog/18730/climate-change-evidence-and-causes. (3) David Archer. *Global Warming: Understanding the Forecast,* 2nd ed. Wiley, 2011 (a college text for non-science majors). (4) "普林斯顿大学气候系列读物"是一系列关于气候主题的权威畅销书：Princeton University Press. Catalogue Primers in Climate. [online]. press.princeton.edu/catalogs/series /princeton-primers-in-climate. html. 我建议不要单纯从互联网上学习气候科学，因为你会发现许多错误信息。你可以在 skepticalscience.com 和 realclimate.com 上找到准确（未必连贯）的信息。

3. 许多科学家和人文主义者给新世纪提供了一个地层学名称——人类世纪。对此我不敢苟同，有以下 3 个方面的原因：第一，这个词已被生态现代主义者（ecomodernists）和其他一些盲目相信技术是摆脱困境的途径的人所信奉；第二，这个词使我们感觉我们的破坏性存在像是一个地层学事实，因此可能会减少尽我们所能去降低人类对生物圈影响的政治意愿。人类仍然面临艰难抉择，否则全球变暖状况不知道会有多严重。第三，也许是最重要的，它预先假定人类是问题之所在。而在我看来，人类并不是问题之关键。特定的人类文化才是问题之所在。

4. 我对我所在的《地球》杂志社的科学家同事进行了调查（参与调查者需要在《地球科学》期刊上发表过经同行评审的论文），结果收到 66 份回复。当被问到"你是否会经常对全球变暖感到悲伤”时，只有10%的人回答“从不”（在1～5分打分中选择1分），而一半的受访者感到严重的悲痛（选择5分和4分的人分别占14%和35%）。

5. 政府间气候变化专门委员会第5次评估报告第1工作组报告（IPCC AR5 WG1 SPM）将此温度升高至0.85 ℃，但此后上调了24%：Mark Richardson et al.“Reconciled climate response estimates from climate models and the energy budget of Earth.”*Nature Climate Change* 6 (2016). [online]. doi:10.1038/nclimate3066. 到2020年温度将上升1.2 ℃（在2015年已经比工业化前的基准线高出1.1～1.3 ℃），到2030年温度将上升1.4 ℃。这些预测是基于1951—2012年观测到的每10年提高0.12 ℃的线性推断得出的。

6. Camilo Mora et al.“The projected timing of climate departure from recent variability.”*Nature* 502 (2013). doi:10.1038/nature12540.

7. 模型是预测未来变量如何变化的工具。全球气候模型是在超级计算机上运行的软件代码，代表大气、冰、海洋、陆地等的物理、化学和生物过程。地球系统模型是明确模拟碳循环的全球气候模型。这些模型通过将其划分为三维网格单元的方法来表示地球，水平分辨率通常约为100公里，但随着计算机速度的提高，这种分辨率不断下降。在每一个时间段，每个网格单元中的变量（如温度、云量、海冰量等）根据来自前一时期数值和来自相邻网格单元的数值进行更新。

8. Keywan Riahi等人的文章中描述了“一切照常”的情境，即“RCP 8.5”。“RCP 8.5: A scenario of comparatively high greenhouse gas emissions.”*Climatic Change* 109 (1-2) (2011). [online]. doi:10.1007/s10584-011-0149-y. Allison M. Thomson等人描述了名为“RCP 4.5”的减缓情境。“RCP 4.5: A pathway for stabilization of radiative forcing by 2100.”Climatic Change 109(1-2) (2011). [online]. doi:10.1007/s10584-011-0151-4.

9. 这些结果采用名为“historicalNat”的模型实验来估计背景变化范围。在该模型实验中，时间选择为无人为排放二氧化碳的1860—2005年，以便于与两个代表性浓度RCP路径实验结果进行单纯比较。然而，实际上只有17个气候模型进行了“historicalNat”实验，而39个模型进行了名为“historical”的实验，后者内容包括观测到的大气成分变化及人为二氧化碳排放量。Mora等人还报告了采用historical实验作为背景变量得出的结果。因为其中包含了变暖趋势内容，所以与historicalNat实验中RCP 8.5情境下得出的2047年（39个模型的平均值，标准误差为3年）及RCP 4.5情境下得出的2069年（标准误差为4年）出现变暖迹象的结果相比，气候异常时间将出现延迟。然而因背景中涉及人为变暖，这些结果显然有偏差。而 historyicalNat 实验结果没有这种偏差。Mora 等人选择强调有偏差的结果，态度更为保守些。我认为这是错误的。在科学中，永远都是要尽可能地把最接近真相的内容揭示出来。

10. 值得注意的是，地表温度只是地球系统中的一个变量。任何变量都可以分析为由人为因素所致的异常。例如，因人为导致的二氧化碳融入海洋，已经致使全球出现了海洋酸化。

11. 由于我们的生命依赖于大自然，因此我认为我们要采取措施减缓气候变化。我个人认为，当前没有什么比这个更重要的了。

12. 感谢 Jan Sedlacek 提供了多模型平均数据，从中我创建了政府间气候变化专门委员会第 5 次评估报告第 1 工作组报告（IPCC AR5 WG1）图 12.5 的黑白版本。(a.k.a. Matthew Collins et al. "Long- term Climate Change: Projections, Commitments and Irreversibility" in T. F. Stocker et al., eds. *Climate Change 2013: The Physical Science Basis. Working Group I Contribution to the Fifth Assessment Report of the Intergovernmental Panel on Climate Change*. Cambridge University Press, 2013, p.1039).

13. 该数字给出了此情境下 2100 年的近似辐射强迫，并以瓦 / 平方米（W /m^2）为单位表述。本章后面将详细讨论辐射强迫。

14. Jasper van Vliet et al. "Meeting radiative forcing targets under delayed participation." *Energy Economics* 31 (2009). [online]. doi:10.1016/j .eneco.2009.06.010.

15. 参见政府间气候变化专门委员会第 5 次评估报告第 3 工作组报告（IPCC AR5 WG3）第 12 章表 12.2。预测结果为多模型平均值。不确定性是多模型分布的标准偏差。注意，2100 年以后排放预测结果需要扩展 RCP 情境，这些情境对 2100 年以后的温室气体和气溶胶排放量做出了简单的（可能是过于简单的）假设。随着模型预测进一步延伸到未来，结果自然变得越来越不确定。

16. J. D. Annan and J. C. Hargreaves, J. C. "A new global reconstruction of temperature changes at the Last Glacial Maximum." *Climate of the Past* 9(2013). [online]. doi: 10.5194/cp-9-367-2013.

17. Lorraine E. Lisiecki and Maureen E. Raymo. "A Pliocene-Pleistocene stack of 57 globally distributed benthic $\delta^{18}O$ records." *Paleoceanology* 20(1) (2005). [online]. doi:10.1029/2004PA001071.

18. James Hansen et al. “Climate sensitivity, sea level and atmospheric carbon dioxide.” *Philosophical Transactions of the Royal Society A* 371(2013). [online]. doi:10.1098/rsta. 2012. 0294.

19. 图 3.2 中幅度如此之大的一个关键原因是“已知的未知数”，即我们对云层如何作用的不确定性。（我的兴趣之一是研究低空云层，研究它们如何与地球系统相互作用，它们如何随着地球变暖而变化，以及它们的变化又如何影响变暖。）用于进行气候预测的全球模型将地球划分为目前约 1° 纬度和 1° 经度大小的网格单元——比单独的云层大得多。这意味着模型必须在统计上接近每个网格单元中的云变量，如不同高度的总云层量。每个模型都做了不同的处理，其结果之一是这些模型在云层如何与大气动力学相互作用方面存在差异，以及随着地球持续变暖它们将如何变化方面也有不同。例如，一些模型预测低空云层随着地球变暖会增加，而另一些模型预测结果与之相反。低空云（如阴天的层积云）通过将太阳光反射回太空来使地球制冷：低空云层较多的模型往往预测的温度较低，低空云层较少的模型预测的温度则较高。

20. 这个温度是由吸收的太阳辐射和发射的热红外辐射的简单平衡来确定的。其假设的前提是没有云层反射太阳光并与发出的红外线相互作用，因为水蒸气是我们刚刚想到的温室气体之一。而因为有了温室效应，地球的实际平均地表温度约为 15 ℃。

21. 根据美国国家海洋和大气管理局（NOAA）地球系统研究实验室的数据推断。“Trends in Atmospheric Carbon Dioxide.” [online]. esrl.noaa.gov/gmd /ccgg/trends/global.html.

22. 导体两侧（如我们的毯子）间的热传导率与两侧间的温度差成正比。

23. 这种吸收是从量子力学角度讲的。来自地球的红外光子具有普朗克频谱分布中的一系列频率。当红外光子以一定量子能撞击水分子或二氧化碳分子（或另一种温室气体）时，可将分子从伸缩基发态激发到弯曲振动态（即分子只能吸收某些频率的光子，而光子碰巧具有从量子力学角度允许的频率），它可以被分子吸收，然后分子开始振动。经过一段时间，分子会产生去激发（de-excite）并发射一个随机方向的光子。例如，可能会发射到太空。而在较低空大气层中，分子更可能首先与其他分子碰撞。发生碰撞时，分子可以将能量传递给与其碰撞的分子。其产生的净结果是大多数来自地球表面的上行红外光子不能进入太空，导致低空大气层升温。

24. 衡量从太空反射出的太阳能的全球平均值有些困难，卫星记录显示没有明显的趋势变化。虽然你可能会认为冰雪融化会导致更多的太阳能被吸收（这确实发生在某些区域中），但云层可能会改变或补偿全球平均值。

25. 停留时间是对高于工业化前水平的一半温度需要多长时间的估计。这并不意味着上升后一半温度（相同的温度）会花费相同的时间量（即衰减不一定是单一指数过程）。二氧化碳具有化学惰性，停留时间长，而甲烷具有化学反应性，停留时间短。

26. 这些值来自 Drew T. Shindell 等人的．“Improved attribution of climate forcing to emissions.” Science 326(2009), at p.716. [online]. doi:10.1126/science.1174760. 对于给定的气体，GWP 估计值取决于是否将该气体导致变暖的直接和间接的变暖效应都考虑在内。例如，政府间气候变化专门委员会（IPCC）估算甲烷 GWP 数值时，不考虑甲烷气与气溶胶的相互作用，而实际上甲烷是会抑制能使气温下降的气溶胶的形成的。在不考虑这种影响的情况下，政府间气候变化专门委员会第 5 次评估报告（IPCC AR5）最终估计甲烷 GWP_{20} 仅为 86。

27. 政府间气候变化专门委员会第 5 次评估报告第一工作组报告（IPCC AR5 WG1）第 8 章第 714 页中的 GWP_{20} 为 264，GWP_{100} 为 265，数值的不确定性分别为 20% 和 30%。

28. 本节中目前温室气体辐射强迫百分比的估算结果是将所考虑的强迫除以温室气体正强迫总量（即 $CO_2 + CH_4$ + 卤代烃 + N_2O + CO + NMVOC = 3.33 W /m^2 ）计算得出的。请注意，为简单起见，我忽略了 NMVOC [它们的贡献为 0.1（0.05 ～ 0.15）W /m^2 且该数值还在下降]，详情参见政府间气候变化专门委员会第 5 次评估报告第 1 工作组报告（IPCC AR5 WG1）第 2 章。

29. 政府间气候变化专门委员会第 5 次评估报告第 1 工作组报告（IPCC AR5 WG1）第 8 章第 731 页。

30. 5% 是臭氧破坏冷却效果下的结果。

31. Shindell et al. “Improved attribution of climate forcing to emissions.”

32. 这包括臭氧和平流层水蒸气的形成，但不包括气体与气溶胶的相互作用。

33. 政府间气候变化专门委员会第 5 次评估报告第 3 工作组报告决策者摘要（IPCC AR5 WG3 SPM）。

34. 这是我自己利用甲烷 GWP 数值为 105 计算的结果，依据是甲烷 GWP 数值为 34 时，其占比为 16%，其他温室气体 GWP 固定不变。

35. 政府间气候变化专门委员会第 5 次评估报告第 1 工作组报告（IPCC AR5 WG1）第 2 章第 167 页。

36. 政府间气候变化专门委员会第 5 次评估报告第 1 工作组报告（IPCC AR5 WG1）第 6 章第 541 页。

37. 请注意政府间气候变化专门委员会（IPCC）对来自化石燃料生产的甲烷排放量的估计依据的是 2012 年美国环保署的估计：US EPA, Office of Atmospheric Programs. "Global anthropogenic non-CO_2 greenhouse gas emissions: 1990-2030." EPA Report # EPA 430-R-12-006 [online]. epa.gov/climatechange/Downloads/EPAactivities/EPA_Global_NonCO$_2$_Projections_Dec2012.pdf. 后来新的研究发现这一估计值严重偏低。

38. 2002—2011 年的平均值。

39. 政府间气候变化专门委员会第 5 次评估报告第 1 工作组报告决策者摘要（IPCC AR5 WG1 SPM）。2002—2011 年，人类平均每年通过燃烧化石燃料和生产水泥排放 8.3（7.6 ~ 9.0）GtC（1 Gt = 10^9 t），而因土地利用变化每年排放 0.9（0.1 ~ 1.7）GtC。水泥生产约占人类二氧化碳排放量的 4%。政府间气候变化专门委员会第 5 次评估报告第 1 工作组报告（IPCC AR5 WG1）第 6 章第 489 页。

40. 政府间气候变化专门委员会第 5 次评估报告第 1 工作组报告（IPCC AR5 WG1）第 6 章第 486 页。

41. 测量过程在美国国家海洋和大气管理局地球系统研究实验室全球监测处碳循环温室气体组网站（esrl.noaa.gov/gmd/ccgg/）上进行了描述。简而言之，山顶的科学家通过吸收红外光线测量干燥空气中的 CO_2 含量。红外光照射到含有空气的玻璃管中。玻璃管远端的红外探测器测量透射的红外光。二氧化碳阻挡红外线（这也是为什么它会使地球变暖），所以空气中的二氧化碳越多，探测器探测到的红外光就越少。探测器输出的是随入射红外辐射的功率而增加的电压。一旦校准后，电压就可以转换成 0.00002%（体积百分比）内的 CO_2 浓度。

测量中最棘手的是校准部分——准确而精确地将探测器电压转换为空气中二氧化碳的浓度。为此使用了 3 种空气混合物作为参照，气体本身经过仔细校准，每小时打开 1 次，每次 4 分钟。3 组数据经过 2 次拟合处理，给出转换函数。为防止系统误差，要检查对比已制备的各种已知二氧化碳浓度的"目标"空气样本，并将空气瓶送到科罗拉多州博尔德的国家标准与技术研究院（NIST）进行独立测量。

42. 数据来自美国国家海洋和大气管理局（NOAA）。US NOAA. "A Global Network for Measurements of Greenhouse Gases in the Atmosphere." [online]. esrl.noaa.gov/gmd/ccgg/.

43. 我使用函数 $y = 280 + (1 + a)^{t-b}$ 计算。最佳拟合值（1959—2016年的年平均值）为 $b = 1790$ 和 $a = 0.0217$。

44. 关于40万年前的记录来自对南极洲沃斯托克科考站附近区域的冰芯的研究。J. R. Petit et al. “Climate and atmospheric history of the past 420000 years from the Vostok Ice Core, Antarctica.” *Nature* 399 (1999). [online]. doi:10.1038/20859. CO_2 体积分数通过气相色谱法测量得出，因为该记录为“代替物”记录，所以两个轴（时间和 CO_2 浓度）数据都存在误差。整个记录结果中，绝对时间（x 轴）的误差范围小于 ±15 ky（千年），在过去的 11 万年内小于 ±5 ky（千年）；CO_2 浓度（y 轴）的误差范围是 $\pm 3 \times 10^{-6}$。关于大约 80 万年前的记录来自对南极 Dome C 区域的冰芯的研究。Lüthi et al. “High-resolution carbon dioxide concentration record 650000-800000 years before present.” *Nature* 453 (2008). [online]. doi:10.1038/nature06949. 从 1000 年前至今的记录来自对南极 Law Dome 区域的冰芯研究。Etheridge et al. “Natural and anthropogenic changes in atmospheric CO_2 over the last 1000 years from air in Antarctic ice and firn.” Journal of Geophysical Research 101 (1996). [online]. doi:10.1029/95JD03410.

45. 虽然记录中这里的绝对时间误差约为 ±5000 年，但持续时间的误差要小得多。

46. 数据来源于政府间气候变化专门委员会第 5 次评估报告第 3 工作组报告（IPCC AR5 WG3）第 7～11 章。请注意，表格保留了政府间气候变化专门委员会（IPCC）使用的 GWP_{100} 基准。换句话说，采用的甲烷 GWP 值相对较低，数值为 21，这可能导致其在表中不太明显。

47. M. MacLeod et al. *Greenhouse gas emissions from pig and chicken supply chains—A global life cycle assessment*. Food and Agriculture Organization of the United Nations (FAO), 2013. [online]. fao.org /docrep/ 018/i3460e/i3460e.pdf; C. Opio et al. *Greenhouse gas emissions from ruminant supply chains: A global life cycle assessment*. Food and Agriculture Organization of the United Nations (FAO), 2013. [online]. fao.org/docrep/018/i3461e/i3461e.pdf.

48. 政府间气候变化专门委员会第 5 次评估报告第 3 工作组报告（IPCC AR5 WG3）第 8 章第 605 页。

49. 数据来源于 Berkeley Earth. Land + Ocean surface temperature time series: Berkley Earth. *Land + Ocean Data*. [online]. berkeleyearth.org/land-and-ocean-data/.

50. Robert Rohde et al. “Berkeley Earth temperature averaging process.” *Geoinformatics*

& Geostatistics: An Overview 1:2 (2013). [online]. scitechnol.com/berkeley-earth-temperature-averaging-process-IpUG.pdf. 海洋数据来自 HadSST: Asia-Pacific Data-Research Centre. Data documentation: *Hadley Centre SST data set(HadSST)*. [online]. apdrc.soest.hawaii.edu/datadoc/hadsst.php.

51. Mark Richardson et al. "Reconciled climate response estimates from climate models and the energy budget of Earth." *Nature Climate Change* 6 (2016). [online]. doi:10.1038/nclimate3066.

52. 其他数据集也论述了同样的情况。例如，根据美国航空航天局（NASA）的数据，历史上最热的 17 年中有 16 年发生在 2001—2016 年：美国国家航空航天局（US NASA）。"GISS Surface Temperature Analysis (GISTEMP)." [online]. data.giss.nasa.gov/gistemp/. 有关总结性文章，见 Justin Gillis. "Earth sets a temperature record for the third straight year." *New York Times*, January 18, 2017. [online]. nytimes.com/2017/01/18/science/earth-highest-temperature-record.html.

53. 如果你在 2025 年阅读这篇文章，你会黯然神伤地回想起 2016 年是很凉爽的一年。当我读到过去写的有关气候变化的内容时，我经常发现自己在想这个问题。

54. Sydney Levitus et al. "Anthropogenic warming of Earth's climate system." *Science* 292 (5515) (2001). [online]. doi:10.1126/science.1058154.

55. 数据来源于国家海洋和大气管理局（NOAA）海洋气候实验室。"Basin time series of heat content (product,0-2000 meters)." [online]. nodc.noaa.gov/OC5/3M_HEAT_CONTENT/basin_data.html. 数据在 S. Levitus 等人文章中有介绍 . S. Levitus et al. "World ocean heat content and thermosteric sea level change (0-2000 m), 1955-2010." *Geophysical Research Letters* 39 (2012). [online]. doi:10.1029/2012GL051106.

56. Noah Diffenbaugh, Christopher Field. "Changes in ecologically critical terrestrial climate conditions." *Science* 341 (6145) (2013). doi:10.1126/science.1237123.

57. 政府间气候变化专门委员会第 5 次评估报告第 1 工作组报告决策者摘要（IPCC AR5 WG1 SPM）。在同一时期，南极冰盖的损失率从每年 30 Gt（300 亿吨）增加到每年 147 Gt（1470 亿吨），增长了 4 倍。

58. Fiammetta Straneo, Patrick Heimbach. "North Atlantic warming and the retreat of Greenland's outlet glaciers." *Nature* 504 (2013). [online]. doi:10.1038/nature12854.

59. 政府间气候变化专门委员会第 5 次评估报告第 1 工作组报告决策者摘要（IPCC

AR5 WG1 SPM）。海平面上升部分是因为极冰融化，部分是由于海水因热膨胀而导致。

60. Christopher S. Watson et al. “Unabated global mean sea-level rise over the satellite altimeter era.” *Nature Climate Change* 5 (2015). [online]. doi:10.1038/nclimate2635.

61. 政府间气候变化专门委员会第 5 次评估报告第 1 工作组报告决策者摘要（IPCC AR5 WG1 SPM）.

62. 同上。

63. 其他变化包括西伯利亚永久冻土的厚度和范围显著减少，北半球积雪面积减少（6 月积雪每 10 年减少 12%），以及卫星测量到的低空大气层中非表面大气变暖。我必须诚实，对我而言这些和其他变化看起来有点超现实，就像糟糕的科幻小说一样。但事实上它们和熔化的冰块一样都是真实的、可验证的。

64. 我根据政府间气候变化专门委员会第 5 次评估报告第 1 工作组报告决策者摘要（IPCC AR5 WG1 SPM）制作了当前版本的图 5，资料来源于：T. F. Stocker et al., eds. *Climate Change* 2013。

65.Mike Lockwood. “Solar Influence on Global and Regional Climates.” *Surveys in Geophysics* 33 (3) (2012). [online]. doi:10.1007/s10712-012-9181-3.

66. 请注意，这种由卤代烃造成臭氧破坏导致的制冷作用代表了南极臭氧洞与全球变暖间的直接联系。全球臭氧层消耗造成的负强迫的强度大约是净强迫（当然这是正强迫）强度的 5%，而这种负强迫的一部分来自臭氧空洞。从这个意义上说，臭氧空洞确实在全球变暖中发挥了作用，尽管作用很小。

67. David Herring. “Earth's Temperature Tracker.” NASA. Earth Observatory. website, November 5, 2007 [online]. earthobservatory.nasa.gov/Features/GISSTemperature/giss_temperature.php/.

68. 但是什么是黑碳？奇怪的是，任何一个实验室的样品瓶中都没有黑碳样品，而且也没有关于该物质的定义，我们可以将其描述为“具有不确定特性的吸光耐火含碳物质”。例如，P. R. Buseck et al：“Are black carbon and soot the same?” *Atmospheric Chemistry and Physics Discussions* 12 (2012). [online]. doi:10.5194/acpd-12- 24821-201.

69. Kristina Pistone et al. “Observational determination of albedo decrease caused by vanishing Arctic sea ice.” *Proceedings of the National Academy of Sciences* 111 (9) (2014). [online].doi:10.1073/pnas.1318201111.

70. 政府间气候变化专门委员会第 5 次评估报告第 1 工作组报告（IPCC AR5 WG1）第 7 章第 592 页。2015 年低空云层的反馈依然是气候敏感性预测中主要的不确定因素。3 个正反馈有不同的置信度。置信度最大的是高空云层的高度随着温度升高而增加。这是一个正反馈过程，因为较高的云层吸收的红外线也更多。置信度居中（IPCC AR5 WG1）第 7 章第 589 页的云层正反馈是云层逐渐向阳光较少的极地转移，这使得反照率减少。置信度最低的第 3 个云层正反馈是副热带低空云层减少。全球模型中给出了广泛的范围，甚至还有几个给出了负反馈。

71. Graeme L.Stephens et al. "The albedo of Earth." *Reviews of Geophysics* 53 (2015). [online]. doi:10.1002/2014RG000449.

72. Yadong Sun et al. "Lethally hot temperatures during the early Triassic greenhouse." *Science* 338 (6105) (2012). [online]. doi:10.1126/science.1224126.

73. 表 3.3 中的碳库大小结果是基于政府间气候变化专门委员会第 5 次评估报告第 1 工作组报告（IPCC AR5 WG1）第 6 章及 Falkowski 等人文章内容估算得出．"The global carbon cycle: A test of our knowledge of Earth as a system." *Science* 290 (5490) (2000). [online]. doi:10.1126/science.290.5490.291.

74. 政府间气候变化专门委员会第 5 次评估报告第 1 工作组报告决策者摘要（IPCC AR5 WG1 SPM）第 12 页。

75. David Archer. *The Global Carbon Cycle*. Princeton, 2010. 有关碳循环对二氧化碳增加和变暖的响应的定量数据细节，请参见政府间气候变化专门委员会第 5 次评估报告第 1 工作组报告（IPCC AR5 WG1）第 6 章图 6.20 和附录。

76. 政府间气候变化专门委员会第 5 次评估报告第 1 工作组报告（IPCC AR5 WG1）第 6 章第 492 页。碳循环的常用单位是兆吨碳（GtC，$1\ Gt = 10^9\ t$）或拍克碳（PgC，$1\ Pg = 10^{15}\ g$）。在本书的其他地方，我可能测度的是二氧化碳的质量而不是二氧化碳中的碳原子质量。$1\ GtC = 3.67\ GtCO_2$。

77. 政府间气候变化专门委员会第 5 次评估报告第 1 工作组报告决策者摘要（IPCC AR5 WG1 SPM）第 12 页。

78. S. Khatiwala et al. "Reconstruction of the history of anthropogenic CO_2 concentrations in the ocean." *Nature* 462 (2009). [online]. doi:10.1038/nature08526.

79. Archer. *The Global Carbon Cycle*, p.177。

80. W.Kolby Smith et al. "Large divergence of satellite and Earth system model estimates of global terrestrial CO_2 fertilization." *Nature Climate Change* 6 (2016). [online]. doi:10.1038/nclimate2879.

81. T.W.Crowther et al. "Quantifying global soil carbon losses in response to warming." *Nature* 540 (2016). [online]. doi:10.1038/nature20150.

82. Craig D.Allen et al. "A global overview of drought and heat-induced tree mortality reveals emerging climate change risks for forests." *Forest Ecology and Management* 259 (2010). [online]. doi:10.1016/j.foreco.2009.09.001.

83. Paulo Montiero Brando et al. "Abrupt increases in Amazonian tree mortality due to drought-fire interactions." *Proceedings of the National Academy of Sciences* 111 (17) (2014). [online]. doi:10.1073/pnas.1305499111.

84. Ibid，Oliver L.Phillips et al. "Drought sensitivity of the Amazon rainforest." *Science* 323 (5919) (2009). [online]. doi:10.1126 /science.1164033.

85. Pierre Friedlingstein et al. "Uncertainties in CMIP5 Climate Projections due to Carbon Cycle Feedbacks." *Journal of Climate* 27 (2014). [online]. doi:10.1175/JCLI-D-12-00579.1.

86. David Archer et al. "Ocean methane hydrates as a slow tipping point in the global carbon cycle." *Proceedings of the National Academy of Sciences* 106 (49) (2009). [online]. doi:10.1073/pnas.0800885105.

87. Archer. *The Global Carbon Cycle*, p.178.

88. 政府间气候变化专门委员会第 5 次评估报告第 1 工作组报告（IPCC AR5 WG1 ）第 6 章第 467 页。IPCC 援引的数值为（9.5 ± 0.8）GtC，但我把水泥生产排放的二氧化碳数值减去了（约占 2000—2009 年二氧化碳总排放量的 4%，IPCC AR5 WG1 第 6 章第 489 页）。2002—2011 年的平均值（包括水泥生产）为每年 8.3 GtC。

89. 政府间气候变化专门委员会第 5 次评估报告第 3 工作组报告（IPCC AR5 WG3）第 5 章第 357 页。

90. 数据来源于政府间气候变化专门委员会第 5 次评估报告第 1 工作组报告（IPCC AR5 WG1）第 6 章中表 6.1 和图 6.1.

91. 方程式为 $CO_2 + CO_3^{2-} + H_2O \rightleftharpoons 2HCO_3^-$。

92. 方程式为 $CaCO_3 \rightleftharpoons Ca^{2+} + CO_3^{2-}$，因为 CO_2 与碳酸根离子 CO_3^{2-} 反应，所以促使该

方程式向右进行。

93. 我从BP公司的“2012年世界能源统计回顾”（数据追溯到1965年）中获取的数据。要查看最新版本，请参见 BOP Global. Statistical Review of World Energy. [online]. bp.com / en /global/corporate/energy-economics/statistical-review-of-world-energy.html.

94. 空气中二氧化碳含量增加 7.8 Gt（78 吨）相当于大气中的二氧化碳体积分数提高 0.0001%。（请注意，二氧化碳排放量并不等于空气中二氧化碳的增加量，因为排放的二氧化碳有一部分会进入其他碳库，如陆地和海洋碳库。）

95. 根据政府间气候变化专门委员会第 5 次评估报告第 1 工作组报告决策者摘要（IPCC AR5 WG1 SPM），1750—2011 年，人类因化石燃料燃烧中释放二氧化碳为 375（345 ～ 405）GtC，因森林砍伐释放的二氧化碳约为 180（100 ～ 260）GtC。具体的分析需要将把实际因森林砍伐和水泥生产造成的 CO_2 排放数据作为时间的函数来考虑。

96. 政府间气候变化专门委员会第 5 次评估报告第 1 工作组报告（IPCC AR5 WG1）第 6 章第 493 页。

97. Svante Arrhenius 在 1895 年发表的论文“On the Influence of Carbonic Acid in the Air Upon the Temperature of the Ground”。

98. 在给定温度下，含量很少的重水分子（含有 ^{18}O 或 D 原子，分别比其同位素 ^{16}O 和 H 原子重）以较低速率蒸发并以比水分子（H_2O）更高的速率冷凝，而且随着温度降低，这些速率差异变得更加显著。因此了解这些速率与温度的关系使我们能够估算以前的地球温度。请参见 J. Jouzel et al. “Orbital and millennial Antarctic climate variability over the past 800000 years.” *Science* 317 (5839) (2007). [online]. doi:10.1126/science.1141038.

99. 南极 Dome C 数据来自美国国家海洋和大气管理局（NOAA）的世界古气候数据中心。“Ice Core.” [online]. ncdc.noaa.gov/paleo/icecore/antarctica/domec /domec_epica_data.html.

100. 在这 80 万年的时间里，气候变化的驱动因素是地球轨道微小的周期性变化。

101. 请注意，冰芯记录中 CO_2 变化 0.008% 就相当于南极表面温度变化 12 ℃。截至 2016 年，我们已经将大气中的二氧化碳浓度比工业化以前的基础水平提高了 0.012%，而且地球系统还在不断调整至新的平衡，正反馈发挥作用，因此气候在持续变暖。这似乎表明气温会升高 12 ℃，不过别忘了，地球系统是非常复杂的。观测到的气温升高 12 ℃发生在地球冰川期结束的时候，约 2/3 的变暖是由于冰融化导致反照率变化引起的。今天，我们并不是处在冰川期，所以我们不会经历如此强烈的反照率增加过程；我们主要的压力来自温室气体，冰川期 / 间冰期的升温有 1/3 是由于温室气体所致。请参见 Real Climate (Eric Steig). “The lag between temperature and CO_2.” April 27, 2007. [online]. realclimate.org/index.php/archives/2007/04/the-lag-between-temp-and-co2/.

第 4 章　全球变暖的前景

1. 关于影响的更全面的讨论，请参见第 3 章第 2 条注释中列举的有关全球变暖的书籍，或者参见政府间气候变化专门委员会第 5 次评估报告第 2 工作组报告（the IPCC AR5 WG2 report）。

2. 政府间气候变化专门委员会第 5 次评估报告第 1 工作组报告中面向决策者摘要（IPCC AR5 WG1 SPM）。

3. Jean-Marie Robine et al. “Death toll exceeded 70,000 in Europe during the summer of 2003.” *Comptes Rendus Biologies* 331 (2) (2008). [online]. doi:10.1016/j.crvi.2007.12.001.

4. Peter A. Stott et al. “Human contribution to the European heatwave of 2003.” *Nature* 432 (2004). [online]. doi:10.1038/nature03089.

5. Nikolaos Christidis et al. “Dramatically increasing chance of extremely hot summers since the 2003 European heatwave.” *Nature Climate Change* 5 (2015). [online]. doi:10.1038/nclimate2468.

6. I-Ching Chen et al. “Rapid range shifts of species associated with high levels of climate warming.” *Science* 333 (6045) (2011). [online]. doi:10.1126/science.1206432; Kai Zhu et al. “Failure to migrate: Lack of tree range expansion in response to climate change.” *Global Change Biology* 18 (3) (2011). [online]. doi:10.1111/j.1365-2486.2011.02571.x;Harald Pauli et al. “Recent plant diversity changes on Europe’s mountain summits.” *Science* 336 (6079) (2012). [online]. doi:10.1126 /science.1219033.

7. Elvira S. Poloczanska et al. “Global imprint of climate change on marine life.” *Nature Climate Change* 3 (2013). [online]. doi:10.1038/nclimate1958.

8. Chris D. Thomas et al. “Extinction risk from climate change.” *Nature* 427 (2004). [online]. doi:10.1038/nature02121.

9. Francesca A. McInerney and Scott L. Wing. “The Paleocene-Eocene Thermal

Maximum: A Perturbation of Carbon Cycle, Climate, and Biosphere with Implications for the Future." *Annual Review of Earth and Planetary Sciences* 39 (2011). [online]. doi:10.1146/annurev-earth-040610-133431.

10. E. O. Wilson. *Half-Earth: Our Planet's Fight for Life*. Liveright, 2016, p. 14.

11. Mark C. Urban. "Accelerating extinction risk from climate change." *Science* 348 (6234) (2015). [online]. doi:10.1126/science.aaa4984.

12. Mora et al. "The projected timing of climate departure."

13. 政府间气候变化专门委员会第 5 次评估报告第 1 工作组报告决策者摘要（IPCC AR5 WG1 SPM）。

14. 同上。

15. Andreas F. Prein et al. "The future intensification of hourly precipitation extremes." *Nature Climate Change* 7 (2017). [online]. doi:10.1038/nclimate3168.

16. 政府间气候变化专门委员会第 5 次评估报告第 1 工作组报告（IPCC AR5 WG1）第 2 章第 204 页。

17. 政府间气候变化专门委员会第 5 次评估报告第 1 工作组报告（IPCC AR5 WG1）第 2 章第 223 页。

18. 在撰写本书时，尚无法明确全球变暖是导致特定地区干旱的起因，但相关的证据正不断增加。

19. 政府间气候变化专门委员会第 5 次评估报告第 1 工作组报告（IPCC AR5 WG1）第 2 章第 227 页。

20. Benjamin I. Cook, Toby R. Ault, and Jason E. Smerdon. "Unprec-edented 21st century drought risk in the American Southwest and Central Plains." *Science Advances* 1 (1) (2015). [online]. doi:10.1126/sciadv.1400082.

21. Daniel Griffin and Kevin J. Anchukaitis. "How unusual is the 2012 - 2014 California drought?" *Geophysical Research Letters* 41 (2014). [online]. doi:10.1002/2014GL062433.

22. Mike McPhate. "California today: More than 100 million trees are dead. What now?" *New York Times, November* 21, 2016. [online]. nytimes.com/2016/11/21/us/california-today-dead-trees-forests.html.

23. John T. Abatzoglou and A. Park Williams. "Impact of anthropogenic climate change on

wildfire across western US forests." *Proceedings of the National Academy of Sciences* 113 (42) (2016). [online]. doi:10.1073/pnas.1607171113.

24. Tatiana Schlossberg. "Climate change blamed for half of increased fire danger." *New York Times,* October 10, 2016. [online]. nytimes.com/2016/10/11/science/climate-change-forest-fires.html.

25. 政府间气候变化专门委员会第 5 次评估报告第 2 工作组报告决策者摘要（IPCC AR5 WG2 SPM）。

26. Corey Watts. "A brewing storm: The climate change risks to coffee." Climate Institute, 2016. [online]. climateinstitute.org.au/coffee.html. 气候对全球咖啡作物的威胁包括干旱、气温上升及病虫害增加。

27. 政府间气候变化专门委员会第 5 次评估报告第 2 工作组报告（IPCC AR5 WG2）第 5 章第 364 页。

28. 同上。

29. Stephane Hallegatte et al. "Future flood losses in major coastal cities." *Nature Climate Change* 3 (2013). [online]. doi:10.1038/nclimate1979.

30. Ian Urbina. "Perils of climate change could swamp coastal real estate." *New York Times*, November 24, 2016. [online]. nytimes.com/2016/11/24/science/global-warming-coastal-real-estate.html.

31. 政府间气候变化专门委员会第 5 次评估报告第 2 工作组报告（ IPCC AR5 WG2 ）第 5 章第 364 页。

32. Eric Rignot et al. "Widespread, rapid grounding line retreat of Pine Island, Thwaites, Smith, and Kohler glaciers, West Antarctica, from 1992 to 2011." *Geophysical Research Letters* 41 (10) (2014). [online]. doi:10.1002/2014GL060140; Johannes Feldmann and Anders Levermann. "Collapse of the West Antarctic Ice Sheet after local destabilization of the Amundsen Basin." *Proceedings of the National Academy of Sciences* 112 (46) (2015). [online]. doi:10.1073/pnas.1512482112.

33. Feldmann and Levermann. "Collapse of the West Antarctic Ice Sheet after local destabilization of the Amundsen Basin." Ian Joughin et al. "Marine ice sheet collapse potentially under way for the Thwaites Glacier Basin, West Antarctica." *Science* 344 (6184) (2014). [online].

doi:10.1126/science.1249055.

34. Robert M. DeConto and David Pollard. “Contribution of Antarctica to past and future sea-level rise.” *Nature* 531 (2016). [online]. doi:10.1038/nature17145.

35. Colin P. Kelley et al. “Climate change in the Fertile Crescent and implications of the recent Syrian drought.” *Publications of the National Academy of Sciences* 112 (11) (2015). [online]. doi:10.1073 /pnas.1421533112; John Wendle. “The ominous story of Syria’s climate refugees.” *Scientific American*, December 17, 2015. [online]. Scientific american.com/article/ominous-story-of-syria-climate-refugees/.

36. Solomon M. Hsiang et al. “Quantifying the influence of climate on human conflict.” *Science* 341 (6151) (2013). [online]. doi:10.1126/science.1235367.

37. W. J. Hennigan. “Climate change is real: Just ask the Pentagon.” *Los Angeles Times,* November 11, 2016. [online]. latimes.com/nation/la-na-military-climate-change-20161103-story.html.

38. 政府间气候变化专门委员会第 5 次评估报告第 2 工作组报告决策者摘要（IPCC AR5 WG2 SPM）。

39. 政府间气候变化专门委员会第 5 次评估报告第 1 工作组报告（IPCC AR5 WG1）第 6 章第 544 页。

40. Archer. *The Global Carbon Cycle*.

41. McInerney and Wing. “The Paleocene-Eocene Thermal Maximum.”

42. James W. Kirchner and Anne Weil. “Delayed biological recovery from extinctions throughout the fossil record.” *Nature* 404 (2000). [online]. doi:10.1038/35004564.

43. 在第 3 章我提到的面向地球科学家的调查中，有 52%的人回答“是的”；41%的人回答“有时候”；有 7%的人回答“不是”（共收到 58 份回复）。

44. The Royd Society. *Geoengineering the climate: Science, governance and uncertainty*. RS Policy document 10/09, 2009. [online]. royalsociety.org/topics-policy/publications/2009/geoengineering-climate/.

45. Lyla L. Taylor et al. “Enhanced weathering strategies for stabilizing climate and averting ocean acidification.” *Nature Climate Change* 6 (2016). [online]. doi:10.1038/nclimate2882.

46. 要吸收 1 吨二氧化碳，大约需要 2 吨硅酸盐。但是，从地下开采的 1 吨碳在燃烧时会释放大约 4 吨二氧化碳气体。所以每开采 1 吨碳就需要大约 8 吨硅酸盐才能实现减排。

47. Ziahua Liu et al. “Atmospheric CO_2 sink: Silicate weathering or carbonate weathering?” *Applied Geochemistry* Vol. 26 (Supplement) (2011). [online]. doi: dx.doi.org/10.1016/j.apgeochem.2011.03.085.

48. Royal Society. Royal Society. *Geoengineering the climate*, p.49.

49. Graeme L. Stephens et al. “The albedo of Earth.” *Reviews of Geophysics* 53 (2015). [online]. doi:10.1002/2014RG000449.

50. H. Damon Matthews and Ken Caldeira. “Transient climate-carbon simulations of planetary geoengineering.” *Publications of the National Academy of Sciences* 104 (24) (2007). [online]. doi:10.1073pnas.0700419104.

51. Royal Society. Royal Society. *Geoengineering the climate*, p. 32.

52. R. Lal. “Soil carbon sequestration impacts on global climate change and food security.” *Science* 304 (5677) (2004). [online]. doi:10.1126/science.1097396.

53. David S. Powlson et al. “Limited potential of no-till agriculture for climate change mitigation.” *Nature Climate Change* 4 (2014). [online]. doi:10.1038/NCLIMATE2292.

54. 政府间气候变化专门委员会第 5 次评估报告第 3 工作组报告决策者摘要（IPCC AR5 WG3 SPM）图 4 和表 1。这些条件是基于每种情境下的中间路径（the median pathways）。

55. Kevin Anderson. “Duality in climate science.” *Nature Geoscience* 8 (2015). [online]. doi:10.1038/ngeo2559.

56. 政府间气候变化专门委员会第 5 次评估报告综合报告决策者摘要（IPCC AR5 synthesis report SPM）。1870 年以来的总估计预算为 790（695 ~ 858）GtC，到 2011 年排放量为 520 GtC 。

57. Anderson. “Duality in climate science.”

58. 在我面向地球科学家所做的调查中，当被问及“你认为我们能否保持气温升高低于 2 ℃这个门槛？”时，92% 的人回答是“不能”；8% 的人回答“能”（共收到 60 份回复）。

59. Christophe McGlade and Paul Ekins. “The geographical distribution of fossil fuels unused when limiting global warming to 2 ℃ .” *Nature* 517 (2015). [online]. doi:10.1038/nature14016.

60. 我研究了当前的风能、太阳能光伏、槽式聚光太阳能热发电、核能及电存储的成本，对储能做了一些基本的假设，并假定作为一个国家，我们可以减少一半的用电量。据此推测，电力脱碳将花费约 1 万亿美元。 这样算来，人均是大约 3000 美元，或者是说相当于 20 位左右最富有的美国人的综合净资产。相比之下，到 2015 年，“反恐战争”花费了美国纳税人 1.7 万亿美元 : Niall McCarthy. “The war on terror has cost taxpayers $1.7 trillion.” *Forbes*, February 3 2015. [online]. forbes.com/sites/niallmccarthy/2015/02/03/the-war-on-terror-has -cost-taxpayers-1-7-trillion-infographic/#75a6f1255cf0.

61. 这其中 3/4 来自水电。World Energy Council. “Variable renewable energy sources integration in electricity systems 2016: How to get it right.” (2016). [online]. worldenergy.org/publications/2016/variable-renewable-energy-sources-integration-in-electricity-systems-2016-how-to-get-it-right/.

62. Kanyakrit Vongkiatkajorn. “California just took a huge step in the fight against climate change.” *Mother Jones*, September 8, 2016. [online]. motherjones.com/environment/2016/09/california-passes-sb-32-groundbreaking-climate-legislation.

63. 重要的是要认识到，没有科学家会说他（或她）对未来的结果是 100% 确定的，从来就没有过。没有人能够 100% 确定未来的任何事件。我们的语言中应该有一个词，科学家可以用它来表示“毫无疑问的”，非科学家听到后认为是“绝对肯定的”。为此，我选择了“毫不含糊的”（unequivocal）这个词。

64. Keynyn Brysse et al. “Climate change prediction: Erring on the side of least drama?” *Global Environmental Change* 23(1) (2013). [online]. doi:10.1016/j.gloenvcha. 2012. 10.008.

第 5 章　增长总是会结束

1. 随着 2015 年“新地平线”（New Horizon）号探测器飞越“冥王星”，美国国家航空航天局（NASA）已经探索了我们太阳系的每一个星球。我们所了解到的一件事是，除了地球之外，我们太阳系中的每一颗行星都非常不利于人类生活。 我们了解到的另一件事是太空旅行非常困难：美国国家航空航天局的工作人员在执行任务的每个关键时刻（如发射、部署、进入轨道、着陆）都会屏住呼吸，因为任务失败的可能性多种多样。在我看来，我们很可能在我们今天活着的人们的有生之年内，在另一颗恒星周围找到一个类似地球的行星。然而，即使只派几个人到这个星球上去，也是我们目前的技术远远达不到的——我们甚至不能在地球上运行生物圈 2 号[1]。关于星际旅行巨大困难的很好的探讨，参见 : Tom Murphy. “Why Not Space?” *Do The Math blog*, October 12, 2011. [online]. physics.ucsd.edu/do-the-math/2011/10 /why-not-space/.

2. 我从 Chris Martenson 那里听说了关于这个故事的基本内容，而后者是从 Albert Allen Bartlett 那里得知的。

3. 体育场是一个横截面积为 20.7 万平方米、高度为 60 米的圆柱体。

4. 我们假设每滴水是 0.05 毫升。

5. 幸运的是，邦德的一个爱好是自由潜水。他降低心跳速度，用最少的动作解脱手铐并游到空中。这个故事是在以往的 007 电影基础上改编，邦德收起杀人执照，摇身一变成为一流的高中数学老师。

6. 从数学的角度来分析，原因在于：指数函数可以表示为 $y/y_0 = e^{\ln(1+r)t} = (1 + r)^t$，其中 t 为时间，y_0 是 $t = 0$ 时 y 的值，r 是单位时间的分式增长率 (如 $R = 100r$)。如果翻一番，$t = t_d$ 时，有 $2 = (1 + r)^{td}$。等式两边区对数，得到 $t_d = \ln(2)/\ln(1 + r) \approx 0.693/r$，这里 r 较小 (如小于 0.15, 或为 15%)。

7. 这种简单推断的过去每年 2.2% 的增长率与实际的历史浓度相当吻合，1960 年约为 0.0315% 二氧化碳，1990 年为 0.0350% 二氧化碳。由于历史增长率实际不到每年 2.2%，因此存在少量偏差。但是在增长的早期阶段，因增长率导致的不准确性与 0.0280% 的基准线相比是很小的。

8. 数据来源 : US Census Bureau. “World Population: Historical Estimates of World Population.” International Data Base, revised September 27, 2016. [online]. census.gov/population/international / data/worldpop/table_history.php. Where higher and lower estimates were provided, I have taken the mean.

9. 更多数据和对未来的预测，参见 : United Nations, Population Division. *World Population Prospects: The 2012 Revision, medium fertility variant*. [online]. esa.un.org/unpd/ wpp/Publications/.

10. 数据来源 : US Census Bureau. “World Population: Total Midyear Population for the

[1] 生物圈 2 号（Biosphere 2）位于美国亚利桑那州图森市南部的 Oracle 地区，是爱德华・P. 巴斯及其他人员主持建造的人造封闭生态系统。——译者注

World, 1950－2050." International Data Base, revised September 27, 2016. [online]. census.gov/population/international/data/worldpop/table_population.php.

11. Elina Pradhan. "The relationship between women's education and fertility." World Economic Forum, November 27, 2015. [online]. weforum.org/agenda/2015/11/the-relationship-between-womens-education-and-fertility.

12. 如果在各排放水平上人口增长都是相同的，那么这是千真万确的。但实际上在人均排放量较低的较贫穷国家，人口增长率更高。这意味着，与人口增长相比，人均排放量的增长可能是全球排放的一个更重要的驱动因素。

13. 置信水平是 80% 的置信区间是（96 亿，100 亿）人。

14. 置信水平是 80% 的置信区间是（100 亿，125 亿）人。不过，这个预测不可全信。例如，1951 年联合国预测 1980 年世界人口为 30 亿人；但实际达到 44 亿人，比预期高出 50%。

15. United Nations, Population Division. *World Population Prospects: The 2015 Revision.* [online]. esa.un.org/unpd/wpp/Publications/.

16. 有人认为这是一个"非此即彼"的命题，资本主义的拥护者要求控制人口，社会主义的拥护者要求公平分配资源（而不必控制人口）。然而，如今，人类向大气中排放出太多的二氧化碳，而且事实是二氧化碳排放量是我们的资源使用模式和我们的人口这两个变量的函数。

17. Thomas J. Espenshade et al. "The surprising global variation in replacement fertility." *Population Research and Policy Review* 22(5/6) (2003). [online]. doi:10.1023/B:POPU.0000020882.29684.8e.

18. Kristin Park. "Stigma Management among the Voluntarily Childless." *Sociological Perspectives* 45 (1) (2002). [online]. jstor.org/stable /10 .1525/sop.2002.45.1.21.

19. Deepak K. Ray et al. "Recent patterns of crop yield growth and stagnation." *Nature Communications* 3 (2012). [online]. doi:10.1038/ncomms2296.

20. Norman Borlaug. "The Green Revolution, Peace, and Humanity." Nobel lecture, December 11, 1970. [online]. nobelprize.org/nobel_prizes/peace/laureates/1970/borlaug-lecture.html.

21. 将小麦、大米、玉米和大豆等主要农作物进行培育，使之矮化（矮化植物将更多的能量转化为碳水化合物），成熟时间缩短，抗病能力增强，更容易吸收化肥和灌溉，对除草剂不敏感，而且对白天长短不敏感（这使得这些作物能够在更广泛的纬度范围内种植成功，并允许某些地区的农民一年种两季，而不是只种一季）。

22. 工程师们正在对植物和动物进行基因修饰，但转基因动物的养殖还有待进一步推动。转基因动物包括快速生长的鲑鱼（带有导入的鳗鱼基因），屁股更大的猪（引入了突变基因），“会织网的”山羊（带有导入的蜘蛛基因）和在黑暗中能闪光的猫（带有导入的水母基因）。

23. E. T. Lammerts van Bueren et al. “The need to breed crop varieties suitable for organic farming, using wheat, tomato and broccoli as examples: A review.” *NJAS — Wageningen Journal of Life Sciences* 58 (3 - 4) (2011). [online]. doi:10.1016/j.njas.2010.04.001.

24. Rhys E. Green et al. “Farming and the fate of wild nature.” *Science* 307 (5709) (2005). [online]. doi:10.1126/science.1106049.

25. Nathaneal Johnson. “Do industrial agricultural methods actually yield more food per acre than organic ones?” *Grist*, October 14, 2015. [online]. grist.org/food/do-industrial-agricultural-methods-actually-yield-more-food-per-acre-than-organic-ones/.

26. US Environmental Protection Agency. “Nutrient Pollution: The Problem.” [online]. epa.gov/nutrientpollution/problem.

27. Charles R. Fink et al. “Nitrogen fertilizer: Retrospect and prospect.” *Publications of the National Academy of Sciences* 96 (4) (1999). [online]. doi:0.1073/pnas.96.4.1175.

28. Robert W. Howarth. “Coastal nitrogen pollution: A review of sources and trends globally and regionally.” *Harmful Algae* 8 (1) (2008). [online]. doi:dx.doi.org/10.1016/j.hal.2008.08.015.

29. Matthew Hora and Judy Tick. *From Farm to Table: Making the Connection in the Mid-Atlantic Food System*. Capital Area Food Bank of Washington DC, 2001. [online]. openlibrary.org/books/OL11779 852M /From_farm_to_table.

30. Joan Dye Gussow. *Chicken Little, tomato sauce and agriculture: Who will produce tomorrow's food* ? The Bootstrap Press, 1991. [online]. worldcat.org/title/chicken-little-tomato-sauce-and-agriculture-who-will-produce-tomorrows-food/oclc/23583327. 这个能源比例一直在增长，所以今天的比例可能会大幅提高。

31. 同上。

32. 数据来源: The IMFund, PFOOD, and PNRG price indices: International Monetary Fund. “IMF Primary Commodity Prices.” [online]. imf.org/external/np/res/commod/index.aspx.

33. 假设你有一只雄鼠和一只雌鼠在一个大笼子里，笼子里有水及老鼠喜欢的一切东西。每天早上，你给老鼠一磅食物；每天晚上，你把剩下的食物拿走。老鼠生了小鼠，小鼠再生小鼠，鼠的数量不断增长。最终鼠达到一定数量，称为 N（承载能力，在这种情况下，指的是每天一磅食物可以支持的老鼠数量）。随着时间的推移，你会发现鼠的数量与这个数字相当接近。你也会注意到老鼠在一天结束的时候吃光了所有的食物。鼠的数量达到了平衡。如果你把食物的量增加一倍，会发生什么？鼠的数量将攀升，直到有 $2N$ 只鼠，并保持在这个新的平衡水平。绿色革命证明，人类的人口也遵循这个生态学基本规律。参见 : R. L. Strecker and J. T. Emlen. “Regulatory mechanisms in house-mouse populations: The effect of limited food supply on a confined population.” *Ecology* 34 (2) (1953). [online]. doi:10.2307/1930903.

有趣的是，鼠的数量会突然停止增长，因为在达到承载能力时小鼠突然停止繁殖。其生物学机理涉及生殖器官的生理变化。

34. 关于 2000 年的需求，参见 : Green. “Farming and the fate of wild nature.”

35. UN FAO. “The State of Food Insecurity in the World.” 2009 and 2015 reports. [online]. ao.org/hunger/en/. 注意，粮农组织曾被指责修改过去的估计数，以显示在抗击世界饥饿方面的积极进展，参见：Martín Caparrós. “Counting the hungry.” *New York Times*, September 27, 2014. [online]. nytimes.com/2014 /09/28/opinion/sunday/counting-the-hungry.html.

36. Patricio Grassini et al. “Distinguishing between yield advances and yield plateaus in historical crop production trends.” *Nature Communications* 4 (2013). [online]. doi:10.1038/ncomms3918.

37. 参 见：Prabhu L. Pingali. “Green Revolution: Impacts, limits, and the path ahead.” *Publications of the National Academy of Sciences* 109 (31) (2012). [online]. doi:10.1073/pnas.0912953109.

38. Michael P. Russelle et al. “Reconsidering Integrated Crop: Livestock Systems in North America.” *Agronomy Journal* 99 (2) (2006). [online]. doi:10.2134/agronj2006.0139.

39. Brenda B. Lin. “Resilience in Agriculture through Crop Diversification: Adaptive Management for Environmental Change.” *BioScience* 61 (3) (2011). [online]. doi:10.1525/

bio.2011.61.3.4.

40. 我最喜欢的关于现代作物生物多样性减少的趣事是 Jon Jondai 告诉我的。参见 Jon Jondai 的视频讲话：John Jandai."A personal story on seed saving." YouTube, 2011. [online]. youtube.com/watch ?v=3BweruD8RyI.

41. Tom Gleeson et al. "Water balance of global aquifers revealed by groundwater footprint." *Nature* 488 (2012). [online]. doi:10.1038/nature11295.

42. David R. Steward et al. "Tapping unsustainable groundwater stores for agricultural production in the High Plains Aquifer of Kansas, projections to 2110." *Publications of the National Academy of Sciences* 110 (37) (2013). [online]. doi:10.1073/pnas.1220351110.

43. 这可以被看作一个机会。例如，我们可以选择让奥加拉拉草原（Ogallala）恢复为原始草原的样子，以放牧野牛。梅里韦瑟·刘易斯（Meriwether Lewis）在他的杂志上多次报道过他对野牛的印象。例如，1804 年 9 月 17 日，在去太平洋的路上，现今南达科他州的一块土地上，他写道："四处望去，山坡和平原上都有大量的野牛、鹿、麋鹿和羚羊群在吃草，这使得原本就很美丽宜人的风景变得更加美丽。"在回来的路上，1806 年 8 月 29 日他写道："我向高地宣称……从高处，我一下子看到了之前从未看到过的为数众多的水牛曾经见过一次。 我肯定已经看到有近两万只水牛在这片平原上吃草。"来源：Discovering Lewis and Clark website. "Bison in the Journals." [online]. lewis-clark.org/article/443.

这种本土的生产系统不需要任何原生水、化石燃料、化学品、耕耘，甚至不需要任何形式的人类干预。考虑到这个系统在进化过程中是可以被大自然微调的，而且基于关于农业前时代丰度的轶事报道，每英亩草原 / 野牛系统有可能比我们现在的玉米 / 牛系统产出更多的肉类，尽管对这个问题的研究很少。理想情况下，大片的草原可以被恢复成由所有人拥有的公地。实施这个理想的愿景将需要改变社会上关于农业和土地所有权的最深刻的一些信条。然而，如果在某些生态系统中，草原 / 野牛系统的生产率和盈利能力确实高于玉米 / 牛系统，那么中间路径是可能实现的。对这些系统的考虑应包括确定化石燃料和原生水的外部成本，以有效地补贴玉米 / 牛制度。

44. 加州气候变化中心提出的中期变暖情境预测 . *Our Changing Climate: Assessing the Risks to California*. Document # CEC-500-2006-077, 2006. [online]. meteora.ucsd.edu/cap/pdffiles/CA_climate_Scenarios.pdf.

45. Benjamin I. Cook et al. "Unprecedented 21st century drought risk in the American Southwest and Central Plains." *Science Advances* 1 (1) (2015). [online]. doi:10.1126/sciadv.1400082. This paper predicts that droughts will get worse even if humans choose to mitigate global warming, but they will be worse still if we choose not to.

46. UN FAO. *The State of the World's Land and Water Resources for Food and Agriculture: Managing Systems at Risk.* FAO Summary Report, 2011. [online]. fao.org/nr/water/docs/SOLAW_EX_SUMM_WEB_EN.pdf.

47. Nigel Hunt and Sarah McFarlane. "'Peak soil' threatens future global food security." *Reuters*, July 17, 2014. [online]. reuters.com/article/us -peaksoil-agriculture-idUSKBN0FM1HC20140717. 该文引用的数据是到 2050 年产量降低 30%，这个估计数据引自英国一所农业科研中心 Rothamsted Research 的土壤科学家 John Crawford.

48. "在小小一茶匙的农业土壤中，就可能有 1 亿～ 10 亿个细菌，6 ～ 9 英尺的真菌链首尾相连，几千个鞭毛虫和阿米巴虫，100 到几百个纤毛虫，数百个线虫，近百只小土虫，5 只以上的蚯蚓。这些有机体对植物的健康生长至关重要。" S. Tianna DuPont. *Soil quality: Introduction to soils*. Penn State College Extension, 2012, p. 6. [online]. extension.psu.edu/business/start-farming/soils-and-soil-management/soil-quality/extension_publication_file.

49. John W. Crawford et al. "Microbial diversity affects self-organization of the soil-microbe system with consequences for function." *Journal of the Royal Society Interface* 9 (71) (2012). [online]. doi:10.1098/rsif.2011.0679.

50. Hunt and McFarlane. "Peak soil."

51. Erica Goode. "Farmers put down the plow for more productive soil." *New York Times*, March 9, 2015. 这种免耕种植大多是使用除草剂杀死覆盖作物。然而，覆盖作物很容易被机械杀死，这使得有机免耕成为可行的。参见：Rodale Institute. "Our Work: Organic No-Till." [online]. rodaleinstitute.org/our-work/organic-no-till/.

52. 人类每年摧毁 1300 万公顷森林（每天 90000 英亩），其中大部分在热带雨林，但一些森林可以再生；每年净损失森林 520 万公顷。（这些数字是 2000—2010 年的年平均值。）US FAO. State of the World's Forests, 2011. Rome. [online]. fao.org/docrep/013/i2000e/i2000e00.htm.

53. 政府间气候变化专门委员会第5次评估报告第2工作组报告（IPCC AR5 WG2）第7章。

54. David B. Lobell and Christopher B. Field. “Global scale climate-crop yield relationships and the impacts of recent warming.” *Environmental Research Letters* 2(1) (2007). [online]. doi:10.1088/1748 -9326/2/1/014002.

55. Andrew E. Kramer. “Russia, crippled by drought, bans grain exports.” *New York Times, August* 5, 2010. [online]. nytimes.com/2010/08/06/world/europe/06russia.html.

56. Koh Iba. “Acclimative response to temperature stress in higher plants: Approaches of gene engineering for temperature tolerance.” *Annual Review of Plant Biology* 53 (2001). doi:10.1146/annurev.arplant.53.100201.160729.

57. Daniel P. Bebber et al. “Crop pests and pathogens move polewards in a warming world.” *Nature Climate Change* 3 (2013). [online]. doi:10.1038/nclimate1990.

58. Samuel S. Myers et al. “Increasing CO_2 threatens human nutrition.” *Nature* 510 (2014). [online]. doi:10.1038/nature13179.

59. Lewis H. Ziska et al. “Rising atmospheric CO_2 is reducing the protein concentration of a floral pollen source essential for North American bees.” *Proceedings of the Royal Society B* 283 (1828) (2016). [online]. doi:10.1098/rspb.2016.0414.

60. Linda O. Mearns et al. “Effect of changes in interannual climatic variability on CERES-wheat yields: Sensitivity and 2xCO_2 general circulation model studies.” *Agricultural and Forest Meteorology* 62 (3&4) (1992). [online]. doi:10.1016/0168-1923(92)90013-T.

61. Stephen P. Long et al. “Food for thought: Lower-than-expected crop yield stimulation with rising CO_2 concentrations,” *Science* 312 (2006). [online]. doi:10.1126/science.1114722.

62. 同上。

63. H. Charles J. Godfray. et al. “Food security: The challenge of feeding 9 billion people.” *Science* 327 (2010). [online]. doi:0.1126/science.1185383.

64. Deepak K. Ray et al. “Yield Trends Are Insufficient to Double Global Crop Production by 2050.” *PLOS One* 8 (6) (2013). [online]. doi:10.1371/journal.pone.0066428.

65. Rabah Arezki and Markus Br ü ckner. “Food prices and political instability.” International Monetary Fund Working Paper #WP/11/62, 2011. [online]. imf.org/external/pubs/ft/wp/2011/

wp1162.pdf.

66. Ben Laffin and Megan Specia. "Venezuela Gripped by Hunger and Riots." *New York Times Video*, June 21, 2016. [online]. nytimes.com/video/world/americas/100000004485562/venezuela-gripped-by-hunger-and-riots.html.

67. McGlade and Ekins. "The geographical distribution of fossil fuels," p.190.

68. Donald W. Jones et al. "Oil price shocks and the macroeconomy: What has been learned since 1996." *Energy Journal* 25 (2) (2004). [online]. doi:10.2307/41323029.

69. Kevin Drum."Peak oil and the great recession."*Mother Jones*, October 19, 2011. [online]. motherjones.com/kevin-drum/2011/10/peak-oil-and-great-recession.

70. Art Berman. "Despite OPEC production cut, another year of low oil prices is likely." *Forbes*, January 9, 2017. [online]. forbes.com/sites /arthurberman/2017/01/09/the-opec-oil-production-cut-another-year-of-lower-oil-prices.

71. 你可以在在线地图工具上的卫星图像中看到它们。例如，在搜索栏中输入坐标"40N，109.33W"，切换到卫星视图。那些奇怪的重复结构是压裂井。现在待在那个位置别动，并缩小几倍：欢迎来到矩阵。美国其他地区有很多类似的地方。

72. 数据来源：US Energy Information Administration. "U.S. Field Production of Crude Oil" and "Total Petroleum and Other Liquids Production." [online]. eia.gov.

73. 许多单井集聚的结果和统计学上的中心极限定理。

74. 两个哈伯特（Hubbert）曲线之和的函数式：

$$y(t)=\frac{\beta_1}{1+\cosh(\beta_1[t-\beta_3])}+\frac{\beta_4}{1+\cosh(\beta_5[t-\beta_6])}$$

75. J. David Hughes. *Drilling deeper: A reality check on U.S. government forecasts for a lasting tight oil and shale gas boom*. Post Carbon Institute, October 2014. [online]. postcarbon.org/wp-content/uploads/2014/10/Drilling-Deeper_FULL.pdf. 在撰写本书时，这是最全面的报告。然而，有些人可能会说，后碳研究所（Post Carbon Institute）[1] 偏向于预测峰值会提早出现。

76. US Energy Information Administration. *U.S. Crude Oil Production to 2025: Updated*

---

[1] 是开展气候变化、能源短缺等问题研究和分析的智库。——译者注

Projection of Crude Types. May 25, 2015, p.1. [online]. eia.gov/analysis/petroleum/crudetypes/pdf/crudetypes.pdf.

77. G. Maggio and G. Cacciola. "When will oil, natural gas, and coal peak?" *Fuel* 98 (2012). [online]. doi:10.1016/j.fuel.2012.03.021.

78. Cutler J. Cleveland. "Energy and the US economy: A biophysical perspective." *Science* 225 (4665) (1984). [online]. doi:10.1126/science.225.4665.890.

79. Nathan Gagnon et al. "A preliminary investigation of the energy return on energy investment for global oil and gas production." *Energies* 2 (3) (2009). [online]. doi:10.3390/en20300490.

80. Charles A.S. Hall et al. "EROI of different fuels and the implications for society." *Energy Policy* 64 (January 2014). [online]. doi:10.1016/j.enpol.2013.05.049.

81. 同上。

82. 同上，而且其中包括参考资料。注意，很难对能源回报率（EROEI）进行估计，为反映这种不确定性，我对公开的数据进行了四舍五入处理，得到一个特定的数字(Hall "EROI of different fuels" 不提供不确定性估计。)

83. 20 世纪 60 年代、70 年代、80 年代、90 年代，21 世纪第一个 10 年及 2010—2015 年的世界平均 GDP 增长率分别为 5.52%，4.11%，3.07%，2.66%，2.86% 和 2.95%。同期美国 GDP 平均增长率分别为 4.66%, 3.54%, 3.14%, 3.23%, 1.82% 和 2.17%。数据来源: World Bank. "GDP Growth (annual %)" [online]. data.worldbank.org/indicator/NY.GDP . MKTP.KD.ZG.

84. 例如，section 309a of the California Corporations Code states: "A director shall perform the duties of a director...in good faith, in a manner such director believes to be in the best interests of the corporation and its shareholders." [online]. codes.findlaw.com/ca/corporations-code/corp-sect-309.html. 毫无疑问，你的辖区也有类似的法令。

85. Citizens United v. Federal Election Commission. 558 U.S. 310 (2010). [online]. supremecourt.gov/opinions/09pdf/08-205.pdf.

86. American Legislative Exchange Council. [online]. alec.org.

87. Fortune. *Global* 500. [online]. fortune.com/global500/2015/. 2015 年最大的 10 家企业中，前 10 名有 6 家是石油企业；有 2 家是汽车企业。

88. Naomi Oreskes and Erik Conway. *Merchants of Doubt: How a Handful of Scientists Obscured the Truth on Issues from Tobacco Smoke to Global Warming*. Bloomsbury, 2010.

89. The United Nations Framework Convention on Climate Change. Article 3: Principles. [online]. unfccc.int/cop4/conv/conv_005.htm.

90. Money Network Alliance. "The money system requires continual growth." [online]. monneta.org/en/the-money-system-requires-continual-growth/.

91. 首先，提高我们的生产系统和小装置的效率给我们带来的好处有限：即使是一个完美高效的微波炉（或食物复制器），仍然需要至少 240 克清洁水和 80 000 焦耳的能源才能做成一杯茶（热的伯爵茶）。如果在能源和资源利用保持不变的情况下，实际经济增长仍然呈指数形式持续下去，那么经过几次经济翻番之后，我们会达到一个荒谬的境地，那就是世界上所有资源和能源的价值仅相当于一个工人的日工资。关于反对解耦的全部归谬法观点，参见： Tom Murphy. "Can Economic Growth Last?" *Do the Math blog*, July 14, 2011. [online]. physics.ucsd.edu/do-the-math /2011/07/can-economic-growth-last/.

92. According to the World Wildlife Fund, populations of vertebrate species have dropped by 52% on average since 1970: World Wildlife Fund. *Living Planet Report* 2014. [online]. worldwildlife.org/pages/living-planet-report-2014.

93. Jurriaan M. De Vos et al. "Estimating the normal background rate of species extinction." *Conservation Biology* 29 (2015). [online]. doi:10.1111/cobi.12380.

94. Vaclav Smil. *The Earth's Biosphere: Evolution, Dynamics, and Change*. MIT Press, 2003. 据此来源，人肉占陆地脊椎动物生物质总量的 26%，畜肉占 71%。请注意，这些数字是基于 1990 年或更早的数据，当时人类人口数量比现在要少得多，而野生动物比现在多得多，所以今天的情况可能更加不平衡。

95. Brian MacQuarrie. "Ticks devastate Maine, N.H. moose populations." *Boston Globe*, January 13, 2017. [online]. bostonglobe.com/metro/2017/01/13/winter-ticks-exact-heavy-toll-new-england-moose/PmpQ3QAHm9C1imAxkzMhDM/story.html.

96. Alejandro Estrada et al. "Impending extinction crisis of the world's primates: Why primates matter." *Science Advances* 3 (1) (2017). [online]. doi:10.1126/sciadv.1600946.

97. Jared Diamond. *Collapse: How Societies Choose to Fail or Succeed*. Penguin, 2004.

98. Mathis Wackernagel et al. "Tracking the ecological overshoot of the human economy."

Publications of the National Academy of Sciences 99 (14) (2002). [online]. doi:10.1073/pnas.142033699.

99. Gretchen C. Daily et al. "Optimum human population size." *Population and Environment* 15 (6) (1994). [online]. dieoff.org/page99.htm.

100. Christian J. Peters et al. "Carrying capacity of U.S. agricultural land: Ten diet scenarios." *Elementa: Science of the Anthropocene* 4 (116) (2016). [online]. doi:10.12952/journal.elementa.000116. 有趣的是，根据这项研究，地球实际上可以支撑比严格素食主义者人数更多的食用乳品的素食主义者，因为在那些无法种田的非常干旱的地区，可以放牧奶畜。

101. UN Food and Agriculture Organization. "Key facts on food loss and waste you should know!" [online]. fao.org/save-food/resources/keyfindings/en/.

102. Jared Diamond. "The worst mistake in the history of the human race." *Discover Magazine*, May 1987. [online]. discovermagazine.com/1987/may/02-the-worst-mistake-in-the-history-of-the-human-race. 戴蒙德（Diamond）提供的证据表明，大约 1 万年前人类转向农业生产带来了下列苦难：工作时间延长了；出现了阶级系统；妇女受到压迫；寄生虫和疾病的发病率增加；饥荒的风险增加；营养不良以战争增加。有人可能会认为，农业还带来了动产奴隶制[1]；在第 5 章中，我已经阐述过，农业带来了人口过多和全球变暖。而且这只是从人类的角度来看。对于多数非人类物种（老鼠和小麦等除外），农业只能意味着死亡。

103. Daniel Quinn. *The Story of B*. Bantam Books, 1996.

第 6 章　我们的思想观念

1. 在这方面，挑战基督教创世神话的进化论就是一个例子。

2. Roland Barthes. *Mythologies*, trans. Annette Lavers. Hill and Wang, 1972, pp. 142 - 143.

3. Meadows. "Places to Intervene in a system."

4. 我们所说的"我们"，是指我们当中认可进步神话的人。这似乎包括工业社会中绝大多数的人，跨越经济和种族界限。

[1] 奴隶可以被看作国家或私人的财产。——译者注

5. 说到这个图像，我要感谢约翰·迈克尔·格里尔（John Michael Greer），他令人惊奇的博客文章“哪里是通往天堂之路？”对本章观点产生了影响：John Michael Greer. “Which Way to Heaven?” *The Archdruid Report*, September 25, 2013. [online]. thearchdruidreport.blogspot.ca/2013/09/which-way-to-heaven.html.

6. 外星天文学就是这种情况。没有人会否认太阳系外存在行星；或者即使有人持否定态度，他们对此保持沉默。

7. 正如我们在第 3 章中看到的那样，虽然估计数量有不确定性（不确定性总是存在的），而且还有许多细节需要探究，但是人类引起的全球辐射能量失衡的基本存在是非常明确的，与科学中的任何东西一样清晰。

8. 疾病预防控制中心（CDC）副主任 Arjun Srinivasan 博士在《前线》电视节目发表讲话说：“很长一段时间以来，一直有报纸报道和杂志封面谈论‘抗生素的终结？’那么，现在我想说你可以把标题改为‘抗生素的终结。’我们已经走到这一步。我们已经处于后抗生素时代。” Sarah Childress. “Dr. Arjun Srinivasan: We’ve Reached ‘The End of Antibiotics, Period.’ ” *Frontline*, October 22, 2013. [online]. pbs.org/wgbh/frontline /article /dr-arjun-srinivasan-weve-reached-the-end-of-antibiotics -period/.

9. 参见 Robin McKie. “Millions at risk as deadly fungal infections acquire drug resistance.” *Guardian*, August 27, 2016. [online]. theguardian.com/society/2016/aug/27/millions-at-risk-as-deadly-fungal-infections-acquire-drug-resistance.

10. Kenneth J. Loceya and Jay T. Lennona. “Scaling laws predict global microbial diversity.” *Publications of the National Academy of Sciences* 113 (21) (2016). [online]. doi:10.1073/pnas.1521291113.

11. Aboriginal Culture. “Religion and Ceremony.” [online]. aboriginalculture.com.au/religion.shtml.

12. Daniel Kahneman. Thinking, *Fast and Slow*. Farrar, Straus & Giroux, 2013.

13. Solomon E. Asch. “Opinions and social pressure.” *Scientific* American 193 (5) (1955). [online]. scientificamerican.com/article/opinions-and-social-pressure/.

14. 总体而言，受试主体有高达 37% 的时间存在从众心理，并且会给出错误的答案。

15. 参见第 11 章关于这种习惯在身体感觉的层次如何起作用的讨论。

第 7 章　通向自然的岔路口

1. 根据美国疾病控制和预防中心的数据，超过 26% 的美国人口正受着抑郁症的折磨；到 2020 年，抑郁症将成为继冠心病之后的世界第二大致残原因 ：US CDC. “Mental Health Basics.” [online]. cdc.gov/mentalhealth/basics.htm. Drug overdose deaths continue to rise: US CDC. “Drug overdose deaths in the United States continue to increase in 2015.” [online]. cdc.gov /drugover dose/epidemic/.

2. 棕榈油常被用在黄油酱、咸饼干、方便面、化妆品、肥皂等产品中；它有时会在配料表中用别的名字表示，如硬脂酸、月桂酸钠 / 月桂醇和鲸蜡醇：Lael Goodman. “How Many Products with PalmOil Do I Use in a Day?” Union of Concerned Scientists Blog, April 3, 2014. [online]. blog.ucsusa.org/lael-goodman/how-many-products-with-palm-oil-do-i-use-in-a-day. 超市中一半的包装产品：Rosie Spinks. “Why does palm oil still dominatethe supermarket shelves?” *Te Guardian*, December 17, 2014. [online]. theguardian.com/sustainable-business/2014/dec/17/palm-oil-sustainability-developing-countries.

棕榈油的可持续性是一个复杂的问题：在一块特定的土地上，雨林和棕榈树只能生长一种，二者不能共存。但其他生物群落中的农作物也是如此。

3. Vipassana Meditation. Dhamma.org. [online]. dhamma.org.

4. 公民气候游说团体是一个国际志愿者组织，致力于为真正的气候行动创造政治意愿。[online]. citizensclimatelobby.org.

第 8 章　热爱骑行

1. 在那时，我们全家每年还会坐飞机进行到伊利诺伊州的“圣诞节朝圣之旅”。现在我们已经停止了这项活动，也没受什么损失；参见第 10 章。

2. 最近一次到洛杉矶另一边参加活动的长途旅行笔记：“我本可以乘坐公共交通工具，但我不想错过这次骑行的机会。这真是充满力量的活动——我觉得自己充满力量。一开始还觉得有些不舒服，但后来意识到这就是很舒服的经历。我曾经开车经过的地方、城市的布局、城市为改善自行车道所做出的努力、我的邻居们、天空、我令人惊奇的身体，都是我骑行过程中的深刻体会。我的身体、头脑和精神都感到了无比的愉悦。”

3. 糟糕的汽车通勤与高离婚率有关。AnnieLowrey. “Your Commute Is Killing You.” May 26, 2011, slate.com. [online]. slate.com/articles/business/moneybox/2011/05/your_commute_is_killing_you.html.

4. 科学依据：Ingrid J.M. Hendriksen et al. “The associationbetween commuter cycling and sickness absence.”*Preventive Medicine* 51 (2) (2010). [online]. doi:10.1016/j.ypmed.2010.05.007.

生活依据：就在我开始骑行的前几年，每年都会患上一系列的鼻窦炎。自从我在2009年恢复骑行以来，我仅得过一次（就在我骑车少的一段时期），而且几乎就不再生病了。骑行让我觉得很棒。

5. 以2016年美国国税局（IRS）的里程运价率0.54美元/英里计算，扣除我们每年花在自行车上的150美元左右的维修费，骑行每年能为我们家节省2000多美元。

6. 如果我用1小时能让自行车状态良好，那我可能要花20小时甚至更长时间才能让我的老爷车梅比正常行驶。梅比要复杂得多，而且可能有更多的故障原因。

7. Herb Weisbaum. “What's the life expectancy of my car?” *NBC News*, March 28, 2006. [online]. nbcnews.com/id/12040753/ns/business-consumer_news/t/whats-life-expectancy-my-car/.

8. 骑车能办的事一般都是在当地，就是因为它需要投入自身的能量。

9. 例如，从开车通勤转为骑车通勤。

10. Jeroen Johan de Hartog et al. “Do the health benefts of cycling outweigh the risks?” *Environmental Health Perspectives* 118 (2010). doi:10.1289/ehp.0901747. 估算值依据的是500万18～64岁年龄段人口的生命统计表。

注意：在极少的几个极端严重污染的城市中，如印度德里，呼吸空气的害处会大于锻炼的益处：Nick Van Mead. “Tipping point: Revealing the cities whereexercise does more harm than good.” *Te Guardian*, February 13, 2007. [online]. theguardian.com/cities/2017/feb/13/tipping-point-cities-exercise-more-harm-than-good. 我觉得这是件很恐怖的事，同时也是实施如碳费和碳股息之类的清洁空气政策的有力论据（第14章）。

11. 这个结果如何移植到美国道路情况上呢？德·哈脱格等人使用了2008年荷兰的事故统计数据，每人每英里（20～70岁年龄段人群）骑行的死亡率是驾车的4.3倍。不幸的是，在美国骑行更加危险，每人每英里骑行的死亡率是驾车的7倍左右（2011年每10亿人每英里会发生11起驾车死亡；每90亿英里骑行发生680起骑行死亡）：US DOT, Federal Highway Administration. National Household Travel Survey 2009. [online]. nhts.

ornl.gov/introduction.shtml. 用德·哈脱格的系数 9 乘以 4.3/7 的比值，就可以算出在美国骑行对人们的整体健康来说仅比驾车安全 6 倍。然而，德·哈脱格等人分析的仅仅是在交通繁忙情况下的骑行。但我有一半的通勤时间是在自然保护区的自行车专用道上骑行，没有其他车辆，莎伦的通勤情况也是如此。如果这是一种普遍情况，那么就会将风险降低一半左右，使得美国的总体安全系数重新回到 10。

12. David Rojas-Rueda et al. "Te health risks and benefts of cycling inurban environments compared with car use: Health impact assessment study."*British Medical Journal* (2011). [online]. doi:10.1136/bmj.d4521. 巴塞罗那一年有 18.2 万居民使用共享自行车系统，相比驾车人，骑行者每年因交通事故增加的额外死亡率为 0.03，因空气污染增加的额外死亡率为 0.13，但避免了因身体活动带来的额外死亡率 12.46（收益与风险比为 77）。

13. 2011 年，死于骑行的美国公民中有 23% 是酒后骑行：US DOT, National Highway Safety Trafc Administration. "Trafc Safety Facts, 2011 Data: Bicyclists and Other Cyclists." Doc#DOT HS 811 743 (April 2013), p.4. [online]. crashstats.nhtsa.dot.gov/Api/Public/ViewPublication/811743. 那些不会酒后骑行的人可以立刻获得很多额外的安全系数。我也会在酒后驾车的情况可能更多时尽量避免骑行。

14. 非正常的自行车事故数量和死亡率源于不遵守道路法规或违背常识。例如，一个 1992 年的研究对帕洛阿尔托的骑行者进行了观察，发现 15% 的骑行者会逆行，他们遭遇事故的风险是正常骑行者的 3.6 倍：Alan Wachtel andDiana Lewiston. "Risk Factors for Bicycle-Motor Vehicle Collisionsat Intersections." *Institute of Transportation Engineers Journal* 64 (9) (1994). [online]. bicyclinglife.com/Library/riskfactors.htm.

15. 例如，在绿灯时被右转车辆撞倒，因为你没有离车足够远：Michael Bluejay "Ten Ways Not to Get Hit—Collision Type #5: TheRed Light of Death." Bicyclesafe website, updated May 2013. [online]. bicyclesafe.com.

16. 我找不到能够量化自行车头盔带来的安全系数的可信研究，但一个简单的思维实验就足够了：如果在一个极端情况下我正脑袋朝前飞向混凝土墙，我希望头上能带着一个头盔。然而最好一开始就别撞上。

17. 令人难以置信的是，仅有 15% 的骑行者会在夜晚使用车灯：City of Boston. "Boston Bicycle Plan." Boston Transportation Department, 2001, p. 14. [online]. cityofoston.gov/transportation/accessboston/pdfs/bicycle_plan.pdf. 近 1/2 的美国骑行死亡事故发生在没

有使用自行车灯的黑夜，虽然夜间骑行的比例只有约 3%：City of Cambridge. “Bicycling Rules of the Road.” CommunityDevelopment Department, 2011. [online]. cambridgema.gov/cdd/transportation/getingaroundcambridge/bybike/rulesofheroad. 为了你的安全，夜间骑行请开灯！

18. 一些自行车基础设施术语：自行车专用道（bike paths）是没有汽车行驶的自行车道路；自行车道（bike tracks）是在汽车道旁边，与汽车道有物理隔离的道路；自行车车道（bike lanes）是汽车道上的一部分空间，仅通过道路上的画线与汽车道隔开，且经常位于行车道和停车位之间。

19. 我只数了自己路线上遇到的汽车，且没有算上在我骑行路线旁边高速上经过的上千辆车。

20. Brian McKenzie. “Modes Less Traveled: Bicycling and Walking toWork in the United States: 2008 - 2012.” US Census Bureau (2014). [online]. census.gov/library/publications/2014/acs/acs-25.html.

21. Netherlands Ministry of Transport, Public Works and Water Management. “Bicycle Use in the Netherlands.” *Cycling in the Netherlands*, 2009, section 1.1. [online]. fetsberaad.nl/library/repository/bestanden/CyclingintheNetherlands2009.pdf.

22. “2005—2007 年，阿姆斯特丹市市民平均每天使用 0.87 次自行车，而仅使用 0.84 次汽车。” CROW Fietsberaad. “Amsterdam: For the frst time more transfers bybike than by car.” News article, January 22, 2009. [online]. fetsberaad.nl/index.cfm?lang=en§ion=Nieuws&mode=newsArticle&newsYear=2009&repository=Amsterdam:+for+the+frst+time+more+transfers+by+bike+than+by+car.

23. 在美国，这些优先在国家交通部设计和评估道路时就能很清晰地体现出来：“服务等级（LOS）”是指一个交叉路口通过的汽车比率。

24. Peter L. Jacobsen. “Safety in numbers: More walkers and bicyclists, safer walking and bicycling.” *Injury Prevention* 9 (2003). [online]. doi:10.1136/ip.9.3.205. 这项研究是帕萨迪纳市议会于 1998 年发起的（我自然感到很有趣）。有许多压倒性的证据都可以证明这种“人多保险”效应，也有很多其他的研究。

25. 11.3 千克 CO_2/ 加仑，包含上游排放量；参见第 9 章。

26. 参见 Constantine Samaras and Kyle Meisterling. “Life Cycle Assessment of Greenhouse Gas Emissions from Plug-in Hybrid Vehicles:Implications for Policy.” *Environmental Science &*

Technology 42 (9) (2008). Supporting information. [online]. doi:10.1021/es702178s;Mike Berners-Lee and Duncan Clark. "What's the carbon footprintof ... a new car?" *Guardian* Green Living blog, September 23, 2010. [online]. theguardian.com/environment/green-living-blog/2010/sep/23/carbon-footprint-new-car.

27. Jay Schwartz. "Calories burned biking one mile." Livestrong.com, November 2, 2013. [online]. livestrong.com/article/135430-calories-burned-biking-one-mile/. 是的，这就是说环法自行车赛的比赛选手比观众要多吃 4 倍食物。

28. 假设每天摄入 3800 千卡自产食品和 2100 千卡消费食品，二者的区别就是浪费掉的食物数量不同。

29. 使用一辆普通汽车与自行车重量的比率，并假设自行车的寿命是 4 万英里。

30. 仅考虑自行车的自身影响。

31. Michael Bluejay. "How to Not Get Hit by Cars: Important Lessons inBicycle Safety." Bicycle Safe, May 2013. [online]. bicyclesafe.com.

32. Kurt Holzer. "Bike Law atorney Kurt Holzer makes a compellingcase for the 'Idaho Stop'." Bikelaw.com blog, January 27, 2016. [online]. bikelaw.com/2016/01/27/living-with-stop-as-yield-for-cyclists/.

第 9 章　离开化石燃料

1. 2012 年，孟加拉的人均排放量为 1.2 吨 CO_2 当量（去除土地使用变化的影响为 1.0 吨 CO_2 当量），根据 the World Resources Institute, CAIT Climate Data Explorer. [online]. cait.wri.org/historical.

2. 如果全球变暖突然神奇地消失，我可能会在一定程度上改回原来的习惯：我偶尔会乘飞机，当然肯定要比我进行改变之前少得多。但总的来说，我从不坐飞机中获得的收益还是要大于我的牺牲。

3. 查尔斯·爱森斯坦讨论了分隔的故事和善良的重要性：Charles Eisenstein. *The More Beautiful World Our Hearts Know Is Possible*, 3rd ed. North Atlantic, 2013. 善良是必要的，但不是充分的：我们也需要快速降低温室气体排放。

4. 这里我将用 CO_2 的量区别于碳含量：3.67 千克 CO_2 含有 1 千克碳（氧原子会增加

质量）。在本书的其他章节，我给出的可能是碳含量（如第 3 章的 GtC）。另外，我会把数据精确到我认为合理的程度。如果我没有直接表达出数据的不确定性，可以从它们的精确度上推断出来。例如，120 的不确定性（约 10%）要比 121 的不确定性（约 1%）高。然而，我保留增加一位精确度的权利，如果我觉得不增加就会导致比较和计算的偏差的话。

请注意，对温室气体排放的不同分析会使用不同的方法、做出不同的假设。请注意评估每一种分析下面的假设条件，如果这些假设不清楚，或分析方法和信息来源不清楚，那么请谨慎考虑分析得出的结论。

5. 汽油要加上 28%（24% ～ 31%）的额外上游排放量，柴油加上 20%（15% ～ 25%），航空煤油加 21%（17% ～ 24%），天然气加 15%（9% ～ 20%）。参见 US EPA *Greenhouse Gas Emissions from the U.S. Transportation Sector: 1990–2003*. Office of Transportation and Air Quality, 2006, Table 14.1. [online]. nepis.epa.gov. 这些上游排放量估算值仅考虑了 CO_2；我们在下面会看到天然气生产中的甲烷排放量也很大。

6. NO 和 NO_2 能够形成臭氧，这是一种在上对流层的温室气体。

7. IPCC 对欧洲平均排放率（短途运输）估算值为一架载客率 70%、平均行驶 7500 英里的 747 航班（长途运输）的排放率的平均数为每个班次每位乘客 0.30 千克 CO_2。然而，EPA 对长途和短途航班估算值的平均数为每个班次每位乘客 0.21 千克 CO_2，我把 IPCC 和 EPA 的估算值进行了平均，得出上游排放系数为 21%。

8. David J. Unger. "First-class ticket: More legroom, more emissions." *Christian Science Monitor*, June 17, 2013. [online]. csmonitor.com/Environment/Energy-Voices/2013/0617/First-class-ticket-more-legroom-more-emissions.

9. Christian Azar and Daniel J. A. Johansson. "Valuing the non-CO_2 climate impacts of aviation." *Climatic Change* 111 (2012). doi:10.1007/s10584-011-0168-8.

10. Worldwatch Institute. *Vital Signs* 2006-2007: *The Trends That Are Shaping Our Future*. Norton, 2006, p. 68.

11. 或 2.5 千克 CO_2 当量，如果我们算上非 CO_2 的影响（乘以 2.5）。

12. 2015 年，全美机场的国内和国际运输公司的客运里程达到 1.3 万亿：US DOT, Bureau of Transportation Statistics. "Passengers—All Carriers—All Airports." [online].transtats.bts.gov/Data_Elements.aspx?Data=1. US population in2015: 321 million: US census. [online].

census.gov/popclock. 这可以做出一个非常粗略的估计，因为没有考虑在美国的外国旅行者和在国外的美国旅行者。

13. 我其实非常喜欢飞行这项活动本身。在我还是个孩子的时候，国家航空航天博物馆于 1976 年播放的精彩绝伦的电影《展翅翱翔！》深深地吸引了我。每年春天，在我们到华盛顿特区拜访祖父母的复活节旅行途中，我都会让父母带我去看一遍。大学时，我学会了独自驾驶滑翔机——小巧的高性能飞机，没有引擎，依靠上升气流可以飞到 5 万英尺高——并获得了驾照，最后用一架呼啸而过的飞机追求莎伦。

14. 我在第 10 章中讨论我向慢速旅行的转变。

15. 美国 2013 年平均每人的驾驶里程为 9400 英里：Chris McCahill. “Per capita VMT drops for ninth straight year: DOTs taking notice.” State Smart Transportation Initiative, February 24 2014. [online]. ssti.us/2014/02/vmt-drops-ninth-year-dots-taking-notice/. 2013 年路上汽车的平均耗油率为 21.6 英里 / 加仑：US DOT. “Average Fuel Efficiency of U.S. Light DutyVehicles.” Bureau of Transportation Statistics, Table 4-23. [online]. ita.dot.gov/bts/sites/rita.dot.gov.bts/fles/publications/national_transportation_statistics/html/table_04_23.html.

16. 这个术语来自她的诗歌《离开》（Leave）。

17. 燃烧 1 加仑的汽油和柴油分别释放 8.9 和 10.2 千克 CO_2：US Energy Information Agency. “Voluntary Reportingof Greenhouse Gases Program Fuel Emission Coefcients,” Table 2. [online]. eia.gov/oiaf/1605/coefcients.html#tbl2. 我后来分别给汽油和柴油加上了 28% 和 20% 的上游排放（这是 2015 年的数据；上游排放量将会越来越多）。

18. 用于种植这种作物的工业化农业流程的确会造成化石排放（这是指由之前安全存放于地底的碳所形成的 CO_2 分子）。然而，由于使用废弃产品，我就没算上这部分排放。

19. 如何得出这一数字：我每次单程通勤 6 英里，开始的时候我骑的是一辆 35 mpg 的摩托车。

20. Patrick McGeehan et al. “Beneath cities, a decaying tangle of gaspipes.” *New York Times*, March 23, 2014. [online]. nytimes.com/2014/03/24/nyregion/beneath-cities-a-decaying-tangle-of-gas-pipes.html.

21. 未处理的天然气构成根据气田有所不同，甲烷含量在 70% ～ 90%，剩下的大部分是乙烷（一种效果较弱的温室气体），还有少量的丙烷、丁烷、氮气、氦气、CO_2 和多种杂质。经过处理的天然气（也就是输送到你家的天然气）几乎 100% 是甲烷：

Natural Gas Supply Association. “Natural Gas: Background.” [online]. naturalgas.org/overview/background.

22. Drew T. Shindell et al. “Improved atribution of climate forcing toemissions.” *Science* 326 (2009) [online]. doi:10.1126/science.1174760. 这些全球变暖潜力值的不确定度为 23%。甲烷比 CO_2 更易吸收向外发射的长波辐射，但在大气中存在的时间更短。因此要与 CO_2 比较需要确定一个时间范围。更多细节参见第 3 章。

23. 所有的分析都低估了甲烷的影响，仅使用 25 作为其全球变暖潜力值（选择 100 年的时间范围和对甲烷影响的过时估计）。时间范围的选择是主观的；我选择使用两个传统时间范围的平均值，以避免偏见。

24. 估算方法：燃烧 1 千卡天然气释放 5.3 千克 CO_2，燃烧 1 能量当量的煤释放 10 千克 CO_2。在 GWP 为 65 时，72 克甲烷对气候的影响相当于它们之间的差距 4.7 千克。但 1 千卡天然气中有 2 千克的甲烷，因此 0.072 千克 /2 千克 =3.6%。

25. Robert W. Howarth et al. “Methane and the greenhouse-gas footprintof natural gas from shale formations.” *Climatic Change* 106 (2011). [online]. doi:10.1007/s10584-011-0061-5.

26. Anna Karion et al. “Methane emissions estimate from airborne measurements over a western United States natural gas feld.” *Geophysical Research Leter* 40 (2013). [online]. doi:10.1002/grl.50811.

27. Interstate Natural Gas Association of America (INGAA). “PipelineFun Facts.” Natural Gas Facts, INGAA website. [online]. ingaa.org/Topics/Pipelines101/PipelineFunFacts.aspx.

28. 以下是我的估算方法。美国大约一半的天然气产品来自非常规天然气，其中大部分是通过水力压裂法重新获得的：American Petroleum Institute. “Facts AboutShale Gas.” [online]. api.org/oil-and-natural-gas/wells-to-consumer/exploration-and-production/hydraulic-fracturing/facts-about-shale-gas. 所以我估计总体的甲烷泄漏率为 5%。1 千克甲烷会燃烧生成 2.75 千克 CO_2，由此我们可以估计出 1 千卡天然气中有 2 千克左右的甲烷，5% 的泄漏就是 100 克。当 GWP 为 65 倍的 CO_2 时，就得出 6.5 千克 CO_2 当量 / 千卡。

29. 2014 年美国民用天然气用量为 5.1 万亿立方英尺（520 亿千卡）：US Energy Information Administration. “NaturalGas Consumption by End Use.” [online]. eia.gov/dnav/ng/ng_cons_sum_dcu_nus_a.htm.

30. 通过安装一个太阳能热水器，一个普通的四口之家能够实现减少近 3 吨 CO_2 当量的天然气用量。

美国一个普通的四口之家每天使用近 70 升热水：Danny S. Parker et al. “Estimating DailyDomestic Hot-WaterUse in North American Homes.” *ASHRAE Transactions* 121 (2) (2015). [online]. fsec.ucf.edu/en/publications/pdf/FSEC-PF-464-15.pdf.

假设热水器是高效的（效率系数 0.71），加热这些水每年需要近 230 千卡天然气：US Office of Energy Efficiency and Renewable Energy. “Energy CostCalculator for Electric and Gas Water Heaters.” [online]. energy.gov/eere/femp/energy-cost-calculator-electric-and-gas-water-heaters-0. 燃烧 230 千卡的天然气释放 3000 千克 CO_2 当量。热水能量的使用取决于气候和个人习惯。

31. 整套设备的标价实际上是 9000 美元，但我从加利福尼亚得到了 3500 美元的折扣，剩下的金额又享受了 30% 的联邦税收优惠。仅仅是为了热水，这看起来是一笔不小的花销！部分问题是即使是最小的设备也是我们家需要的 2 倍大；它有一个 80 加仑的水箱，但 40 加仑才最适合我们家。而且这套设备太过于复杂；它使用一个抽水机，然而一个温差环流系统其实更简单。也许一个 40 加仑（甚至 20 加仑）的温差环流系统更具有商业潜力。我试着设计并制造一套自制设备，但这非常复杂而且我也没时间。

32. 回忆第 3 章中提到的 N_2O 是一种强大的温室气体。1 千克 N_2O 的 GWP_{20}（20 年时间范围的全球变暖潜力）为 270 千克 CO_2 当量。

33. 这其中的大部分（超过 80%）来自农业生产本身；剩下的来自交通运输、加工、包装等过程：Natasha Gilbert. “One-third of our greenhouse gas emissions come from agriculture.” *Nature News*, October 31 2012. [online]. doi:10.1038/nature.2012.11708.

34. P. J. Gerber et al. *Tackling climate change through livestock: A global assessment of emissions and mitigation opportunities*. UN FAO, 2013. [online]. fao.org/docrep/018/i3437e/i3437e.pdf. [请注意纪录片《奶牛的阴谋》提出的观点（51% 的全球排放来自畜牧业）是不正确的。]

35. Peter Scarborough et al. “Dietary greenhouse gas emissions of meateaters, fsh-eaters, vegetarians and vegans in the UK.” *Climatic Change* 125 (2) (2014). [online]. doi: 10.1007/s10584-014-1169-1. 在美国 1/3 生产出的食物都被浪费了，这些数据包含浪费的量。但他们假设甲烷的 GWP 只有 25，因此可能会显得比较低。

36. The Vegetarian Resource Group. “2016 National Poll.” [online]. vrg.org/nutshell/

Polls/2016_adults_veg.htm.

37. 这 1000 千克 CO_2 当量中不包含我因为没把食物扔到垃圾站而减少的甲烷排放，这部分排放也有 1000 千克 CO_2 当量。

38. 2014 年，美国共发电 4.1e12 千瓦时，煤和天然气发电量分别占 39% 和 27%（其余为核能、水力和可再生发电）：US Energy Information Administration. “Electric Power Monthly.” [online]. eia.gov/electricity/monthly/epm_table_grapher.cfm?t=epmt_1_1. 这需要 8.54 亿吨煤和 880 亿千卡天然气：US EIA. “Electric Power Monthly.” Data for December 2015, February 2016, full report, tables 2.1.A and 2.4.A. [online]. eia.gov/electricity/monthly.

因为 1 千卡天然气会产生 12.6 千克 CO_2 当量（包括上游排放和泄漏），所以 2014 年通过天然气发电产生了 1.1 万亿千克 CO_2 当量。燃烧 1 美吨煤的排放平均值为 2640 千克 CO_2：US EIA. Carbon Dioxide Emission Factors for Coal.” [online]. eia.gov/coal/production/quarterly/co2_article/co2.html；这是 1992 年的数据，我又加上了 8% 的上游排放得到 2860 千克 CO_2 当量：Paulina Jaramillo et al. “Comparative Life-Cycle Air Emissions of Coal, Domestic Natural Gas, LNG, and SNG for Electricity Generation.” *Environmental Science and Technology* 41 (17) (2007). [online]. doi:10.1021/es063031o. 因此美国 2014 年通过煤发电产生了 2.4 万亿千克 CO_2 当量。用总排放量（3.5e12 千克 CO_2 当量）除以总发电量（4.1e12 千瓦时），再考虑 6% 的输电损耗，得出 0.9 千克 CO_2 当量 / 千瓦时：US EIA FAQ. “How much electricity is lost in transmission and distribution in the United States?” [online]. eia.gov/tools/faqs/faq.cfm?id=105&t=3.

39. 2015 年，美国家庭平均使用 10812 千瓦时：US EIA FAQ. “How much electricity does an American home use?” [online]. eia.gov/tools/faqs/faq.cfm?id=97&t=3. 每个美国家庭平均有 2.5 个人：US Census Bureau, “Families and living arrangements,” Table HH-6. Average Population Per Household and Family: 1940 to Present. [online]. census.gov/hhes/families/data/households.html.

40. 这会加上额外的 3.5 美分 / 千瓦时。

41. 可再生发电将会很快变得比化石燃料发电更便宜，但就像我之前解释过的，这还没有发生在我们的家中。有两个方法可以加快这一重要转变：一是收入中性的碳费（第 14 章），二是社区选择集成（第 15 章）。

42. Lindsay Wilson. “Shrink your product footprint.” [online]. shrinkthatfootprint.com/

shrink-your-product-footprint. 如果想验证这一点可以参考普锐斯的数据，根据一份详细的生命周期分析，一辆普锐斯代表了 9000 千克 CO_2 当量：Samaras and Meisterling. "Life Cycle Assessment of Greenhouse Gas Emissions from Plug-in Hybrid Vehicles." 因为一辆新普锐斯的售价在 2.4 万美元左右，所以它的排放量为 0.4 千克 CO_2 当量 / 美元左右，大致符合经验法则。

43. 美国人一年分别在居家用品（包括毛巾和计算机）、服装和个人护理产品上平均分别花费 2200 美元、1600 美元和 600 美元：ValuePenguin.com. "Average Household Budget in the US." [online]. valuepenguin.com/average-household-budget. 平均每年还会花费 1900 美元买一辆新车（参见下一条注释）。总共花费 6300 美元。

44. 如何估算出美国人平均每年花费 1900 美元买一辆新车：

① 2015 年美国共卖出了 1750 万辆轿车和轻型卡车：Mike Spector et al. "U.S. Car Sales Set Record in 2015." *Wall Street Journal*, January 5, 2016. [online]. wsj.com/articles/u-s-car-sales-poised-for-their-best-month-ever-1451999939.

② 汽车的平均售价为 3.4 万美元左右：Douglas A. McIntyre. "GM Able to Raise Average Car Price by 8%." 24/7WallStwebsite, February 3, 2015. [online]. 247wallst.com/autos/2015/02/03/gm-able-to-raise-average-car-price-by-8/.

③ 2015 年美国的人口总数为 3.2 亿：Robert Schlesinger. "The 2015 U.S. and World Populations." *US News and World Report*, December 31, 2014. [online]. usnews.com/opinion/blogs/robert-schlesinger/2014/12/31/us-population-2015-320-million-and-world-population-72-billion.

45. Mike Berners-Lee. "What's the carbon footprint of ... building a house." Guardian, October 14, 2010. [online]. theguardian.com/environment/green-living-blog/2010/oct/14/carbon-footprint-house. 注意：我们的经验法则说的是这座房子的价格为 16 万美元，不包括土地的费用，但这一经验法则没有考虑地区房地产市场的剧烈变动。

46. 你和我扔掉的垃圾就是所谓的城市固体废弃物（MSW）。有趣的是，美国每扔掉 1 吨 MSW，就会产生 40 吨的上游垃圾。94% 的美国垃圾是工业垃圾（制造、采矿、金属加工、化石燃料处理和农业的废弃物），3.5% 是建筑垃圾，2.5% 是 MSW：Annie Leonard. *The Story of Stuff: The Impact of Overconsumption on the Planet, Our Communities, and Our Health—And How We Can Make It Beter*. Free Press, 2011, p.186.

47. 2014 年，美国的垃圾填埋场共产生了 660 亿千克甲烷：US EPA. “Inventory of U.S. Greenhouse Gas Emissions and Sinks: 1990 - 2014.” Table 7-2. [online]. epa.gov/sites/production/fles/2016-04/documents/us-ghg-inventory-2016-chapter-7-waste.pdf. 将这一数字乘以平均 GWP 65，再除以 3.2 亿美国人口数，得到 1300 千克 CO_2 当量 / 人。在我们的有机废弃物中，35% 是食物残渣（500 千克 CO_2 当量），25% 是木浆（300 千克 CO_2 当量），25% 是纺织品（300 千克 CO_2 当量），15% 是庭院垃圾（200 千克 CO_2 当量）：Percentages calculated from ibid., Table 7-6.

48. World Resources Institute. CAIT Climate Data Explorer.

49. 2000 年，生产美国污水处理厂所需的电量释放了 1550 万吨 CO_2 当量：Center for Sustainable Systems. “U.S. Wastewater Treatment Factsheet.” University of Michigan Pub No. CSS04-14, 2016. [online]. css.snre.umich.edu/sites/default/fles/U.S._Wastewater_Treatment_Factsheet_CSS04-14.pdf. 美国的公共污水处理厂排出的甲烷还要额外释放 3800 万吨 CO_2 当量：EPA. “Inventory of U.S. Greenhouse Gas Emissions and Sinks”；我假设甲烷的 GWP 为 65。近 2/3 的污水处理排放来自家庭废水；剩下的来自工业废水，主要是肉类生产（76%）和造纸（17%）：EPA. “Inventory of U.S. Greenhouse Gas Emissions and Sinks,” Table 7-18.

50. 在进入美国垃圾填埋场的有机物中，35% 是食品，25% 是纺织品，25% 是纸张，15% 是庭院垃圾：EPA. “Inventory of U.S. Greenhouse Gas Emissions and Sinks.” 假设这些物质在分解时产生甲烷的速率是相似的，它们分别会产生 500 千克 CO_2 当量、300 千克 CO_2 当量、300 千克 CO_2 当量和 200 千克 CO_2 当量。因此将庭院垃圾和 1/3 的食物残渣（消费后的食物残渣）制成堆肥可以防止 400 千克 CO_2 当量的甲烷排放。

51. 估算值从以下数据中推导出来：EPA. “Inventory of U.S. Greenhouse Gas Emissions[1] and Sinks.” 参见上一条注释。

52. 2014 年，美国铁路公司每位乘客每英里使用 2200 Btu[1]：Stacy C. Davis et al. Transportation *Energy Data Book*, ed. 35. Oak Ridge National Laboratory, Pub #ORNL-6992, 2016, Table 9.10. 1 加仑柴油含有 13.7 万英热单位：US EIA. “Energy Explained.” [online]. eia.gov/energyexplained/index.cfm/index.cfm?page=about_energy_units. 燃烧这些燃料会产生 12.1 千克 CO_2 当量，这就是说 2014 年美铁每位乘客每英里排放 0.19 千克 CO_2。假设 2/3

[1] 美国的热量计量单位。

的乘客乘坐的是座席，他们的空间是卧铺车厢乘客的 1/2（基本符合海岸星光列车的情况），因此要负责 1/2 的排放。这就是说，美铁座席旅行的排放量为每位乘客每英里 0.14 千克 CO_2 当量，卧铺旅行的排放量为每位乘客每英里 0.28 千克 CO_2 当量。

53. 每加仑柴油可载客 184 英里：Amy Zipkin, "Smoothing the rides on greyhound," *New York Times*, May 17, 2008. [online]. nytimes.com/2008/05/17/business/17interview-long.html.

54. Davis et al. *Transportation Energy Data Book*, Table 9.10.

55. David J.C. MacKay. *Sustainable Energy: Without the Hot Air*. UIT, 2008, the chapter entitled "Planes Ⅱ."

56. EPA. "Inventory of U.S. Greenhouse Gas Emissions and Sinks." 他们用 25 作为甲烷的 GWP；为了保证本书的一致性，我将他们的 GWP 估值乘以 2.6，即提高到 65。

57. Anders Nordelöf et al. "Environmental impacts of hybrid, plug-in hybrid, and batery electric vehicles: What can we learn from life cycle assessment?" *International Journal of Life Cycle Assessment* 19(11) (2014). [online]. doi:10.1007/s11367-014-0788-0. 注意，天然气汽车代表的排放估计为 5 吨 CO_2 当量，但这一数值会根据车的大小有很大区别。

58. 回忆一下 2013 年美国的人均驾驶里程是 9400 英里，且 2013 年美国道路上的乘用车平均每加仑油行驶 21.6 英里。因此，一辆汽车在 1.6 年中平均会燃烧 700 加仑天然气。

59. National Renewable Energy Laboratory. "PV FAQs: What is the energy payback for PV?" [online]. nrel.gov/docs/fy05osti/37322.pdf. 即使预计使用寿命为 30 年，这依然很划算。

60. 正如我在第 5 章解释过的，近一半的全球排放增长源于消费增长，另一半则来自人口增长。

61. 计算值和因数基于美国数据。如果你是租房，可能就需要与房东沟通来估计用电和用气量。

62. 适用 2005 年 5 ～ 15 岁的儿童：Nancy McGuckin. "Travel to School in California: Findings from the California—National Household Travel Survey." Prepared for Active Living Research, Bikes Belong Foundation, and the Safe Routes to School National Partnership, 2013, p. 13. [online]. travelbehavior.us/Nancy-pdfs/Travel to School in California.pdf.

63. 我认识的一位家长每次单程要开 20 英里——产生 5 吨 CO_2 和上千美元的燃料费用，仅仅是为了送孩子上学！我们应该建立平等优质的公共教育体系，让每个社区都能有好学校，这不仅有利于我们的孩子和美国的未来，也有利于气候。

64. 2008 年美国售出的机动车（不是已经在路上行驶的车辆）的平均燃料消费为 20.8 英里 / 加仑；2016 年是 25.1 mpg：University of Michigan Transportation Research Institute. [online]. umich.edu/~umtriswt/EDI_sales-weighted-mpg.html. 我在我的计算中使用了 24.7 mpg。平均燃料消费的变动是由油价决定的，虽然油价变动与大型和小型车销量变动之间可能有时间差。

65. Alliance for Water Efciency. "Showering to Savings." [online]. home-water-works.org/indoor-use/showers.

66. 估算方法如下：

①我仅点亮指示灯做了一个基准测量。（我将热水器调至"休眠"模式，所以它不会启动。）65 分钟后消耗了（1.7 ± 0.05）立方英尺，消耗速度为 1.6 立方英尺 / 小时。（误差源于我的时间测量；我不知道仪表有没有误差。）因此一天的消耗量为（38 ± 1）立方英尺，也就是约 0.4 千卡。

②我关掉加热指示灯，仅让另外两个指示灯亮着。仪表 1 小时走了（0.85 ± 0.05）立方英尺（每年 77 千卡）。因此加热指示灯要负责 1/2 的瞬时总量，但是我们每年用这个指示灯的时间不到半年。将两个常亮指示灯的数值进行平均，我估算出一个普通指示灯每年的排放为 460 千克 CO_2 当量。

67. 假设我们要将 30 加仑的水从 60 ℉（16℃）加热到 120 ℉（49℃）。将 1 加仑水升高 1 ℉需要 8.33 英热热能，所以我们需要 1.5 万英热。燃烧 1 千卡天然气会产生 10 万英热，因此我们需要燃烧 0.15 千卡天然气，释放 2 千克 CO_2 当量。

68. 感谢帕克 · 王尔德的这些参数。

69. 这种种树选择可能是最好的一种情况。例如，一个叫泰拉帕斯的公司有几个项目，它宣称会将你的钱投入这些项目中。其中一个泰拉帕斯项目（我在网站上随机选了一个）旨在为加利福尼亚州迁徙的鸟类提供一小块栖息地。虽然这项目本身听起来不错，但它并没有减少大气中的 CO_2。这个项目的第二个目标是"为水稻种植户提供一个新的收入来源"。好吧，先不提我们本来就不应该在干燥的加州种植需要大量水资源的水稻，也先不说大陆水稻种植业是一种甲烷的重要来源，就说为工业化农业公司提供收入来源真的能抵消泰拉帕斯公司的客户乘坐飞机的排放吗？

70. Hunt and McFarlane. "'Peak soil'."

71. 地球的生物质含有 450 ～ 650 GtC，大多数在树木中。但截至 2015 年，人类通过燃烧化石燃料已经排放出了 560 GtC。如果要想通过种树来中和这些排放，除了重新造林恢复到 1975 年的水平外，我们还要再种和如今数量差不多的树木。我们要到哪种这些树呢?

72. Elisabeth Rosenthal. “Paying more for flights eases guilt, not emissions.” *New York Times*, November 17, 2009. [online]. nytimes.com/2009/11/18/science/earth/18offset.html.

73. “轻易”在这里不是说“令人厌烦”。在开发我自己的方法的 4 年里，我就像培养了一种适度强烈的爱好。最初的一段时期过后就变得很容易继续下去。

第 10 章　慢速旅行

1. 除此之外，我还带了一个睡袋与垫子、一件备用衬衫、一条备用短裤、一堆佳得乐粉末和一些从暑期工作中得到的能量棒，然后就没有其他的东西了。我一开始还带了个防雨罩，但在逆风骑行了几天之后，我觉得不值得增加这些重量，所以把它寄到了芝加哥。

2. 这本书很有帮助：Forest Gregg. *SVO: Powering Your Vehicle with Straight Vegetable Oil*. New Society, 2008.

3. 一些“油脂工”通过在植物油中混合其他的燃料解决黏度问题，如汽油。

4. 梅比能做到。也许它不能。

5. 也可以通过化学方法降低 WVO 的黏度：生物柴油在本质上就是经过化学处理降低黏度的 WVO：Lyle Estill and Bob Armantrout. *Backyard Biodiesel: How to Brew Your Own Fuel*. New Society, 2015.

6. 全球植物油生产：Jim Lane, “Global 2016/17 vegetable oil production to hit record level: USDA,” Biofuels Digest, September 25, 2016. [online]. biofuelsdigest.com/bdigest/2016/09/25/global-201617-vegetable-oil-production-to-hit-record-level-usda/.

每英亩产出：Keith Addison. “Oil Yields and Characteristics.” Journey to Forever. [online]. journeytoforever.org/biodiesel_yield.html.

7. 我的院子有大概 1/20 亩的种植空间。我想用有机的方式种植向日葵，这可能会减产 40%：M. Mazzoncini. “Sunflower under conventional and organic farming systems: Results from a long term experiment in Central Italy.” *Aspects of Applied Biology* 79 (2006). [online].

orgprints.org/10203/.

8. 梅比通常情况下 1 加仑油能跑 25 英里，但装了车顶的这些油桶，它 1 加仑油只能跑 22 英里。

9. 想象一下你一生中使用的所有汽油堆在一个地方，再乘以汽车的数量。

10. 几年前，在一个晴朗的星期二上午，我真的看到了其中几座建筑的倒塌。我当时从华尔街地铁站出来，站在这座狭长的岛上，看着雪花一样的纸张灰烬从燃烧着的世贸中心上缓缓下落。在这次航行之后我又登上了这座岛，试着辨认出当时给我父亲打电话时所处的大楼，那时我告诉他我没事，然后不断重复着“请别让第二栋楼倒下来，请别让第二栋楼倒下来”，但第二栋楼还是倒了。这一切都恍如隔世。

11. 这艘船通常每海里消耗 1.5 桶燃料。在我进行这次旅行的时候，燃料价格为 100 多美元一桶。进行一次往返航行的燃料需要花费近 100 万美元。

12. 根据一家碳补偿公司“气候关爱”（Climate Care）：“Is cruising any greener than flying?” *Guardian*, December 20, 2006. [online]. theguardian.com/travel/2006/dec/20/cruises.green. 以化石燃料作为动力的航行排放量每位乘客每英里 0.4 千克 CO_2 是合理的：这就是“精神号”运输 2000 位乘客时的排放量（参见下条注释）。

13. “精神号”每海里消耗 1.5 桶（63 加仑）船用燃料油。船用燃料油（残油）的排放为 11.8 千克 CO_2/ 加仑：US EIA. “Carbon Dioxide Emissions Coefcients.” Release date, February 2, 2016. [online]. eia.gov/environment/emissions/co2_vol_mass.cfm. 再加上 20% 的上游排放（参见第 9 章）就是 14.1 千克 CO_2/ 加仑。所以“精神号”每海里会排放 892 千克 CO_2，每法定英里排放 780 千克 CO_2。它上面装载了 29500 短吨货物，我 50 磅的行李是货物重量的 0.0000041，因此我的排放就是 0.0032 千克 CO_2/ 英里。

第 11 章　冥想——改变的基础

1. 按照 vipassana 的传统，其课程通常是不收费的。它基于“乐善好施”的理念，从人们那里接受捐助，而这些人至少参加过一次课程。教师、运营课程及给大家做饭的人都是志愿者，尽力维持这一课程的非商业化属性并且无私地帮助别人可以保持这一教学活动的纯洁性。要看到更多的信息，请参看：dhamma.org.

2. S. N. Goenka. “The Art of Living: Vipassana Meditation” [online]. dhamma.org/en-US/

about/art.

3. 服用酒精可能看上去相对无害，但上瘾以后，就很容易打破其他 4 项戒律。例如，饮酒很容易引发暴力行为；又如，我有一些朋友由于醉酒驾车受到指控，这使得他们很痛苦。

4. 对我来说，避免打破这些戒律也是一个渐进的过程。比方说，在我刚开始从事打坐冥想练习时，我每天都喝酒精饮料。但随着练习的深入，我开始意识到酒精会令我大伤元气，让我感到精神消沉。而我喜欢保持冷静和清醒，因此我开始逐渐减少酒精的摄入量，并且我开始对不寻常的味道及酒精气味感到敏感，我开始不喜欢它们了。如果你现在跟我过去一样喜欢啤酒和酒，也不必对戒掉它们过度感到担忧。因为当你喝酒的时候，你就会更加了解与喝酒相关联的身体感觉，你或许就会因此选择少喝一点。

5. 目前有一些关于其他冥想技巧的研究，这些研究都表明冥想是有好处的。不过鲜有关于不同冥想技巧之间比较的研究。

6. Britta K. Hölzel et al. “Mindfulness practice leads to increases in regional brain gray matter density.” *Psychiatry Research: Neuroimaging* 191 (2011). [online]. doi:10.1016/j.pscychresns.2010.08.006; Sarah W. Lazar et al. “Meditation experience is associated with increased cortical thickness.” *Neuroreport* 16 (2005). [online]. ncbi.nlm.nih.gov/pmc/articles/PMC1361002/.

7. Hölzel et al. “Mindfulness practice leads to increases in regional brain gray matter density.”

8. Yvette I. Sheline et al. “Depression Duration But Not Age Predicts Hippocampal Volume Loss in Medically Healthy Women with Recurrent Major Depression.” *The Journal of Neuroscience* 19 (1999). [online]. jneurosci.org/content/19/12/5034.full.

9. 例如 : Zindel V. Segal et al. *Mindfulness-Based Cognitive Therapy for Depression*, 2nd ed. Guilford Press, 2012。

10. 在我 20 岁出头时，我得过严重的抑郁症，我现在都不太敢描述那段可怕的经历。我很感激自己能够度过那段危机活了下来。自我 2003 年开始练习打坐冥想以来经历过两次这种情况。在我感到紧张和压力的时候，我无法有规律的练习冥想和打坐，我在精神上就会感到一丝痛苦和压力，这让我再次感到抑郁，就好像抑郁再次找上身。两次情况下都是我简单恢复正常打坐一两天后，抑郁的感觉就消失了。另外，冥想练习能在第一时间告诉我自己的精神状态是怎样的。

11. Hölzel et al. "Mindfulness practice leads to increases in regional brain gray matter density."

12. Philippe R. Goldin and James J. Gross. "Effects of Mindfulness-Based Stress Reduction (MBSR) on Emotion Regulation in Social Anxiety Disorder." *Emotion* 10 (1) (2010). [online]. doi:10.1037/a0018441.

13. T. L. Jacobs et al. "Self-reported mindfulness and cortisol during a Shamatha meditation retreat." *Health Psychology* 32 (10) (2013).[online].doi:10.1037/a0031362.

14. Lazar et al. "Meditation experience is associated with increased cortical thickness."

15. 同上。

16. T. Gard et al. "The potential effects of meditation on age-related cognitive decline: A systematic review." *Annals of the New York Academy of Sciences* 1307 (2014). [online]. doi:10.1111/nyas.12348.

17. Judson A. Brewer et al. "Meditation experience is associated with differences in default mode network activity and connectivity." *Proceedings of the National Academy of Sciences* 108 (2011). [online].doi:10.1073/pnas.1112029108.

18. Matthew A. Killingsworth and Daniel T. Gilbert. "A wandering mind is an unhappy mind." *Science* 330 (2010). [online]. doi:10.1126/science .1192439.

19. Brewer et al. "Meditation experience is associated with differences in default mode network activity and connectivity."

20. N. E. Morone et al. "Mindfulness meditation for the treatment of chronic low back pain in older adults: A randomized controlled pilot study." *Pain* 134 (3) (2008). [online]. doi:10.1016/j.pain.2007.04.038.

21. David S. Black et al. "Mindfulness Meditation and Improvement in Sleep Quality and Daytime Impairment Among Older Adults With Sleep Disturbances: A Randomized Clinical Trial." *Journal of the American Medical Association Internal Medicine* 175 (2015). [online]. doi:10.1001/jamainternmed.2014.8081. Also, vipassana cured my mom's persistent insomnia.

22. Richard J. Davidson et al. "Alterations in Brain and Immune Function Produced by Mindfulness Meditation." *Psychosomatic Medicine* 65 (4) (2003). [online]. doi:10.1097/01.PSY.0000077505.67574.E3.

23. Joel W. Hughes et al. “Randomized Controlled Trial of Mindfulness-Based Stress Reduction for Prehypertension.” *Psychosomatic Medicine* 75 (8) (2013). [online]. doi:10.1097/PSY.0b013e3182a3e4e5.

第 12 章　重新关注地球母亲

1. Carolyn Dimitri et al. *The 20th Century Transformation of U.S. Agriculture and Farm Policy*. USDA Economic Information Bulletin Number 3, June 2005. [online]. ilovefarmers.org/downloads/The20th CenturyTransformationofU.S.AgricultureandFarmPolicy.pdf.

2. 在一小片园地里种水果和蔬菜是一回事儿，但种谷物就让我感到困惑了。例如，我种索诺拉小麦就没有成功，其实这是一种非常适合南加州炎热和干旱气候的传家作物。而与此同时，一种高粱，其种子一定是通过鸟类的排泄传播而来的，却开始生长了。我当时不知道那是什么，它只是自顾自地在那里生长。我有个原则，就是在了解植物是什么之前决不拔除它们，此次这一原则让我收获满满：因为我最终明白我发现了一种理想作物，或者说是这种作物发现了我。

3. A good guide: Eric Toensmeier. *Perennial Vegetables from Artichokes to Zuiki Taro: A Gardener's Guide to Over 100 Delicious, Easy-to-Grow Edibles*. Chelsea Green, 2007.

4. Masanobu Fukuoka. *The One-Straw Revolution: An Introduction to Natural Farming*. Rodale Press, 1978.

5. 同上，第 52 页。

6. 同上，第 109 页。

7. Roc Martin. “The Amish Farmers Reinventing Organic Agriculture.” Atlantic, October 6. 2014. [online]. theatlantic.com/health/archive/2014/10/the-amish-farmer-replacing-pesticides-with-nutrition/380825//.

8. 人粪堆肥可能打破你所在城市的惯例，不过请冒险继续前行。

9. 一周之内，我只需要用 3 ～ 4 加仑的水冲洗粪桶。而在我使用冲水马桶的年代，我每周都要用 100 多加仑的水（每周冲 30 次左右，每冲一次要耗费 4 加仑水）。而且，这些冲洗粪桶用的水不会被浪费：它们可以支持土壤中的微生物，这些微生物日夜不停地工作，对土壤有好处。

10. Joseph C. Jenkins, *The Humanure Handbook: A Guide to Composting Human Manure*, 3rd, ed. Jenkins Publishing, 2005. Jenkins 反过来也感谢世界银行一篇观点模糊的论文，但这篇论文奠定了人粪堆肥的基础，附带有关键的卫生数据：Richard G. Feachem et al. Transportation, Water and Telecommunications Department. *Appropriate technology for water supply and sanitation: Health aspects of excreta and sullage management: A state-of-the-artreview.* World Bank, 1981.[online]. documents.worldbank.org/curated/en/929641467989573003/Appropriate-technology-for-water-supply-and-sanitation-health-aspects-of-excreta-and-sullage-management-a-state-of-the-art-review.

11. 许多饭店都会将 5 加仑容积的桶扔掉，你可以不花钱想得到多少就多少。这种盒子可以用碎木片和回收的木头制成。

12. World Health Organization. "Cholera Fact Sheet" Updated October 2016. [online]. who.int/mediacentre/factsheets/fs107/en/.

13. Feachem, "Appropriate Technology," p. 105.

14. 试验期间，阿尔塔迪纳的晚间最低温度在 50℉左右，而白天最高温度在 70℉左右.

15. 人粪堆肥的温度应该足够高，这样可以杀死大多数杂草种子。对 6 粒杂草种子进行的研究表明，即使是最坚韧的种子，放置在 140℉（60℃）的条件下，仅仅 3 个小时后也会 100% 死亡。Ruth M. Dahlquist et al. "Time and Temperature Requirements for Weed Seed Thermal Death." *Weed Science* 55 (6) (2007). [online]. doi:10.1614/WS-04-178.1.

16. 两周后，温度达到 130℉，一个月后，温度降为 110℉。当我在温度计旁泼了些水后，温度又回升到 130℉。

17. World Health Organization "Sanitation Fact Sheet" Reviewed November 2016. [online]. who.int/mediacentre/factsheets/fs392/en/.

18. Jay P. Graham and Matthew L. Polizzotto. "Pit latrines and their impacts on groundwater quality: A systematic review." *Environmental Health Perspectives* 121(5) (2013). [online]. doi: 10.1289/ehp.1206028.This risk, although serious, remains poorly quantified.

19. World Health Organization. "Sanitation Fact Sheet."

20. Nayantara Narayanan. "Horrifying fact: Almost all India's water is contaminated by sewage." *Scroll.in*, July 1, 2015. [online]. scroll.in/article/737981/horrifying-fact-almost-all-indias-water-is-contaminated by-sewage/.

21. US EPA. "Septic Systems Overview." [online]. epa.gov/septic/septic-systems-overview.

22. Marylynn V. Yates. "Septic Tank Density and Ground-Water Contamination." *Groundwater* 23 (5) (1985). doi:10.1111/j.1745-6584.1985.tb01506.x.

23. Chenxi Wu et al. "Uptake of Pharmaceutical and Personal Care Products by Soybean Plants from Soils Applied with Biosolids and Irrigated with Contaminated Water." *Environmental Science & Technology* 44 (2010). [online]. doi:10.1021/es1011115. Pharmaceuticals in this context are still poorly understood, part of a broad class of "emerging contaminants to the environment." (Quote from USGS. "Land Application of Municipal Biosolids." [online]. toxics.usgs.gov/regional/emc/municipal_biosolids.html.)

24. 不是所有文化都跟我们一样对粪便有禁忌. F. H. King (in *Farmers of Forty Centuries: Organic Farming in China, Korea, and Japan.* 1911, repr., Dover, 2004)曾叙述到，在中国古代，晚上收集带有粪便的土壤的人，甚至还需要为此支付费用，我想这是自己没有花园的人会做的。直到近代，中国官方用语才像西方一样不使用类似"粪便"这样的污秽语言了，这种没有经过堆肥处理的"晚上的土壤"并不卫生，但它却让古代中国人发展农业持续至今——这是连现代工业文明都没有能够做到的。

25. 我养的鸡喜欢吃无花果虫的幼虫。我养的一只最喜欢的母鸡 Black Star, 能够跳起来捉住飞行的成虫，如果这些成虫飞得过低的话。

26. 参见 David Quammen. *Spillover: Animal Infections and the Next HumanPandemic.* Norton, 2012.

27. Maryn McKenna. "The looming threat of avian flu." *New York Times Magazine*, April 13, 2016. [online]. nytimes.com/2016/04/17/magazine/the-looming-threat-of-avian-flu.html.

28. Mary J. Gilchrist et al. "The potential role of concentrated animal feeding operations in infectious disease epidemics and antibiotic resistance." *Environmental Health Perspectives* 115 (2) (2007). [online]. doi:10.1289/ehp.8837.

29. 这是一个 18 英寸宽的盒子，用一片金属丝网筛附在洞口处用作通风。

30. Thomas D. Seeley. *Honeybee Democracy*. Princeton, 2010.

31. 我捉住的蜂群中大约有一半停留了下来，另一半在一两天后飞走了，大概是为了寻找更喜欢的家。我要找到一只空盒子。最近我开始在盒子入口处使用一片"隔王板"（queen excluder），以便让蜂后在最初几天留在盒子里，但是我还要充分试验，所以还不敢说它一定管用。

32. Michael Bush. “Genetic Diversity in Bees.” *The Practical Beekeeper Website*, 2008. [online]. bushfarms.com/beesgeneticdiversity.htm.

33. 参见第 5 章。

34. Dennis vanEngelsdorp et al. “Colony Collapse Disorder: A Descriptive Study.” *PLoS ONE* 4 (8) (2009). [online]. doi:10.1371/journal.pone .0006481.

35. 我过去也曾将两个蜂箱放在屋顶上。如果你决定也放在屋顶，一定要确保蜂箱放在阴凉处，并且意识到一个充满蜂蜜的成熟蜂箱可能会重达 200 磅，即使只是移动它也是一个不小的、但却有趣的挑战。

第 13 章　跳出崩溃的系统

1. 大约与此同时，我在我们家阁楼的地板上安装了额外的绝热装置，这可以减少热从阁楼传导到较凉爽的起居室，这在任何季节里都有意义。其他的一些节能降温措施（在炎热、干燥的季节里最管用）包括能吹遍整个房间的电扇、在阁楼椽木下面放置一个能反射光热的障碍物或者一个反射光的“冷屋顶”。这种冷屋顶还有一个额外的好处，那就是降低城市里的热岛效应。如果我更换屋顶的话，那一定是一个冷屋顶：因为对南加州来说，相比冷空气热浪是更加严峻的挑战。

2. 能够进入机器商店是身在大学社区的一个额外好处。

3. 例如，参见 Mrs. Homegrown (a.k.a. Kelly Coyne). “A Homemade Mattress.” Root Simple blog, March 15, 2013. [online]. root simple.com/2013/03/a-homemade-mattress/.

4. 参见 Jon Jandai. “Life is easy. Why do we make it so hard?” TEDxDoiSuthep, August 3, 2011. [online]. youtube.com/watch?v=21j_OCN LuYg.

5. Richard Whittaker 为清晰起见重新进行了编辑 . “A Conversation with Adam Campbell: A Taste For Life.” conversations.org website, November 30, 2012. [online]. conversations.org/story.php?sid=336.

6. 参看例子 : Keiren. “Rocket Mass Heaters.” Blog entry. [online]. niftyhomestead.com/blog/rocket-mass-heaters/.

7. Jon Jandai. “Life is easy.” 此外， Ianto Evans 和 Linda Smiley 花 500 美元建造了一

个家：Michael Smith and Ianto Evans. “Questions and Answers about Cob.” Natural Building Colloquium Southwest. [online]. networkearth.org/naturalbuilding/cob.html.

8. 商店在节假日前存货过多，然后就不得不扔掉相当于 2 天的到期食品，而不是 1 天的。

9. 有机食品并不意味着就没有使用过杀虫剂，但如果可以选择，我仍然愿意选择有机苹果，而不是常规苹果。参看：Beth Hoffman. “Five reasons to eat organic apples: Pesticides, healthy communities, and you.” *Forbes*, April 23, 2012. [online]. forbes.com/sites/bethhoffman/2012/04/23/five-reasons-to-eat-organic-apples-pesticides-healthy-communities-and-you/#5b19cc846d21. 只要食品认证还有效，有机食品就是我们最好的选择，我们应该携起手来强化这一制度。

10. 每两周我都要花 1 小时做这样的活动。我做这种重复循环的事情是因为圣诞节期间我钻进了垃圾桶捡了些面包，然后把面包与专做粮食交换的一个团体进行了交换。事实上，这个团体中已经有些人与这家超市开展了合作，他们也请我来帮忙。这就是宇宙间放之四海而皆准的原则：你对人们敞开心扉，人们也会对你敞开心扉。

11. Dana Gunders. “Wasted: How America Is Losing up to 40 Percent of Its Food from Farm to Fork to Landfill.” Natural Resources Defense Council Issue Paper #IP-12-06-B, August 2012. [online]. nrdc.org/sites/default/files/wasted-food-IP.pdf.

12. 至于保存食物，我也喜欢将自己家种的西红柿及无花果之类的干果做成罐头（将成盘的水果放在汽车的仪表盘上可以驱赶苍蝇），我还喜欢将蔬菜的碎末收集起来放在到冰箱的袋子里做汤。

13. 有证据表明，黄樟油精可以在老鼠体内致癌。就摄入量来说，它远比家里自制的根士啤酒含有的致癌物多得多。可参考 Peter G. Wislocki et al. “Carcinogenic and Mutagenic Activities of Safrole, 1’-Hydroxysafrole, and Some Known or Possible Metabolites.” *Cancer Research* 37 (6) (1977). [online]. cancerres.aacrjournals.org/content/37/6/1883.short. 不过仍有许多人不顾这些，依然用黄樟。

14. 然后，我通过永久信用社得到一张卡，这是我能找到的唯一一张与大银行没有关联的卡。该信用社目前由桑迪亚地区信用社管理。

15. 莎伦受到了为期 40 天斋戒的鼓舞，这次斋戒是从基督教四旬斋开始坚持下来的。

16. Luke Hurst. “HSBC warns clients of fossil fuel investment risks.” *Newsweek*, April 21,

2015. [online]. newsweek.com/hsbc-warns-clients-fossil-fuel-investment-risks-323886.

17. War Resisters League. "U.S. Federal Budget — 2015 Fiscal Year: Where Your Income Tax Money Really Goes." [online]. warresisters.org/sites/default/files/2015 pie chart — high res.pdf.

18. W2 系统地出现使得抵制战争税变得愈加困难，使用太多的免除条款，可能会让你面临收到 W2 的欺诈指控。

19. New York Yearly Meeting. "Purchase Quarterly Meeting of the Religious Society of Friends (Quakers): Peace Tax Escrow Account." [online]. nyym.org/purchasequarter/peacetax.html/.

20. Mark Koba. "U.S. military spending dwarfs rest of world." *NBC News*, February 24, 2014. [online]. nbcnews.com/storyline/military-spending-cuts/u-s-military-spending-dwarfs-rest-world-n37461.

21. Meredith Bennett-Smith. "Womp! This Country Was Named the Greatest Threat To World Peace." *Huffington Post*, January 2, 2014. [online]. huffingtonpost.com/2014/01/02/greatest-threat-world-peace-country_n_4531824.html.

22. Shirley Jahad 采访 Daniel Suelo 的内容 . Crawford Family Forum, Pasadena, California, March 26, 2012. Archived by Southern California Public Radio. [online]. scpr.org/events/2012/03/26/584/one-man-quit-money/.

23. 美国人每天花在电视屏幕前的时间几乎达到了 8 小时 : Molly Brown. "Nielsen reports that the average American adult spends 11 hours per day on gadgets." GeekWire, March 13, 2015. [online]. geekwire.com/2015/nielsen-reports-that-the-average-american-adult-spends-11-hours-per-day-on-gadgets/. 历经 12 年的统计结果是假设每天平均睡眠 8 小时的基础上。

24. "Advertising to Children and Teens: Current Practices: A Common Sense Media Research Brief." Common Sense Media, January 28, 2014. [online]. commonsensemedia.org/research/advertising-to-children-and-teens-current-practices.

25. Bruce E. Levine, "Does TV actually brainwash Americans?" *Salon*, October 30, 2012. [online]. salon.com/2012/10/30/does_tv_actually_brainwash_americans/.

26. Mengwei Bian and Louis Leung. "Linking Loneliness, Shyness,Smartphone Addiction Symptoms, and Patterns of Smartphone Use to Social Capital." *Social Science Computer Review* 33 (1) (2015). [online]. doi:10.1177/0894439314528779.

27. Kimberly S. Young and Robert C. Rogers. "The Relationship Between Depression

and Internet Addiction." *CyberPsychology and Behavior*.1(1) (1998). [online]. doi:10.1089/cpb.1998.1.25.

28. 如果你的确见过这种行为，请告诉我它是什么。

第 14 章　集体行动

1. Tom Mintier and Reuters. "Global warming pact approved, developing nations face few restrictions." *CNN*, December 11, 1997. [online]. cnn.com/EARTH/9712/11/climate.conf/index.html.

2. Carbon Dioxide Information. "Global Fossil-Fuel CO_2 Emissions." [online]. cdiac.ornl.gov/trends/emis/tre_glob 2013.html.

3. Joeri Rogelj et al. "Paris Agreement climate proposals need a boost to keep warming well below 2℃ ." *Nature* 534 (2016). [online]. doi:10.1038/nature18307.

4. 参见 IGM Economic Expert Panel. "Carbon Tax." IGM Chicago, December 20, 2011. [online]. igmchicago.org/surveys/carbon-tax;Luca Taschini et al. "Carbon tax v cap-and-trade: Which is better?" Guardian, January 31, 2013. [online]. theguardian.com/environment/2013/jan/31/carbon-tax-cap-and-trade.

5. 计算方式如下：每吨二氧化碳价格为 30 美元，乘以每加仑二氧化碳重 0.0088 吨，再加上上游生产需要的额外 28% 的二氧化碳排放量（参见第 9 章）。

6. 计算方式如下：每吨二氧化碳单价 30 美元乘以美国境内每人消费 20 吨二氧化碳。

7. 当然，根据政策的具体规定，儿童不一定能够得到全额补助。例如，至少有一份建议书提议头两个孩子只能得到半份补助。这样一来，由两名成人与两名儿童组成的家庭按照每吨二氧化碳 150 美元的标准会得到 9000 美元补助。

8. Carbon Tax Center. "Ensuring Equity." [online]. carbontax.org/?s=ensuring+equity.

9. Carbon Tax Center. "Dividends." [online]. carbontax.org/?s=dividends.

10. 在这种情况下需要编写一部确定所有产品碳排放估值的目录。通过编纂这一目录，我们不仅能够落实边境调整，而且能够更好地了解我国碳排放的构成。边境调整制度首先针对产生大量碳排放的商品：铁、钢、水泥、玻璃和纸等。计算这些物品的价格并据此进行边境调整很容易，并且这些物品构成了主要的碳排放。对碳排放量较低的商品的估值可以不断调整。这种边境调整是符合世贸组织规定的（"最惠国待遇"与"国民待遇”）。此外，边境调整的资金和碳排放费与红利的资金应该是分开的。从进口商品处征收的关税应该用于支付国内生产商向“污染政权”出口时的退税。以美国为例，考虑到美国的贸易逆差，这笔资金的数额应该会随着时间增长；这笔意外之财的用途应该由国会决定。国内生产的化石燃料的出口应该不在边境调整的退税之列，以便对化石燃料价格的升高施加压力并进一步阻止这种燃料的使用（甚至在国际范围内）。

11. R. A. “Do economists all favour a carbon tax?” *Economist*, September 19, 2011. [online]. economist.com/blogs/freeexchange/2011/09/climate-policy.

12. 高盛集团为“上限与交易”制度大声疾呼，这应该能说明些事情。Matt Taibbi. “The Great American Bubble Machine.” *Rolling Stone*, April 5, 2010. [online]. rollingstone.com/politics/news/the-great-american-bubble-machine-20100405.

13. 尽管欧洲境内的排放量下降，主要的原因很可能并不是EU ETS的功劳。参见Olivier Gloaguen and Emilie Alberola. “Assessing the factors behind CO_2 emissions changes over the phases 1 and 2 of the EU ETS: An econometric analysis.” CDC Climat Recherche Working Paper No, 2013-15, October 2013. [online]. cdcclimat. com /IMG/pdf/13-10_cdc_climat_r_wp_13-15_assessing_the_factors_behing_co2_emissions_changes.pdf.

14. E.g., Paul Krugman. “Unhelpful Hansen.” *New York Times*, December7, 2009. [online]. krugman.blogs.nytimes.com/2009/12/07/unhelpful-hansen.

15. P. F. “British Columbia's carbon tax: The evidence mounts.” *Economist*, July 31, 2014. [online]. economist.com/blogs/americasview/2014/07/british-columbias-carbon-tax.

16. Dr. Stewart Elgie and Jessica McClay. “Policy Commentary/CommentaireBC's Carbon Tax Shift Is Working Well after Four Years (Attention Ottawa).” *Canadian Public Policy* 39(2) (2013). [online].energyindependentvt.org/wp-content/uploads/2014/11/BC_Carbon-Tax-success-story.pdf.

17. Scott Nystrom and Patrick Luckow. “The Economic, Climate, Fiscal,Power, and Demographic Impact of a National Fee-and-DividendCarbon Tax.” Regional Economic Models, Inc. (REMI) and SynapseEnergy Economics, Inc. [online]. citizensclimatelobby.org/wp-content/uploads/2014/06/REMI-carbon-tax-report-62141.pdf. 注意：这一研究由公民气候游说组织（Citizens'Climate Lobby）资助。公民气候游说组织是一个追求对抗气候变暖的公益机构，但区域经济模型公司（REMI）以观点中立著称。

18. 同上；Marc Breslow et al. “Analysis of a Carbon Fee or Tax as a Mechanism to Reduce GHG Emissions in Massachusetts.” Prepareal for the Massachussetts Pepartment of Energy Resources, December,2014. [online]. mass.gov/eea/docs/doer/fuels/mass-carbon-tax-study.pdf.

19. Statistics Canada, via P. F. “British Columbia’s carbon tax.” 注意：不列颠哥伦比亚的碳排放费是以消费税的形式发放的，通过退税的方式 100% 返还征收碳排放费的所得。

20. Greg Mankiw. “How Not to Pass a Carbon Tax.” Blog post, August 3, 2015. [online]. gregmankiw.blogspot.ca/2015/08/how-not-to-pass-carbon-tax.html.

21. Jerry Taylor. “The Conservative Case for a Carbon Tax.” Niskanen Center, March 23, 2015. [online]. niskanencenter.org/wp-content/uploads/2015/03/The-Conservative-Case-for-a-Carbon-Tax1.pdf.

22. Ted Deutch and Carlos Curbelo. “Creating a bipartisan climate to discuss climate change in Congress.” *The Hill*, March 24, 2016. [online]. thehill.com/blogs/congress-blog/energy-environment/274061-creating-a-bipartisan-climate-to-discuss-climate.

23. Editorial Board. “Even Big Oil Wants a Carbon Tax.” *Bloomberg View*, June 1, 2015. [online]. bloomberg.com/view/articles/2015-06-01/even-big-oil-wants-a-carbon-tax.

24. Helge Lund et al. “Letter to Ms. Christiana Figueres and Mr. Laurent Fabius.” May 29, 2015. [online]. bp.com/content/dam/bp/pdf/press/paying-for-carbon.pdf.

25. Alan S. Blinder. “The Carbon Tax Miracle Cure.” Wall Street Journal, January 31, 2011. [online]. wsj.com/articles/SB10001424052748703893104576108610681576914.

26. 户外空气污染每年造成 370 万人死亡，而这主要是由于使用化石燃料造成的：World Health Organization. “7 million premature deaths annually linked to air pollution.” March 25, 2014. [online]. who.int/mediacentre/news/releases/2014/air-pollution/en/. 室内与户外污染每年约造成 5 万亿美元的损失，而这一数额尚未包括医疗费用：John Vidal. “Airpollution costs trillions and holds back poor countries, says WorldBank.” *The Guardian*, September 8, 2016. [online]. theguardian.com/global-development/2016/sep/08/air-pollution-costs-trillions-holds-back-poor-countries-world-bank.

27. Fabio Caiazzo et al. “Air pollution and early deaths in the UnitedStates. Part I: Quantifying the impact of major sectors in 2005.” *Atmospheric Environment* 79 (2013). [online]. doi:10.1016/j.atmosenv.2013.05.081.

28. 写一封信只要几分钟，如果这封信被媒体或出版社发表或者发布的话会很有意思。我在写的一封信中很好地解释了我关于气候行动的观点，你可以通过以下途径阅读："Climate solutions: From marches to policies." *New York Times*, September 22, 2014. [online]. nytimes.com/2014/09/23/opinion/climate-solutions-from-marches-to-policies.html.

29. US EIA. "Frequently asked questions: How much of U.S. carbon dioxide emissions are associated with electricity generation?" [online]. eia.gov/tools/faqs/faq.cfm?id=77&t=11.

30. 太瓦（terawatt，TW）是指功率为 1 万亿瓦特的电力，1 万亿瓦时（1 TWh）指的是以 1 万亿瓦功率做功 1 小时所需的能量。1 万亿瓦时（1 TWh）= 10 亿千瓦时（10^9 kWh）。4070 万亿瓦时的数据来自：US EIA. "Electric Power Annual 2013." March 2015. [online]. eia.gov/electricity/annual/archive /03482013.pdf.

31. 同上：核能：790 万亿瓦时。水力发电：270 万亿瓦时。非水力发电之外的其他可再生能源供电：250 万亿瓦时。风能产生了 168 万亿瓦时的能量，占总量的 4.1%。太阳能（包括热能转化与光伏转化）产生了 9 万亿瓦时的能量，占总量的 0.2%。

32. 居民用户与商业用户（每个产业消费的电力总量基本相同）消费了美国 3/4 的电力，工业用户消费了美国 1/4 的电力（参见 US EIA. "Annual Energy Outlook 2017." [online]. eia.gov/outlooks/aeo/）。我们家的用电量低于美国人均用电量的 1/10，虽然这可以解释为一个家庭可以轻易地大量降低用电量，我仍然假设商业用电可以轻易地削减类似的用电量。例如，许多办公楼的灯整晚都是开着的。

33. 2013 年，美国每人使用了 6900 千克石油或其等量物，而英国每人使用了 3000 千克。（见 World Bank. "Energy use (kg of oilequivalent per capita)." [online].data.worldbank.org/indicator/EG.USE .PCAP.KG.OE.）

34. 计算方式如下：（4070 万亿瓦时 / 年 /2）-（790 万亿瓦时 / 年 + 270 万亿瓦时 / 年 + 250 万亿瓦时 / 年）。

35. Oil Change International. "Fossil Fuel Subsidies: Overview." [online]. priceofoil.org/fossil-fuel-subsidies/.

36. David Coady et al. "How Large Are Global Energy Subsidies?" International Monetary Fund working paper #WP/15/105. [online]. imf.org/external/pubs/ft/wp/2015/wp15105.pdf.

37. Our Children's Trust. [online]. ourchildrenstrust.org/. 该诉讼提出了两个诉讼请求。首先，一个基于宪法的诉讼请求要求"政府的所有行为，包括补贴，允许与方便化石燃料的发展，运输与燃烧侵犯了《宪法第五修正案》规定的青年人的正当程序实体权利，即未经法律正当程序不得剥夺生命、自由和财产的权利”。该案并没有起诉政府的不作为行为，而是起诉政府加剧全球变暖的直接行动。其次，公共信赖原则指责“同样的行动……违反了联邦政府为当前和未来的各代人保存基本自然资源的信赖义务”。

38. Tony Dokoupil. “Big Oil joins legal fight against little kids over climatechange.” *MSNBC*, August 14, 2015, updated November 13, 2015. [online]. msnbc.com/msnbc/big-oil-joins-legal-fight-little-kids-over-climate-change.

39. 两个图表是原告律师在 2016 年 9 月 13 日在法庭上展示的（参见 Our Children's Trust. “Details of Proceedings.” [online]. ourchildrenstrust.org/federal-proceedings/）。

40. Sophia V. Schweitzer. “Are countries legally required to protecttheir citizens from climate change?” *Ensia*, July 15, 2015. [online]. ensia.com/features/are-countries-legally-required-to-protect-their-citizens-from-climate-change/.

41. Oxfam. “62 people own the same as half the world, reveals Oxfam Davos report.” Press release, January 18, 2016. [online]. oxfam.org/en/pressroom/pressreleases/2016-01-18/62-people-own-same-half-world-reveals-oxfam-davos-report)。

42. 亿万富翁会回答称，他的财富源自他的聪明想法。但这一奇思妙想难道不过仅仅是提供方法，从而提取（并集中和积累）劳动或是资源中分布的财富吗？创意可以用于调动和重新分配劳动和其他资源，但如果没有劳动和其他资源，创意本身是无法创造财富的。托马斯·弗兰克曾写过：“我们中的许多人骄傲地展示，创新只不过是方法——用电力或者其他方式——将许多老的扩大利润的操纵行为换成新的不受监管的方式。”（参见 Thomas Frank. *Listen, Liberal: Or, What Ever Happened to the Party ofthe People?* Metropolitan Books, 2016, p. 209.）

43. Paul Davidson. “Decline of unions has hurt all workers: Study.” *USA Today*, August 30, 2016. [online]. usatoday.com/story/money/2016/08/30/decline-unions-has-hurt-all-workers-study/89557266/. 从 19 世纪在美国成立以来，工会为世界带来了如此多的进步，周末只是其中一个例子。然而，工会有时的过度谈判对它们自己带来的损害可能大于益处，给了反对派将他们装扮成不可理喻的贪婪与腐败之徒的借口。

44. David Rotman. “How Technology Is Destroying Jobs.” *MIT Technology Review*, June 12, 2013.[online].technology review.com/s/515926/how-technology-is-destroying-jobs/.

45. 在美国历史上的大多数时候，法院是禁止游说的，并且在一些州的某些情况下是违反法律的。（参见 Alex Mayyasi. “When Lobbying Was Illegal.” *Priceonomics*, April 15, 2016. [online]. priceonomics.com/when-lobbying-was-illegal/.）

46. 提供了关于我们建立起的国际贸易产生的问题的精彩的讨论，参见 Annie Leonard. *The Story of Stuff*.

47. Meadows. “Leverage Points: Places to Intervene in a System.”

48. Gilda Sedgh et al. “Intended and Unintended Pregnancies World wide in 2012 and Recent Trends.” *Studies in Family Planning* 45 (3) (2014). [online]. doi:10.1111/j.1728-4465.2014.00393.x.

49. 基督教、伊斯兰教与人口增长之间有着深刻的联系。穆斯林与基督教徒的生育率是所有宗教中最高的，分别达到每位妇女生育 3.1 个与 2.7 个孩子（相比之下，全球平均值为 2.5，人口替换率为 2.1）。世界第三大宗教印度教的人口增长率是 2.4%：Pew Research Center. “The Future of World Religions: Population Growth Projections, 2010—2050.” April 2, 2015. [online]. pewforum.org/2015/04/02/religious-projections-2010-2050/.

50. Wilson. *Half-Earth*.

51. Robert H. MacArthur and Edward O. Wilson. *Theory of Island Biogeography*. Monographs in Population Biology 1, Princeton, 1967.

52. 感谢 Noam Chomsky 提供以下观点：NoamChomsky. “Noam Chomsky on Trump and the decline of the American Superpower.” YouTube, December 5, 2016. [online]. youtube.com/watch?v=Yp74MQBGMnk.

第 15 章　社区

1. Henry David Thoreau. Walden. Internet Bookmobile, 2004, Chapter 1, “Economy,” pp. 25 and 26. [online]. eldritchpress.org/walden5.pdf.

2. Meadows. “Leverage Points: Places to Intervene in a System.”

3. “在线社区”的概念起初看起来很有希望，因此我在 2009 年前后创建了一个名为“350 洛杉矶”的脸书群组。350.org 是一个气候活动家组织，其名称取自大气中的二氧化碳浓度——气候科学家詹姆斯·汉森认为 0.035% 是大气中二氧化碳安全浓度的上限。虽然脸书上的行动可能对一些人有效，但我的体验是设立“350 洛杉矶”群组毫无意义，起不到任何影响：我在上面发布的消息和言论会被淹没在网络空间中，组织活动也没有人参加。

4. 我用一个 PVC 管连接洗衣机排水软管，将污水排在鳄梨树和橘子树之间一条铺满木屑的狭长沟槽里（仅用于无钠洗涤剂）。

5. 这些圈子由我的朋友 Nipun Mehta 开创，并已发展成一个有机网络：Awakin. [online]. awakin.org.

6. 关于这些团组的信息，参见：Transition Network. [online]. transitionnetwork.org.

7. 有关加州项目的详细信息，参见：Clean Power Exchange. [online]. cleanpowerexchange.org/.

8. Sonoma Clean Power. [online]. sonomacleanpower.org/; Marin Clean Energy. [online]. mcecleanenergy.org/.

9. 参见短片：Ben C. Solomon and Tommy Trenchard. "Erison and the ebola soccer survivors," *New York Times*, 2015. [online]. nytimes.com/video/world/africa/100000003815213/erison-and-the-ebola-soccer-survivors.html.360 Notes to pages 286-288.

10. Lara P. Clark et al. "National Patterns in Environmental Injustice and Inequality: Outdoor NO_2 Air Pollution in the United States." *PLoS ONE* 9 (4) (2014). doi:10.1371/journal.pone.0094431.

11. 例如：Heather Clancy. "TNC's Mark Tercek: Protect,transform and inspire." *GreenBiz*, July 9, 2015. [online]. greenbiz.com /article/tncs-mark-tercek-protect-transform-and-inspire.

12. Tami Luhby. "The black-white economic divide in 5 charts." *CNN Money*, November 25, 2015. [online]. money.cnn.com/2015/11/24/news/economy/blacks-whites-inequality/index.html.

13. 我很感谢丹尼尔·苏洛（Daniel Suelo）教我施恩于人。